国家制造业信息化
三维 CAD 认证规划教材

CAXA 实体设计 300 问
——技巧与秘笈

北航 CAXA 教育培训中心　　组　编
国家制造业信息化三维 CAD 认证
　　　　培训管理办公室　　　　审　定
刘晓青　刘超华　李长凯　冯荣坦　等编著

北京航空航天大学出版社

内容简介

CAXA 实体设计是一款优秀的国产创新三维设计软件。本书是国家制造业信息化三维 CAD 认证规划教材系列丛书之一,详细讲述了在操作 CAXA 实体设计软件中遇到的各种问题,以及各种使用技巧,其中包含了系统环境、三维设计、二维草图、实体特征的创建及曲线曲面等方面的问题,涵盖 CAXA 实体设计中的各个部分。

本书可用做各类大专院校机械与工业设计专业及相关课程的辅助用书,也可作为广大 CAXA 实体设计用户和设计人员的培训及自学参考书。

图书在版编目(CIP)数据

CAXA 实体设计 300 问:技巧与秘笈/刘晓青等编著.
北京:北京航空航天大学出版社,2007.11
 ISBN 978 - 7 - 81124 - 171 - 6

Ⅰ.C… Ⅱ.刘… Ⅲ.自动绘图-软件包,CAXA-问答
Ⅳ.TP391.72-44

中国版本图书馆 CIP 数据核字(2007)第 156199 号

***CAXA*实体设计 300 问**
——技巧与秘笈

北航 *CAXA* 教育培训中心　组　编
国家制造业信息化三维 CAD 认证
　　　培训管理办公室　　审　定

刘晓青　刘超华　李长凯　冯荣坦　等编著

责任编辑　王　实

*

北京航空航天大学出版社出版发行

北京市海淀区学院路 37 号(100083)　发行部电话:010-82317024　传真:010-82328026
http://www.buaapress.com.cn　E-mail:bhpress@263.net
涿州市新华印刷有限公司印装　各地书店经销

*

开本:787×960　1/16　印张:16.5　字数:370 千字
2007 年 11 月第 1 版　2007 年 11 月第 1 次印刷　印数:4 000 册
ISBN 978 - 7 - 81124 - 171 - 6　　定价:24.00 元

国家制造业信息化三维 CAD 认证规划教材
编写委员会

顾　　问（按姓氏笔画顺序）

　　王君英　清华大学教授、CAD 中心主任
　　乔少杰　北京航空航天大学出版社社长
　　刘占山　教育部职业教育与成人教育司副司长
　　孙林夫　四川省制造业信息化工程专家组组长
　　朱心雄　北京航空航天大学教授
　　祁国宁　浙江大学教授、科技部 863/CIMS 主题专家
　　杨海成　国家制造业信息化工程重大专项专家组组长
　　陈　宇　中国就业培训技术指导中心主任
　　陈李翔　劳动和社会保障部中国就业培训技术指导中心副主任
　　林宗楷　中国计算机学会 CAD 专业委员会主任、中国科学院计算所研究员
　　唐荣锡　中国工程图学学会名誉理事长、北京航空航天大学教授
　　唐晓青　北京航空航天大学副校长、科技部 863/CIMS 主题专家
　　席　平　北京工程图学学会理事长、北京航空航天大学教授、CAD 中心主任
　　黄永友　《CAD/CAM 与制造业信息化》杂志总编
　　游　钧　劳动和社会保障部劳动科学研究所所长
　　韩新民　机械科学院系统分析研究所所长
　　雷　毅　CAXA 总裁
　　廖文和　江苏省数字化设计制造工程中心主任

主任委员

　　鲁君尚　赵延永　杨伟群

编　　委（按姓氏笔画顺序）

　　王芬娥　王周锋　史新民　叶　刚　任　霞　邢　蕾
　　吴隆江　张安鹏　李绍鹏　李培远　陈　杰　周运金
　　梁凤云　黄向荣　虞耀君　蔡微波

本书作者

　　刘晓青　刘超华　李长凯　冯荣坦　等

前　言

随着全球制造业向中国的转移以及中国加入WTO后的发展，国内的企业面临的将是一个全球化的市场与竞争。CAXA实体设计就是一个适应中国国情，并能与国际先进技术接轨的国产创新三维设计软件。

CAXA实体设计结合了美国的6项最新专利技术与CAXA多年来在CAD/CAM领域的经验积累以及对国内5万家用户的了解，既能迅速地适应国内设计人员的使用习惯，又能快捷地实现其所想象的创新设计，是企业参与国际化竞争的必备工具。

CAXA实体设计使实体设计跨越了传统参数化造型在复杂性方面受到的限制，为经验丰富的专业人员或刚接触CAXA实体设计的初学者提供了便利。它采用拖放式全真三维操作环境，具有无可比拟的运行速度、灵活性和强大功能，获得更高的设计速度和交互性能。CAXA实体设计支持网络环境下的协同设计，可以与CAXA协同管理或者其他主流CPC/PLM软件集成工作。利用CAXA实体设计，人人都能够更快地从事创新设计。

CAXA实体设计超越了现有的三维造型软件，将实体设计带入一个实用并且高效率的境界。其操作环境采用创新的拖放式操作，配合直观的显示，使初学者能很快地掌握，真正做到了易学易用。不论是用于个人的创新设计，还是整个企业协同设计的任何环节，CAXA实体设计都可以得心应手，立即产生经济效益，并能够在一套集成工具下全面解决产品的概念设计、零件设计、装配设计、钣金设计、产品真实效果模拟和动画仿真等，而且所有的功能都在同一个视窗界面下运行，使整个设计过程自然流畅，一气呵成。因此，再也不必进出不同的软件模块，或不得不学习其他不同风格的软件来完成全部的设计任务。

CAXA实体设计具有流畅的交互风格与设计流程，操作敏捷并支持丰富的拖放操作；应用于造型、装配、渲染、动画的所有过程，并且简单易用；具有多项专利的三维球操作方式独具特色，就像一个三维的鼠标具有强大的导航与定位功能，可在三维实体上直接用"操作手柄"修改特征，改变了以往对三维实体的操作方式，方便灵活且功能强大。CAXA实体设计的造型速度是其他三维造型软件的2～4倍，运行与显示的速度极快，即使在一般配置的计算机上也能实现复杂零件的装配与渲染效果，配合支持OpenGL的加速显卡，可显著增强对复杂零件与大型装配的显示效果。

本书主要以CAXA实体设计的使用为主线，以问答的形式介绍了CAXA实体设计基本操作知识,对软件中的系统环境、三维创新设计、二维草图绘制、实体特征构建、曲线曲面造型、标准件与图库设计、装配设计、钣金设计、工程图绘制、渲染设计及动画设计与运动仿真等方面涉及的 300 多个问题作了简明扼要的解答。

本书可作为各类大、专院校机械与工业设计专业及相关课程的辅助用书,也可作为广大 CAXA 实体设计用户和设计人员的培训及自学参考。

本书由国家制造业信息化三维 CAD 认证培训管理办公室指导,由鲁君尚审阅,刘晓青、刘超华、李长凯、冯荣坦、陆晓春、吴隆江、张安鹏等参与了内容的编写与准备工作。

由于作者水平有限,加之编写时间仓促,书中的错误和不当之处,恳请广大读者和教师批评指正。联系方式

E-mail:3ddl@163.com

网　　址:www@3ddl.net

北航 CAXA 教育培训中心
国家制造业信息化三维 CAD 认证培训管理办公室

目 录

第 1 章 系统环境

1. CAXA 实体设计 2006 安装在 Win XP 系统下,安装过程中提示"无法注册模块",如何处理? 1
2. 多种网络版软件如何正确找加密锁? 1
3. 正常安装软件,为什么运行软件后会出现提示错误? 1
4. 实体设计多语言版安装注意哪些事项? 2

第 2 章 三维创新设计

5. 智能捕捉与驱动手柄有何功能? 3
6. 拖放式设计的含义是什么? 3
7. 实体设计中三维球工具有何作用? 3
8. 双内核有何意义和用途? 3
9. 如何显示三维球约束尺寸? 5
10. 如何切换三维球的两种状态(蓝色附着和白色脱离)? 5
11. 三维球的两种状态有何作用? 5
12. 自定义零件位置有哪些方法? 6
13. 对图素进行双向对称拖放有哪些方法? 6
14. 修改图素/特征在造型中的方向和位置有哪些方法? 6
15. 从图素库中拖放智能图素,如何控制智能图素默认方向(蓝色箭头方向)? 7
16. 智能图素有几种操作柄? 如何切换? 7
17. 两种操作柄各有什么作用? 7
18. 有哪些方法可以同时修改智能图素多个方向的尺寸? 7
19. 什么是定位锚? 共有几种状态? 8
20. 哪些方法可以修改定位锚的相对位置? 8
21. 为什么有时无法编辑智能图素属性对话框中"位置"选项卡的"方向"值? 8
22. 定位锚的主要作用是什么? 8
23. 智能图素属性对话框中,在何种情况下可以应用侧面抽壳? 9
24. 多图素抽壳中的起始偏移和终止偏移能达到什么样的效果? 10
25. 什么原因导致如下不能匹配的结果? 10

26	操作柄中的智能捕捉功能如何实现？	11
27	如何设置操作柄捕捉范围？	11
28	如何设置操作柄行为(操作柄捕捉时不按 Shift 键)？	11
29	在智能尺寸驱动定位时,是对哪个对象的位置进行调整？	11
30	为什么有时调整尺寸会出现不能注释和编辑的错误提示框？	12
31	附着点有什么作用？既然已经有了可以附着在很多元素之上的三维球,附着点有什么存在的意义？	13
32	自定义图素拖放到实体设计环境中已有的零件上,能否合成一个零件？	13

第3章　二维草图绘制

33	草图中如何正确读入 *.dwg 图形？	14
34	自定义草图平面有哪些方法？	14
35	草图中如何作对称约束？	15
36	如何检测草图:封闭/开口、重线？	15
37	如何改变草图中的线条宽度？	15
38	如何改变草图中基准面的位置和方向？	16
39	如何结束绘图工具的命令？	16
40	如何快速生成与原始坐标系平面平行的草图平面？	16
41	如何在绘制草图时实时显示线的尺寸？如何查询已绘制线的尺寸？	16
42	如何在绘制草图时实时显示线的端点位置？如何查询已绘制线的端点位置？	17
43	怎样在草图中选择所有曲线？	17
44	怎样在草图中选择所有约束？	17
45	在草图中全部选择有多少种方法？	18
46	在草图中怎样快速选择与某一曲线相连的曲线？	19
47	修改直线长度有几种方法？	19
48	修改端点位置有几种方法？	19
49	实体设计中实现拉伸对草图有什么要求？	20
50	对于拉伸的实体特征,是否可以使用智能图素手柄编辑？	20
51	在绘制好草图以后,可以对草图平面重新定位和定向吗？	20
52	怎样在草图中快速绘制草图？	20
53	如何设置基准面？	21
54	怎样利用栅格绘制草图？	21
55	怎样对同一草图中的不相交的封闭轮廓进行拉伸？	22
56	生成旋转特征时轮廓可以为不封闭吗？	23

57　如何将草图中的约束尺寸投影到工程图中？ …………………………………… 24

第4章　实体特征构建

58　如何实现实体的求"交"功能？ ………………………………………………… 25
59　如何用曲面分割实体？ …………………………………………………………… 25
60　如何制作被小曲率柱面、球面和曲面包裹的三维文字？ …………………… 26
61　如何制作被大曲率柱面、球面和曲面包裹的三维文字？ …………………… 34
62　如何在三维文字表面做圆角过渡？ …………………………………………… 34
63　面转换为智能图素功能与特征识别功能有何区别？ ………………………… 34
64　智能图素与实体特征有何区别？ ……………………………………………… 35
65　实体设计如何制作凹字？ ………………………………………………………… 35
66　智能标注的尺寸锁定有何作用？ ………………………………………………… 35
67　如何将三维文字转为实体？ ……………………………………………………… 36
68　如何捕捉球心？ …………………………………………………………………… 36
69　如何用面分裂零件？ ……………………………………………………………… 36
70　如何用体分裂零件？ ……………………………………………………………… 37
71　如何用布尔运算的方法分裂零件？ …………………………………………… 37
72　如何实现面与边关联？ …………………………………………………………… 37
73　如何做五角星？ …………………………………………………………………… 38
74　完成特征后如何关联轮廓约束尺寸？ ………………………………………… 38

第5章　曲线曲面造型

75　实体设计有哪些曲面设计功能？ ………………………………………………… 40
76　实体设计有哪些曲线设计功能？ ………………………………………………… 40
77　如何将一组点转换到CAXA实体设计软件里面生成曲线？ ………………… 40
78　三维曲线绝对坐标系与用户坐标系如何切换使用？ ………………………… 40
79　曲面转实体有哪些办法？ ………………………………………………………… 41
80　如何组合曲面？ …………………………………………………………………… 41
81　多张曲面如何进行曲面加厚？ …………………………………………………… 42
82　怎样做搭接曲面？ ………………………………………………………………… 42
83　两根曲线作为两个零件如何搭接？ …………………………………………… 42
84　一个零件内的两根曲线如何搭接？ …………………………………………… 42
85　如何提取曲面及实体边界线？ …………………………………………………… 42
86　如何做拉伸面？ …………………………………………………………………… 43

87	如何将拉伸面的边界生成为 3D 曲线?	43
88	如何修改三维曲线中的螺旋线?	43
89	如何提取实体二维轮廓线?	44
90	什么叫做概念素描(影像草图)?	45
91	如何利用影像草图创建设计流程?	45
92	如何用线打断曲线?	45
93	如何用面打断曲线?	45
94	如何用实体表面打断曲线?	45
95	如何改变草图上的线的颜色?	47
96	如何改变曲面的方向?	48
97	电炉丝如何做?	48
98	如何任意延伸三维曲线?	48
99	如何定量延伸三维曲线?	48
100	如何渲染三维曲线?	48
101	如何改变三维曲线的颜色?	49

第 6 章　标准件与图库设计

102	如何设计内螺纹?	50
103	如何设计外螺纹?	51
104	如何建立自定义图片库?	52
105	如何在"颜色"设计元素库中新增颜色?	52
106	如何关闭所有的设计元素库?	52
107	关闭所有的设计元素库后如何再打开?	52
108	如何向设计元素库中添加除料图素?	52

第 7 章　装配设计

109	明细表中子装配数量如何正确计算?	53
110	明细表与零件属性列表如何关联?	55
111	如何生成爆炸?	57
112	查看装配的内部结构有哪些方法?	57
113	装配体的比例缩放有哪些方法?	58
114	装配的螺纹和螺母,通过干涉检查发现干涉,怎样取消或隐藏?	58
115	什么是约束装配?	59
116	什么是无约束装配?	59

117	如何创建装配体剖视？	59

第8章 钣金设计

118	实体设计有哪些钣金设计功能？	61
119	钣金件设计中，用户如何定义新的板料厚度或修改板料的参数？	61
120	钣金件如何生成一些不规则形状的凸起？	61
121	如何指定钣金工艺孔/切口属性？	61
122	如何展开钣金？如何恢复展开的钣金？如何利用实体切割钣金？	63
123	如何利用曲面切割钣金？	64
124	如何利用钣金切割钣金？	64

第9章 工程图绘制

125	绘图环境中的图纸如何输出到电子图板中？	65
126	绘图环境中的图纸如何输出到AutoCAD中？	65
127	如何设置绘图环境中的图纸比例？	66
128	在工程图中如何自动生成三维环境下的标注尺寸？	66
129	工程图中如何对视图进行局部剖视？	67
130	工程图中如何对视图进行旋转剖视？	69
131	在二维绘图环境中如何在尺寸数值加上"ϕ"？	69
132	如何解决实体设计读入dwg/dxf文件时出现"?"的问题？	73
133	紧固件在工程图中如何生成螺纹线？	73
134	如何设置工程图的风格？	73
135	如何定制GBBOM模板？	74
136	如何更改工程图中标注尺寸的字高？	76
137	如何标注尺寸公差？	77
138	实体设计工程图有哪几种投影方式？	77
139	两种投影方式有何区别？	77
140	如何设置工程图的投影方式？	78
141	如何在一个工程图中生成多个图纸？	78
142	如何删除图纸？	79
143	如何命名图纸？	79
144	如何改变图纸方向？	79
145	如何修改图纸幅面？	79
146	如何显示视图名称？	80

147	如何修改视图名称?	80
148	如何显示视图比例?	82
149	如何修改视图比例?	82
150	如何设置视图品质?	83
151	草图与精确图纸有何区别?	83
152	如何旋转视图?	84
153	如何显示隐藏边?	85
154	如何显示剖面线区域?	85
155	如何修改主视图的方向?	87
156	如何调整视图位置?	87
157	如何显示视图边框?	87
158	如何编辑剖切线?	89
159	如何删除剖切线?	89
160	如何编辑剖面线?	89
161	如何对轴测图进行剖视?	90
162	如何同时选择多个视图?	90
163	如何标注轴测图的精确尺寸?	90
164	如何修改局部放大图的放大比例?	90
165	如何修改局部放大图的放大范围?	91
166	如何修改自定义局部放大图的放大比例?	91
167	如何修改自定义局部放大图的放大范围?	91
168	哪种视图可以生成截断视图?	92
169	如何编辑已生成的截断视图?	92
170	如何显示截断以前的视图?	92
171	如何编辑局部视图的封闭区域?	93
172	如何显示局部剖视图断裂处边界线?	93
173	如何显示局部视图以前的视图?	93
174	如何设置公差尺寸的精度?	93
175	如何设置尺寸数值中的"零"?	94
176	如何设置尺寸线外的尺寸界线长度及弯折方向?	94
177	如何设置尺寸界线?	95
178	如何设置尺寸界线的倾斜度?	95
179	如何改变尺寸线的线宽?	96
180	如何修改尺寸线的箭头位置?	96

181	如何设置尺寸线的可见性?	97
182	如何修改尺寸线末端(箭头)?	97
183	如何设置双值尺寸?	98
184	如何设置尺寸的文字方向?	98
185	如何设置尺寸的文字位置?	99
186	如何设置尺寸的文字到尺寸线/引线的距离?	99
187	如何设置尺寸的颜色?	100
188	如何设置尺寸的层?	100
189	如何以设计环境的方向生成工程图?	100
190	如何将工程图视图定位到其他工程图图纸页上?	101
191	工程图中如何自动生成零件序号?	101
192	自动生成的零件序号排列混乱,如何解决?	101
193	如何为工程图中的一定区域内的一组圆同时添加线性中心线?	102
194	如何生成多孔阵列中心线?	102
195	如何为圆生成中心线?	102
196	如何为圆柱生成中心线?	102
197	如何设置明细表的行高?	102
198	如何编辑十字中心线的角度?	104
199	如何添加形位公差代号?	104
200	如何添加基准代号?	104
201	如何添加引出说明?	105
202	如何添加表面粗糙度符号?	105
203	如何添加焊接符号?	106
204	如何生成孔列表?	107
205	如何输出孔列表?	107
206	如何显示或隐藏孔列表的标题?	107
207	如何显示或隐藏孔列表的表头?	108
208	如何改变孔列表的显示方式?	108
209	如何修改孔列表的对齐方式?	109
210	如何添加或减少孔列表的列?	109
211	如何修改孔列表的类型?	110
212	如何分割孔列表的表格行?	110
213	如何设置孔列表的显示精度?	111
214	如何在图纸上改变孔列表的位置?	111

215	如何输出明细表?	111
216	如何将当前明细表保存为模板?	112
217	如何拆分明细表?	112
218	如何删除阵列后的实体?	112
219	如何改变明细表的显示方式?	113
220	如何改变明细表在图纸中的位置?	113
221	驱动尺寸与一般传递尺寸有何区别?	113

第 10 章　渲染设计

222	添加了材质渲染后没有显示效果,边界还是锯齿,是怎么回事?	114
223	如何对产品不同组件/部件或零件及其表面进行材质或颜色的渲染?	114
224	如何对产品表面的某些区域进行颜色、贴图、材质、凸痕及纹理等的渲染?	115
225	如何向零件表面添加颜色、贴图、材质、凸痕及纹理等渲染属性?	115
226	如何根据零件表面尺寸大小进行精确的整面贴图?	115
227	如何快速将某个表面的渲染属性添加给其他表面?	116
228	如何调整凸痕的深度或高度?	116
229	如何调整贴图的方向与大小?	116
230	如何调整视向(摄像机)的方向、位置和角度以获取满意的取景角度?	116
231	如何调整照相机的视野、焦距、景深等参数以获取满意的取景效果?	117
232	如何调整零件的透明显示?	117
233	如何调整零件的反射显示?	117
234	如何使多余的光源不起作用?	117
235	什么是光源的衰减?它起什么作用?	118
236	如何渲染三维曲线?	118

第 11 章　动画设计与运动仿真

237	如何精确设置关键帧的方向和位置?	119
238	如何调整动画对象沿着动画路径的切矢方向运动?	119
239	CAXA 实体设计中是否只能做匀速运动的动画?	119
240	如何删除一个动画或动画片段?	120
241	如何转换装配动画与爆炸动画?	120
242	如何制作往复动画?	120
243	如何添加正负两种不同方向的运动动画?	120
244	如何将正负两种不同方向运动的动画在时间上错开?	121

245 如何实现缩放动画? ……………………………………………………………… 121
246 CAXA 实体设计能否做柔性变形动画?如弹簧动画、飘动动画、变截面动画。 … 122
247 如何实现拆解/爆炸动画? ………………………………………………………… 122
248 如何创建定制轨迹动画? ………………………………………………………… 132
249 如何创建自由轨迹动画? ………………………………………………………… 134
250 什么是光源? ……………………………………………………………………… 137
251 如何添加光源? …………………………………………………………………… 138
252 如何制作光源动画? ……………………………………………………………… 141
253 如何制作减速器装配的剖切动画? ……………………………………………… 145
254 如何制作连杆机构动画? ………………………………………………………… 148
255 如何制作轮系机构动画? ………………………………………………………… 171
256 如何制作接触动画? ……………………………………………………………… 193
257 如何设置动画输出的尺寸规格? ………………………………………………… 195
258 如何设置动画输出的渲染风格? ………………………………………………… 196

第 12 章　系统设置与高级选项

259 旋转实体时有时显示不全或者金属渲染变成黑色,如何处理? ……………… 201
260 实体设计保存文件时有时出错,如何处理? …………………………………… 201
261 实体设计如何加载外部工具? …………………………………………………… 201
262 如何设置线框显示、轮廓线显示和隐藏线显示? ……………………………… 202
263 提高显示速度有哪些方法? ……………………………………………………… 202
264 如何定制配置文件及切换? ……………………………………………………… 204
265 如何自定义一些快捷键? ………………………………………………………… 206
266 如何配置用户工具栏? …………………………………………………………… 206
267 如何使用插入自定义库? ………………………………………………………… 208
268 如何解决菜单栏不能正常显示的问题? ………………………………………… 209
269 怎样改变零件的旋转中心? ……………………………………………………… 209
270 如何解决实体造型显示不完整的问题? ………………………………………… 210
271 如何取消阵列后的显示参数? …………………………………………………… 210
272 关闭所有的设计元素库后,怎样再打开它? …………………………………… 210
273 怎样区分零件和智能图素状态? ………………………………………………… 210
274 怎样在光标位置缩放视图和修改鼠标滚轮的步长? …………………………… 211
275 怎样在屏幕上同时显示零件的多个视图? ……………………………………… 211
276 如何设置不显示零件边界线? …………………………………………………… 211

277	如何设置尺寸精度(十进制数)?	212
278	如何设置对话框中显示的精度(十进制数)?	212
279	如何设置鼠标拾取范围(像素)?	212
280	如何设置撤销步数?	214
281	如何在进入草图平面后自动正视草图?	214
282	退出草图时如何恢复原来的视向?	214
283	怎样在工具栏中添加命令工具?	216
284	怎样改变草图中线的颜色?	216
285	怎样设置零件的默认尺寸和密度?	216
286	怎样打开/关闭工具栏?如何调整设计元素浏览器中的各元素库的顺序?	218
287	如何显示/隐藏设计树?	218
288	怎样打开智能动画编辑器?	218
289	如何设置单位?	218
290	如何设置基准面?	219
291	如何查看软件版本?	219
292	如何生成新的视向?	219
293	如何在设计环境中移动视向?	219
294	如何以某个视向方向察看视图?	220
295	如何复制一个视向?	220
296	如何删除一个视向?	220
297	如何设置在拉伸、旋转、扫描时不显示截面编辑对话框?	220
298	如何关闭光源设置向导?	221
299	如何关闭视向设置向导?	221
300	如何关闭智能动画设置向导?	221
301	如何关闭开始时显示的欢迎对话框?	223
302	在设计环境中不显示某个零件有哪些方法?	223
303	在设计环境中对某零件进行压缩和隐藏有什么差别?	223
304	如何压缩某个或某些零件?	224
305	如何隐藏某个或某些零件?	224
306	如何显示压缩对象?	224
307	如何显示隐藏对象?	224
308	如何改变三维曲线的颜色?	224
309	如何计算零件的重心、体积?	224
310	完成特征后如何关联轮廓约束尺寸?	226

311	"常规"选项卡中"保存时把图像文件保存到设计文件"选项有何功能?	226
312	"常规"选项卡中"保存时提示文档属性"选项有何功能?	226
313	"常规"选项卡中"只读链接文件编辑警告"选项有何功能?	228
314	"常规"选项卡中"显示装配特征范围对话框"选项有何功能?	228
315	"常规"选项卡中"双核心协同运算"选项有何功能?	228
316	"常规"选项卡中"在视图上显示更新视图对话框"选项有何功能?	229
317	"常规"选项卡中"在视图框上显示同步更新指示框"选项有何功能?	229
318	"常规"选项卡中"自动存储视向"选项有何功能?	229
319	"零件"选项卡中"生成多面体零件"选项有何功能?	230
320	"零件"选项卡中"零件上附加特征"选项有何功能?	230
321	"零件"选项卡中"拟合表面表示(多面体)"选项有何功能?	231
322	"零件"选项卡中"精确表面表示(Brep)"选项有何功能?	231
323	"零件"选项卡中"自动重新生成零件"选项有何功能?	231
324	"零件"选项卡中"当零件取消选择后再重新生成"选项有何功能?	232
325	"零件"选项卡中"调入另外的曲面精确表达(Brep)"选项有何功能?	232
326	"零件"选项卡中"使纹理符合零件"选项有何功能?	232
327	"零件"选项卡中"缩放纹理"选项有何功能?	233
328	"零件"选项卡中"曲面光顺"选项有何功能?	233
329	"零件"选项卡中"螺旋线光顺"选项有何功能?	234
330	"零件"选项卡中"表面编辑"选项组中各选项有何功能?	234
331	"交互"选项卡中"操作柄行为"选项组中各选项有何功能?	235
332	"交互"选项卡中"在选择图标上显示编辑操作柄图标"选项有何功能?	236
333	"交互"选项卡中"风格操作"选项有何功能?	236
334	"交互"选项卡中"智能图素生成时2D轮廓的处理方式"选项有何功能?	237
335	"路径"选项卡中"工作路径"选项有何功能?	238
336	"路径"选项卡中"模板路径"选项有何功能?	238
337	"路径"选项卡中"图像文件路径"选项有何功能?	238
338	"鼠标"选项卡中"选择按钮设置"选项有何功能?	238
339	"鼠标"选项卡中"选择工具"选项有何功能?	238
340	"鼠标"选项卡中"选择哪个工具由鼠标轮控制"选项有何功能?	239
341	"鼠标"选项卡中"鼠标滚轮缩放"选项有何功能?	239
342	"钣金"选项卡中"钣金切口"选项有何功能?	239
343	"钣金"选项卡中"高级选项"按钮有何功能?	241
344	"钣金"选项卡中"折弯半径"选项有何功能?	242

345 "钣金"选项卡中"约束"选项组中各选项有何功能？……243
346 "渲染"选项卡中"自动"选项有何功能？……244
347 "渲染"选项卡中"软件"选项有何功能？……244
348 "渲染"选项卡中"OpenGL（仅视向工具）"选项有何功能？……245
349 "渲染"选项卡中"OpenGL"选项有何功能？……245
350 "渲染"选项卡中"旋转时边现实延迟"选项有何功能？……245
351 "渲染"选项卡中"OpenGL 选项"选项组中各选项有何功能？……246
352 "渲染"选项卡中"细节等级"选项组有何功能？……246

第 1 章 系统环境

1 CAXA 实体设计 2006 安装在 Win XP 系统下,安装过程中提示"无法注册模块",如何处理?

一般情况下,出现上述问题是由于以前安装过 CAXA 实体设计相关版本。处理办法是删除所有与实体设计相关的文件(包括注册表中的),或重装系统。

2 多种网络版软件如何正确找加密锁?

Nethasp 这个文件如果放在 System32 中,即使在后面,再添加一行,写入另一个 IP,也是不能指定两个 IP 的。另外,有一些软件也会使用 Nethasp 来指定 IP,比如开目。可以使用多个 Nethasp,把它们分别指定的 IP 放在各自安装目录下有软件图标的文件夹下。比如,EB 可以放在 bin 这个文件夹下。(摘自实体设计论坛范有国)

3 正常安装软件,为什么运行软件后会出现提示错误?

如果正常安装软件并运行后出现如图 1-1 所示的错误提示,那么该计算机可能以前装过 CAXASOLID 或 ironcad。处理办法如下:
 (1) 运用查找,如找到文件 ironcad.tbc,将其删除。
 (2) 如果没有 ironcad.tbc 文件或删除后仍有问题,则尝试卸载 CAXASOLID。
 (3) 检查 hkey_local_machine 和 hkey_current_user 下的 software 下的 ironcad 文件,将其删除(请先将注册表备份,如果用户对注册表不熟悉请不要尝试)。
 (4) 重装实体设计。
 一般情况下,不要删除 ironcad.tbc,在出现异常情况时,第一个反应就是去删 ironcad.tbc。(摘自实体设计论坛鞠珍宏)

图 1-1　运行软件后出现错误提示

4　实体设计多语言版安装注意哪些事项?

如果安装了中文简体字体,那么安装繁体版和英文版前将中文简体字体卸载;而且安装繁体版前应将繁体版操作系统的"区域和语言选项"设置为中国台湾,安装英文版前应将英文版的操作系统的"区域和语言选项"设置为 United States。软件安装后可重新安装中文简体字体。

第 2 章 三维创新设计

5 智能捕捉与驱动手柄有何功能？

智能捕捉是一个动态的三维约束算法工具,为图形方式下的特征和图素拖动提供精确定位和对齐功能。操作者只需同时按下 Shift 键就可实现捕捉棱边、面、顶点、孔和中心点等操作。屏幕上的可见驱动手柄可实现对特征尺寸、轮廓形状和独立表面位置的动态、直观操作,并可以动态修改尺寸或通过鼠标右键输入尺寸的精确值。

6 拖放式设计的含义是什么？

用户能够用鼠标来回拖放标准件和自定义的设计元素。这些设计元素包括三维特征、零件、装配件、自定义工具、轮廓、颜色、纹理及动画等。用户可将各种智能图素、标准件、供货商提供的标准模型、表面粗糙度及动画等自定义为设计元素。

7 实体设计中三维球工具有何作用？

三维球能为各种三维对象的平移、旋转、镜像、复制、阵列或各种复杂三维变换提供了灵活、精确定向和定位方法。结合几何智能捕捉工具可实现对三维对象的灵活操作。三维球集合了灵活强大的定向和定位功能,以及各种变换及捕捉功能,因此三维球被用户称为"万能球",也是实体设计最突出的特点。注意:实体设计一半以上的操作都是通过三维球实现的。

8 双内核有何意义和用途？

实体设计采用了 Parasolid 和 ACIS 两种内核,各有优势。
Parasolid 是由 Unigraphics Solutions Inc 在 Cambridge, England 开发的,用于它的 Unigraphics 和 Solid Edge 产品中。Parasolid 是一个严格的、边界表示的实体建模模块,支持实体建模、通用的单元建模和集成的自由形状曲面/片体建模。Parasolid 有较强的造型功能,但是,只能支持实体造型。

ACIS是由美国Spatial Technology公司推出的。Spatial Technology公司成立于1986年，并于1990年首次推出ACIS。ACIS最早的开发人员来自美国Three Space公司，而Three Space公司的创办人来自于Shape Data公司，因此ACIS必然继承了Romulus的核心技术。ACIS的重要特点是支持以线框、曲面、实体统一表示的非正规形体造型技术，能够处理非流线形体。

在实际设计过程中可以根据不同设计需要，切换不同内核或进行双内核协同运算，以达到最佳造型效果。

实体设计制作凹字采用Parasolid内核不能实现，而采用ACIS内核可以实现，详见下面制作凹字的实例。

选择"工具"|"选项"菜单项，出现"选项"对话框，单击"零件"标签，打开"零件"选项卡，将"新零件所使用的缺省核心"设置成ACIS，如图2-1所示。

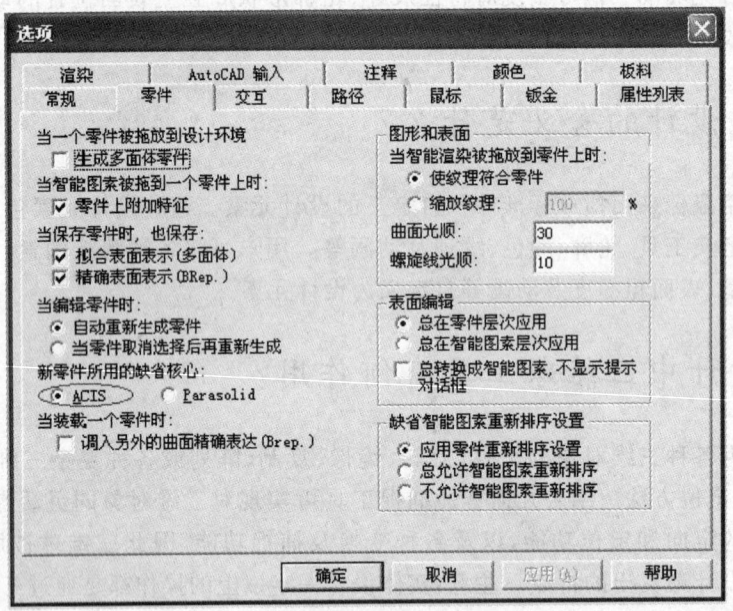

图2-1 "选项"对话框

选择文字命令写文字，再从设计元素库中拖入长方体，调整好文字与长方体的位置，选中文字，再选择"设计工具"|"转换为实体"菜单项，此时文字就是实体了。选择长方体，再选择"设计工具"|"布尔运算"|"除料"菜单项，此时按下Ctrl键选择文字，再选择"设计工具"|"布尔运算"菜单项，凹字就制作出来了，如图2-2所示。

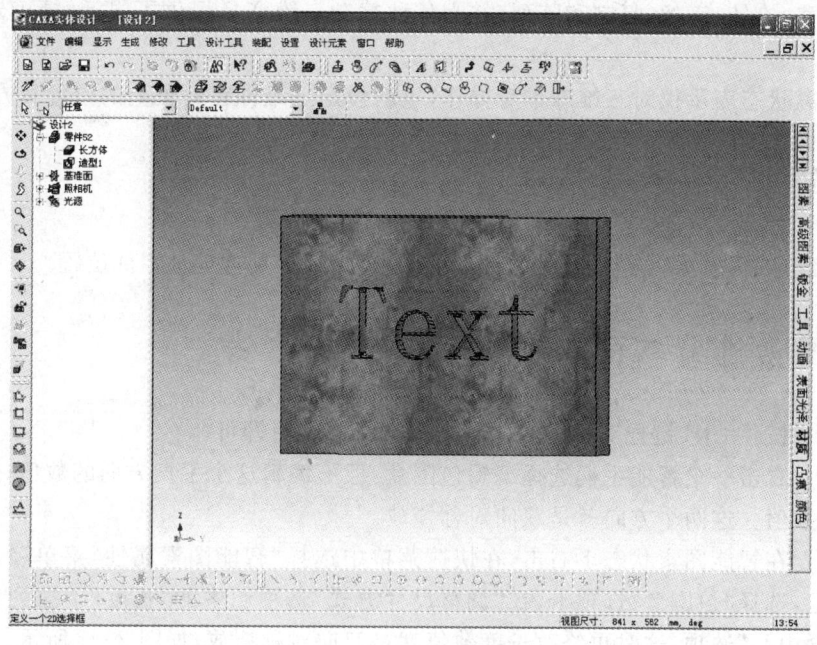

图 2-2 制作突字效果

9 如何显示三维球约束尺寸?

当拖动三维球时约束尺寸没有显示。解决的方法是:在三维球内部的空白处,右击,在快捷菜单中选择"显示约束尺寸"菜单项。

10 如何切换三维球的两种状态(蓝色附着和白色脱离)?

方法一 按空格键切换三维球的两种状态。

方法二 右击三维球,在快捷菜单中选择"仅定位三维球(空格键)"菜单项,如图 2-3 所示。

11 三维球的两种状态有何作用?

蓝色附着状态表示对三维球所附着的三维对象进行操作,

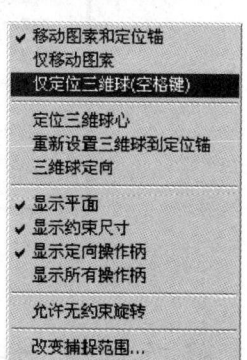

图 2-3 快捷菜单

包括对象平移、旋转、镜像、复制和阵列,并为各种复杂三维变换提供了灵活、精确定向和定位方法。

白色脱离状态表示仅对三维球本身操作,重新设定三维球在对象上的位置和方向。

12 自定义零件位置有哪些方法?

利用三维球、无约束、约束、尺寸、栅格及智能捕捉等工具自定义零件位置。

13 对图素进行双向对称拖放有哪些方法?

方法一 按住 Ctrl 键把对称的两个手柄同时选中编辑即可。

方法二 右击一个智能手柄选择编辑包围盒,但不编辑这个手柄方向的数值,而编辑另外两个方向的数值。这两个方向就是双向对称拖放。

方法三 在智能图素状态下右击,在快捷菜单中选择"智能图素属性"菜单项,出现"拉伸特性"对话框,选择"包围盒"选项卡,在"调整尺寸方式"选项组中的"长度"下拉列表框中选择"关于包围盒中心"选项,这时再修改长度数值就是双向对称拖放,如图 2-4 所示。

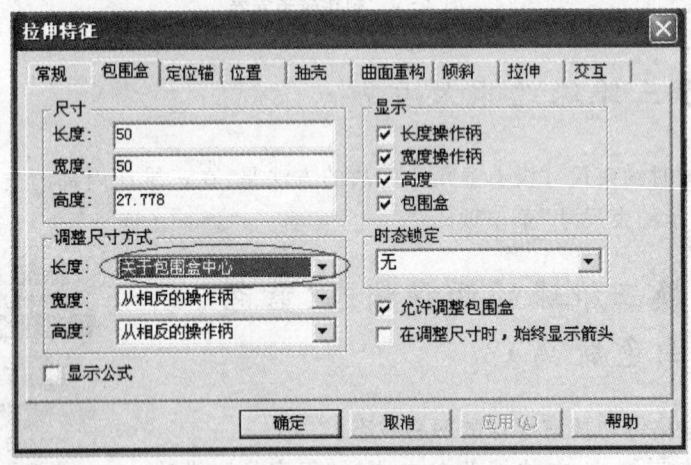

图 2-4 "拉伸特征"对话框

14 修改图素/特征在造型中的方向和位置有哪些方法?

方法一 利用三维球、无约束、约束、尺寸、栅格和智能捕捉修改。

方法二 修改"智能图素属性"|"位置"选项中的位置和方向。

15 从图素库中拖放智能图素,如何控制智能图素默认方向(蓝色箭头方向)?

有两种情况,如果将圆柱体放在零件的面上,则圆柱体高度轴方向与该面垂直;如果将圆柱体放在零件两个面的交线上,则圆柱体高度轴方向会与当前视向有关,通过调整视向角度,将圆柱体需要垂直的面直接面向操作者,然后拖放圆柱体到棱边上即可。

拖放长方体与圆柱体类似,注意观察包围盒的蓝色箭头方向。垂直蓝色箭头方向的面为可编辑草图面。

16 智能图素有几种操作柄?如何切换?

智能图素操作柄有包围盒操作柄和图素操作柄两种。在智能图素编辑状态下,选定某一个标准图素,其黄颜色的包围盒和操作柄以默认形式显示。同时显示的还有切换图标 和 。通过切换图标,可以在标准智能图素的两种编辑操作柄之间互换。

17 两种操作柄各有什么作用?

通过包围盒操作柄,可以重新设置智能图素的长度、宽度和高度。

通过图素操作柄,可以重新设置图素的截面尺寸。可用的图素操作柄有三种:拉伸、截面和旋转操作柄。

18 有哪些方法可以同时修改智能图素多个方向的尺寸?

方法一 直接拖放操作柄的方式。实体设计 2005 版以后增加了"多项编辑"功能,用户能够选多个智能图素包围盒操作柄(需要按住 Ctrl 键)以及同时拖动手柄修改多个尺寸。这样,可以方便地对称修改图素的尺寸,如图 2-5 所示。

方法二 编辑包围盒。双击零件,出现包围盒,移动光标到操作手柄上,当出现手形和双箭头时右击,在快捷菜单中选择"编辑包围盒"菜单项,出现一个输入对话框,其中的数值表示当前包围盒的尺寸,可以对多项新数值进行编辑。

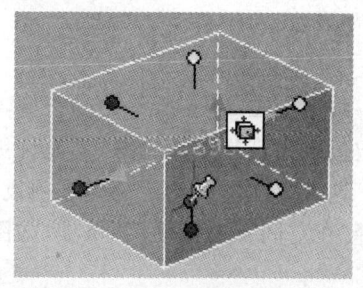

图 2-5 对称修改图素的尺寸

方法三 利用"智能图素属性"(拉伸特征)对话框中的"包围盒"选项卡。在其中输入数值。

19 什么是定位锚？共有几种状态？

每一个零件、模型和智能图素在实体设计中都有一个定位锚，而且只有选中这一对象的时候才会显现出来。它看起来像一个L形标志，在拐弯有一圆点，定位锚的长方向为对象的高度轴，短方向为长度轴，没有标记的方向是宽度轴。

定位锚有两种状态：附着于实体、独立于零件。当定位锚呈绿色时，为附着于装配、零件、智能图素的状态。此时移动实体，定位锚随之移动，与实体的相对位置不发生改变。再次单击定位锚，它将变为黄色选中状态，此时可拖动定位锚带动实体移动，也可以单独对定位锚进行移动。

20 哪些方法可以修改定位锚的相对位置？

首先，定位锚应处于黄色选中状态，然后可以使用以下方法修改定位锚的相对位置。

（1）利用三维球。打开三维球，可以使用三维球的可视化和精确化的定位方法来确定锚点的新位置。

（2）利用移动锚点功能。要移动锚点，首先选择实体模型，然后在"设计工具"菜单中选择"移动锚点"。这时，导航图标变成一个锚的形状，当同时在实体模型上移动时，智能捕捉起作用，可以单击确定新的定位锚位置。在模型的表面上移动锚点这一方法非常有用。

（3）利用"定位锚"选项卡。如果要指定新定位锚与实体的准确距离和角度，可以利用此功能。右击对象，从快捷菜单中选择"属性"菜单项，在"定位锚"选项卡中输入适当的数值。

21 为什么有时无法编辑智能图素属性对话框中"位置"选项卡的"方向"值？

编辑如图2-6所示"方向"值，单击"确定"后出现系统消息框，即使单击"是"按钮，编辑后的数值也会恢复默认状态，不允许更改。

这是由此图素的定位锚选项设置造成的。只需在定位锚选中状态下右击，在快捷菜单中选择"在空间自由拖动"菜单项，如图2-7所示，然后就可以编辑"方向"中的值了。

22 定位锚的主要作用是什么？

定位锚的主要作用如下：

第 2 章 三维创新设计

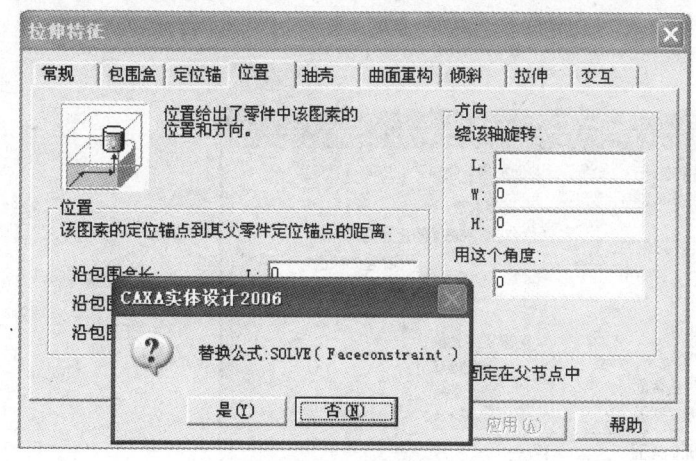

图 2-6 消息框

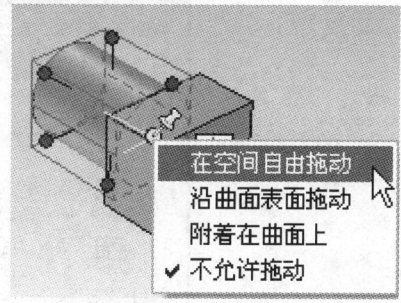

图 2-7 快捷菜单

(1) 确定实体长、宽、高的方向。
(2) 通过其右键快捷菜单中的四个选项限制实体在空间的移动。
(3) 在添加动画过程中确定实体的运动中心。

23 智能图素属性对话框中,在何种情况下可以应用侧面抽壳?

侧面抽壳功能只能用于有侧面的图素,如长方体、棱柱等,不能用于圆柱体等回转体;而且,即使是有侧面的图素,在第一次进入"抽壳"选项卡的时候,此项也是灰色状态,表示不可编辑,如图 2-8 所示。

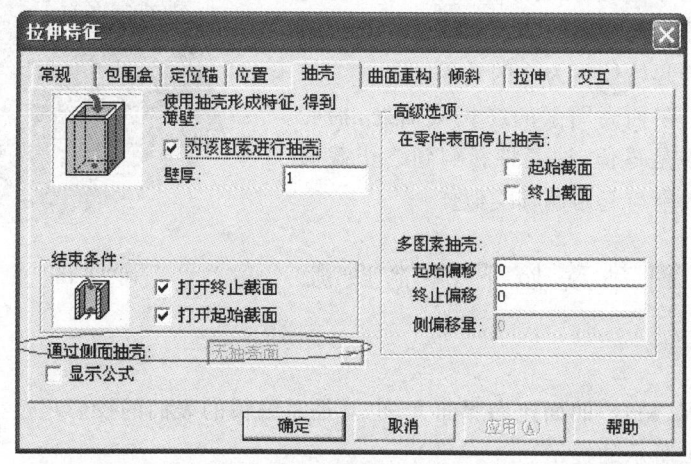

图 2-8 "抽壳"选项卡

只有对图素进行过抽壳操作,再进入"拉伸特征"对话框时,此项才可以选择,如图2-9所示。

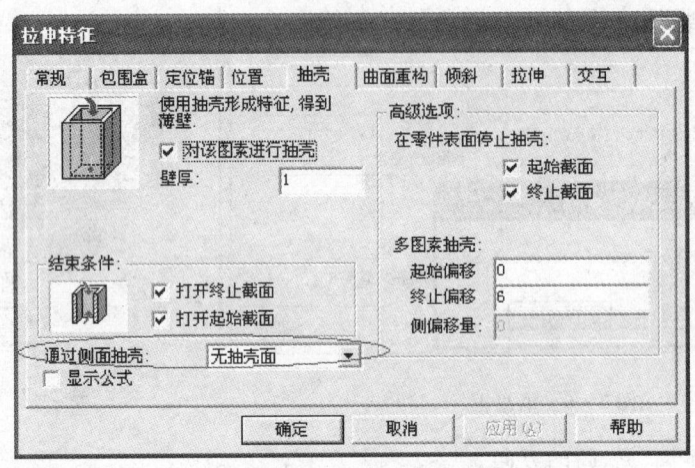

图2-9 "拉伸特征"对话框

24 多图素抽壳中的起始偏移和终止偏移能达到什么样的效果?

多图素抽壳指零件存在多图素时,此图素的抽壳操作对其他图素的影响。

"起始偏移":在抽壳图素的起始截面处,抽壳的偏移量。如果不是零值,抽壳将影响到相邻的图素,抽壳部分向相邻图素延伸此数值。如图2-10所示为圆柱体图素抽壳起始偏移为3的效果。

"终止偏移":在抽壳图素的终止截面处,抽壳的偏移量。如果不是零值,抽壳将影响到终止截面相邻的图。影响效果与起始偏移类似。

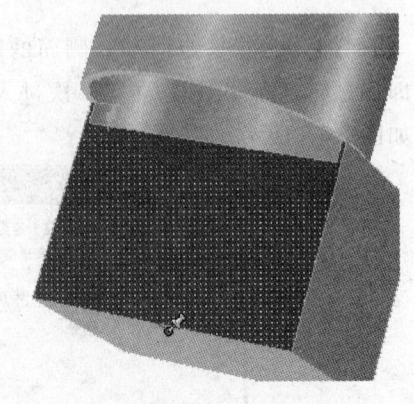

图2-10 效 果

25 什么原因导致如下不能匹配的结果?

需要进行匹配(贴合)的面比参照面大,也就是需编辑的表面的投影超过了参照面,这时就会出现如图2-11所示的提示。

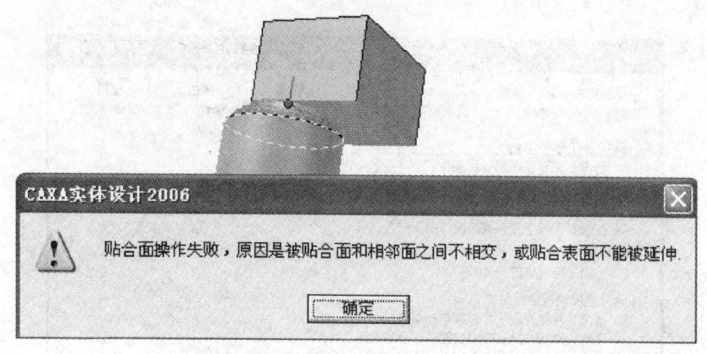

图 2-11 提 示

26 操作柄中的智能捕捉功能如何实现？

右击操作柄,在快捷菜单中选择"使用智能捕捉"菜单项,按下 Shift 键拖动该操作柄到另一个图素的面所在的空间平面即可实现捕捉。

27 如何设置操作柄捕捉范围？

右击操作柄,在快捷菜单中选择"操作柄捕捉范围"菜单项,出现如图 2-12 所示的"操作柄捕捉设置"对话框,在"线性捕捉增量"文本框中输入所需数值,不选择"无单位"将按当前的单位捕捉,拖动时按下 Ctrl 键可以切换是否按线性捕捉增量捕捉。

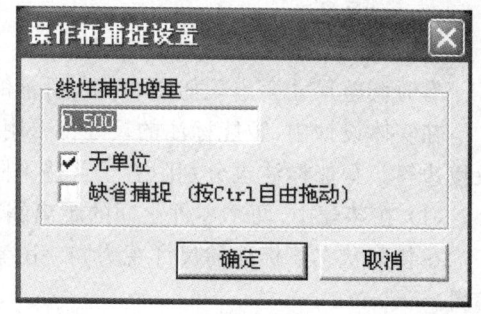

图 2-12 "操作柄捕捉设置"对话框

28 如何设置操作柄行为（操作柄捕捉时不按 Shift 键）？

选择"工具"|"选项"菜单项,出现"选项"对话框,选择"交互"选项卡,如图 2-13 所示,选择"捕捉作为操作柄的缺省操作(无 Shift 键)"即可。

29 在智能尺寸驱动定位时,是对哪个对象的位置进行调整？

在标注智能尺寸时,可以将先选择的对象称为1,第二选择的对象称为2,那么,在改变尺寸驱动定位时,是以2为基准,1的位置根据尺寸进行调整。

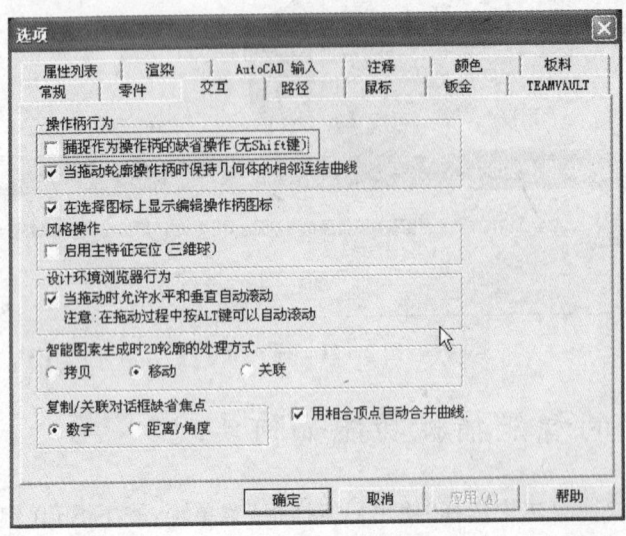

图 2-13 "交互"选项卡

30 为什么有时调整尺寸会出现不能注释和编辑的错误提示框?

有时调整尺寸会出现如图 2-14 所示的错误提示框。

在实体设计中,智能标注的尺寸都要附着于实体之上,实体分装配、零件、智能图素、曲面及棱边等。智能标注也分别附着于这些不同层次的实体之上。

(1) 在装配中,两个零件之间的距离编辑:

在装配状态下标注的尺寸视为同一图素上的尺寸,无法编辑。如图 2-15 所示尺寸无法编辑。

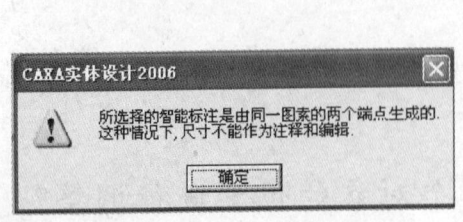

图 2-14 错误提示框

图 2-15 尺寸无法编辑

在装配体中零件状态下标注的尺寸,可以通过编辑智能尺寸来调整零件间的距离。如图2-16所示尺寸可以编辑调整距离。

(2) 在零件中,两个图素之间的相对位置调整:

图2-16 编辑调整距离

在零件状态下标注的尺寸视为同一图素上的尺寸,无法编辑。如图2-17所示尺寸无法编辑。

在零件中智能图素状态下标注的尺寸,可以通过编辑智能尺寸来调整智能图素间的距离。如图2-18所示尺寸可以编辑调整距离。

图2-17 尺寸无法编辑

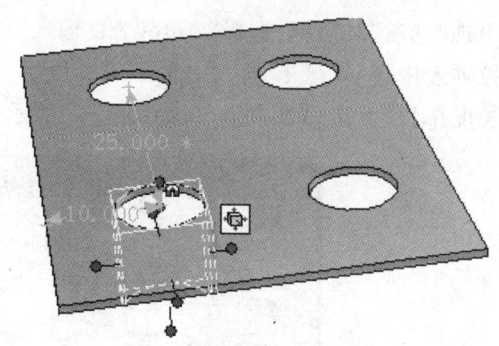

图2-18 编辑调整距离

31 附着点有什么作用?既然已经有了可以附着在很多元素之上的三维球,附着点有什么存在的意义?

附着点可用于智能装配:附着点可以跟随零件、图素等元素保存在设计元素库中,可以辅助零件快速定位。

32 自定义图素拖放到实体设计环境中已有的零件上,能否合成一个零件?

不能合成一个零件。

在实体设计中,系统定义的设计元素库中的图素,如果拖放到实体设计环境中已有的零件上,将成为一个零件。如果不想合成,必须使图素与已有零件之间隔开一定距离。

如果将自定义的图素拖放到实体设计环境中已有的零件上,它们仍然是相互独立的两个零件。

第3章 二维草图绘制

33 草图中如何正确读入 *.dwg 图形?

当读入 *.dwg 图形出现比例放大 1 000 倍时,解决方法是:选择"工具"|"选项"菜单项,出现"选项"对话框,选择"AutoCAD 输入"选项卡,在"缺省长度单位(无单位文件使用)"的下拉列表中选择"毫米"即可,如图 3-1 所示。也可以在"二维轮廓读入选项"对话框中的"缺省长度单位"下拉列表中修改,如图 3-2 所示。

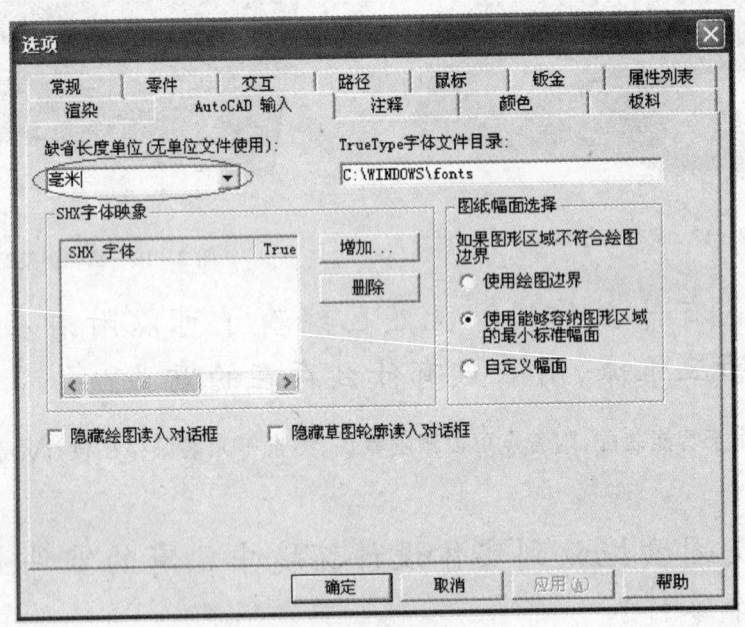

图 3-1 "选项"对话框

34 自定义草图平面有哪些方法?

方法一 将实体表面作为自定义草图平面。

第3章 二维草图绘制

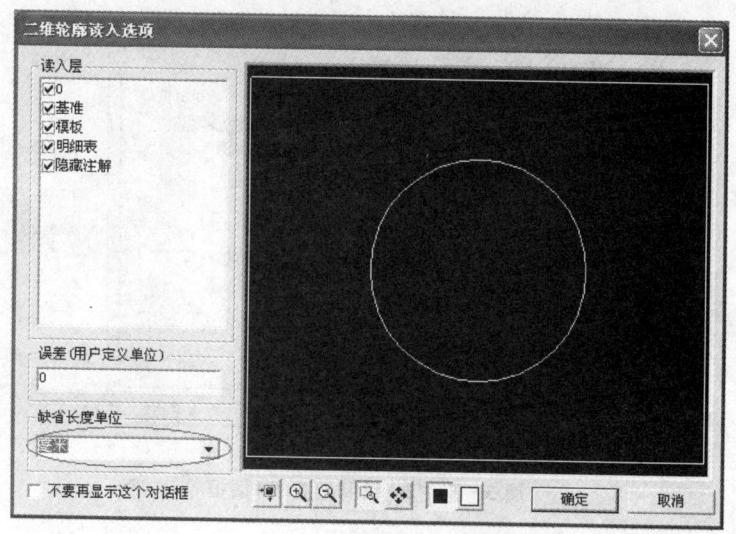

图3-2 "二维轮廓读入选项"对话框

方法二 在没有实体的情况下,草图平面默认为XY平面,可以利用三维球调整XY平面的位置和方向。

方法三 将设计树中三个绝对坐标平面生成基准面。

35 草图中如何作对称约束?

右击镜像操作即可实现对称约束。

36 如何检测草图:封闭/开口、重线?

草图上红色亮点表示线段的端点,可能是开口、重线、漏线、相切小的短线,需要进一步判断。

37 如何改变草图中的线条宽度?

在草图基准面上右击,在快捷菜单中选择"显示"菜单项,出现如图3-3所示的"2D绘制选择"对话框,在"显示"选项卡中改变它的线宽即可。

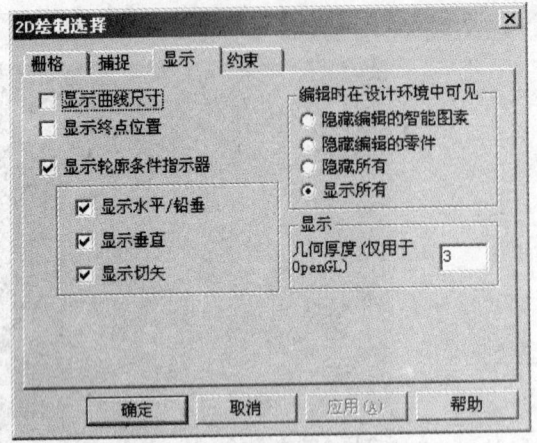

图 3-3 "2D 绘制选择"对话框

38 如何改变草图中基准面的位置和方向?

对草图基准面的三维球进行操作即可。

39 如何结束绘图工具的命令?

方法一 再次选择所用绘图工具图标。
方法二 按 Esc 键。

40 如何快速生成与原始坐标系平面平行的草图平面?

在屏幕上用光标选择一个基准面,并在四角任一小红方块处或在设计树上相应的基准面处右击,弹出如图 3-4 所示的快捷菜单,选择"生成轮廓"或者"在等距平面上生成轮廓"选项即可。

41 如何在绘制草图时实时显示线的尺寸?如何查询已绘制线的尺寸?

在绘制草图时,在"二维编辑"工具栏上选择"显示曲线尺寸"工具按钮,如图 3-5 所示,便

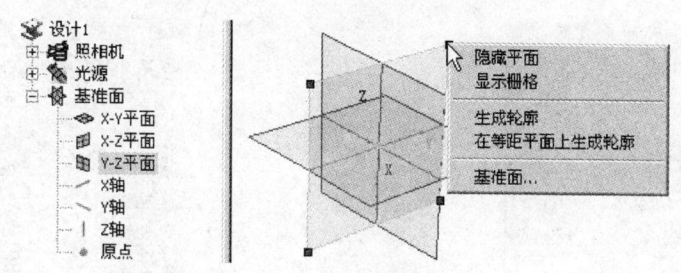

图 3-4 快捷菜单

可以查询已绘制曲线的尺寸,并实时显示正在绘制曲线的尺寸。

图 3-5 "二维编辑"工具栏

42 如何在绘制草图时实时显示线的端点位置?如何查询已绘制线的端点位置?

在绘制草图时,在"二维编辑"工具栏上选择"显示曲线端点位置"工具按钮,如图 3-6 所示,便可以查询已绘制曲线的端点位置和实时显示正在绘制曲线的端点位置。

图 3-6 "二维编辑"工具栏

43 怎样在草图中选择所有曲线?

使用"编辑"下拉菜单的"选择所有曲线"命令,如图 3-7 所示。

44 怎样在草图中选择所有约束?

使用"编辑"下拉菜单的"选择所有约束"命令,如图 3-8 所示。

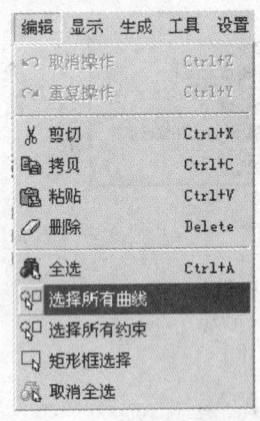 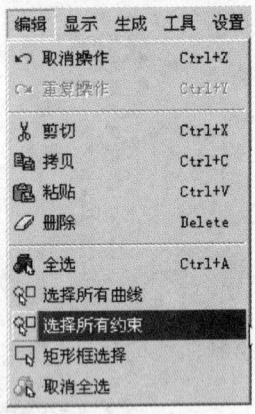

图 3-7 选择所有曲线　　　　　图 3-8 选择所有约束

45　在草图中全部选择有多少种方法？

方法一　使用框选工具。① 鼠标右键框选；② 鼠标左键框选；③ 使用"选择"工具栏,如图 3-9 所示。

方法二　使用"编辑"下拉菜单中的"全选"命令,如图 3-10 所示。

方法三　使用快捷键 Ctrl+A。

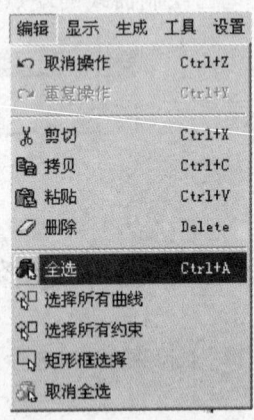

图 3-9　"选择"工具栏　　　　　图 3-10　"编辑"菜单

46 在草图中怎样快速选择与某一曲线相连的曲线？

选中这一曲线，然后右击，在快捷菜单中选择"选择外轮廓"菜单项，如图 3-11 所示。

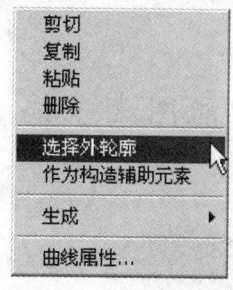
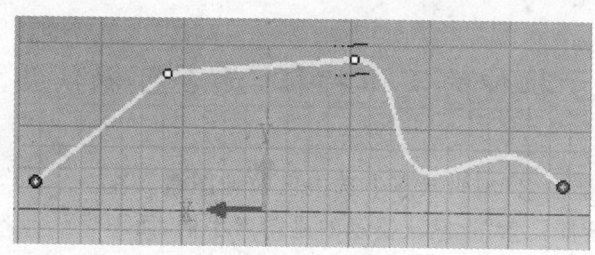

图 3-11 选择曲线

47 修改直线长度有几种方法？

方法一 拖动蓝色曲线尺寸编辑点之一，或者拖动选定几何图形的终点/中点，直至显示出相应的曲线尺寸值，然后释放。CAXA 实体设计将随着拖动操作不断更新曲线的尺寸。

方法二 右击需要编辑的曲线尺寸值，在快捷菜单中选择"编辑数值"菜单项，并在出现的对话框中编辑相关的值。单击"确定"按钮，关闭该对话框并应用新设定的尺寸值。

方法三 右击几何图形靠近应该重定位的一端，以编辑其曲线尺寸。在快捷菜单中选择"曲线"菜单项，然后在对应的字段中编辑尺寸值。

48 修改端点位置有几种方法？

方法一 单击端点位置，使其显示出位置值；拖动几何图形端点位置处的白点，当得到所需要的端点位置值时释放。CAXA 实体设计将随着拖动操作不断更新端点位置值。

方法二 右击端点位置值，然后在快捷菜单中选择"编辑值"菜单项，并在对应的字段上编辑端点位置。单击"确定"按钮关闭对话框并应用新位置。

方法三 右击几何图形，以编辑其端点位置值。在快捷菜单中选择"曲线"菜单项，然后编辑相应的字段值。

49 实体设计中实现拉伸对草图有什么要求？

拉伸实体时，需要草图为一系列不相交的封闭轮廓线。拉伸曲面时，草图可以为不封闭的曲线。

50 对于拉伸的实体特征，是否可以使用智能图素手柄编辑？

在"智能图素"编辑状态中选中已拉伸图素。注意，标准"智能图素"上默认显示的是图素手柄，而不是包围盒手柄。对于新生成的自定义"智能图素"，图素手柄是唯一可用的手柄。

- 三角形拉伸手柄：用于编辑拉伸特征的前、后表面。
- 四方形轮廓手柄：用于重新定位拉伸特征的各个表面，如图 3-12 所示。

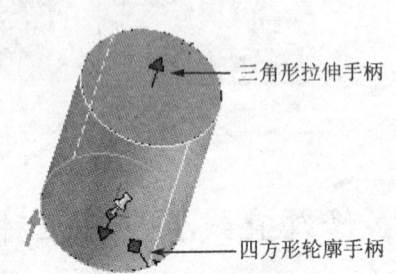

图 3-12　手柄编辑

51 在绘制好草图以后，可以对草图平面重新定位和定向吗？

（1）利用草图的定位锚可以对草图进行拖动。
（2）在 CAXA 实体设计中利用三维球工具可以更为便捷、快速地对基准面进行定向和定位。打开已经生成的基准面的三维球，利用它的旋转、平移等功能对其所附着的基准面进行定向和定位操作。

52 怎样在草图中快速绘制草图？

为了提高绘制草图的效率，CAXA 实体设计提供了智能光标工具，使用户利用它的各种反馈信息，快速方便地绘制草图。在草图的空白区域右击，在快捷菜单中选择"捕捉"菜单项，出现"2D 绘制选择"对话框，然后选择"智能光标"选项，如图 3-13 所示。在生成或重定位草图几何图形时，智能光标会沿着与光标的共享面激活智能光标当前位置，以及现有几何图形和栅格上相关点/边之间的"智能捕捉"反馈。

若要暂时禁止智能光标反馈，则应在生成或编辑几何图形之前按下 Shift 键。

第3章 二维草图绘制

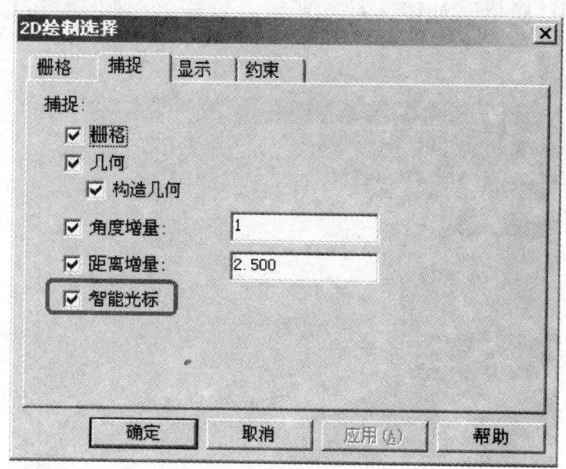

图3-13 激活智能光标

53 如何设置基准面?

选择"设置"|"基准面"菜单项即可打开"基准面"对话框,如图3-14所示,可以设置栅格间距和基准面尺寸。

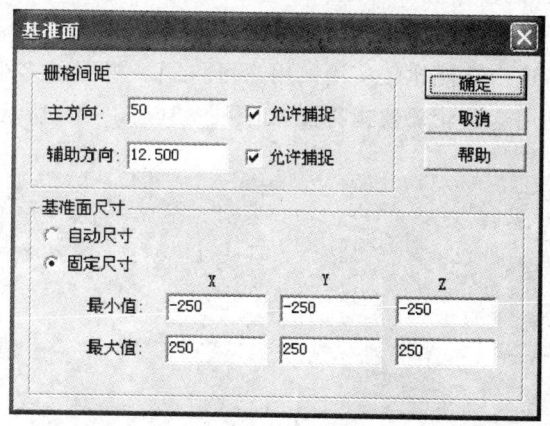

图3-14 "基准面"对话框

54 怎样利用栅格绘制草图?

在绘制草图之前,首先设定主辅栅格的水平和垂直间距,然后在"2D绘制选择"对话框中的"捕捉"选项卡中,选中"栅格",如图3-15所示。这样,在绘图时可以利用栅格轻松地绘制草图。

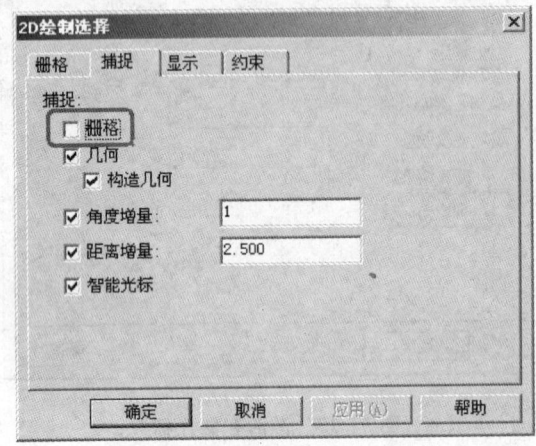

图3-15 "2D绘制选择"对话框

55 怎样对同一草图中的不相交的封闭轮廓进行拉伸?

此功能可将一个视图的多个轮廓在同一个草图中约束完成,并在草图中可选择性地建构特征,以提高设计效率。尤其是习惯在实体草图中输入DWG文件,并利用输入DWG后生成的轮廓建构特征的用户,这个功能比较实用。用户可将同一视图的多个轮廓一次性输入到实体草图中,可选择性地利用这些轮廓建构特征,如图3-16～3-18所示。

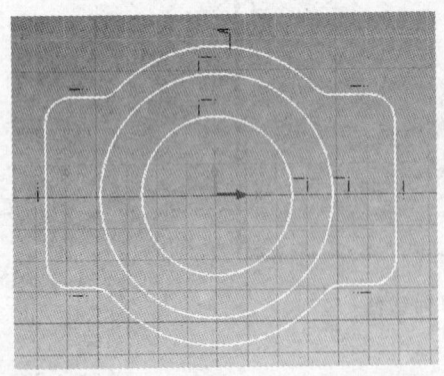 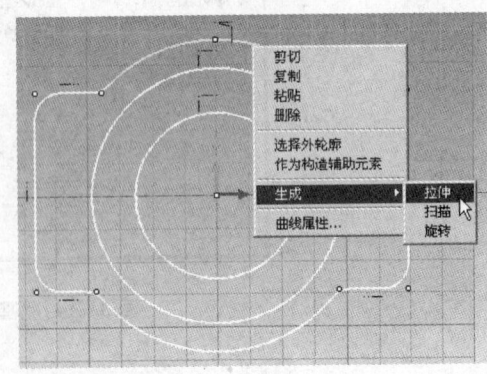

图3-16 选择轮廓

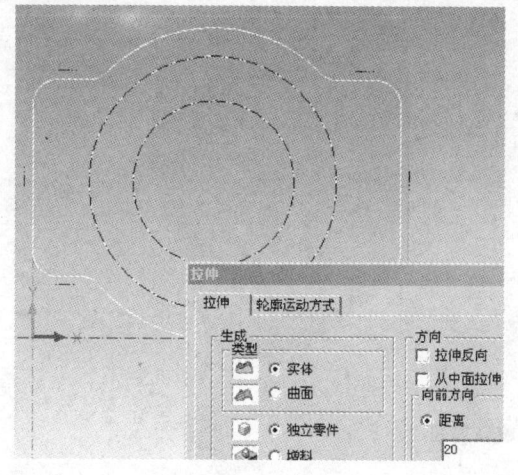
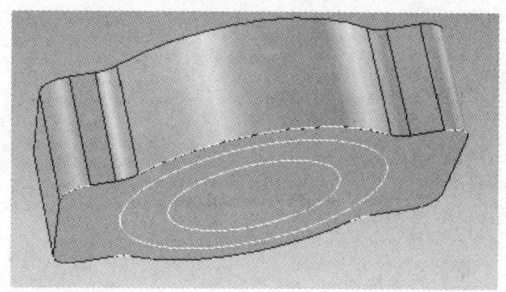

图 3-17 进行拉伸

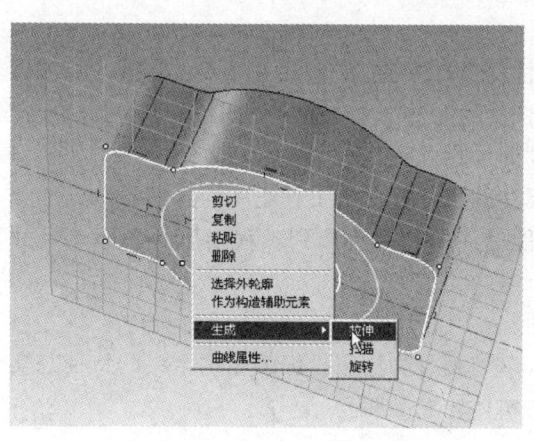

图 3-18 选择另外的轮廓进行拉伸

56 生成旋转特征时轮廓可以为不封闭吗？

其他一些三维软件，在生成旋转实体时，要求草图轮廓必须为封闭轮廓，但是 CAXA 实体设计在生成旋转实体时轮廓可以是不封闭的，如图 3-19 所示。在轮廓开口处，轮廓端点会自动作水平（沿 X 轴）延伸，生成旋转特征。

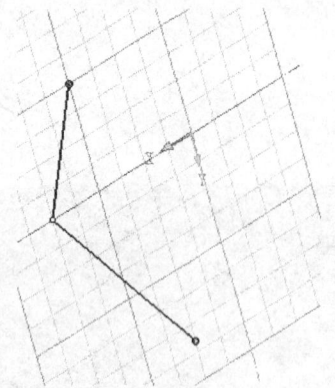 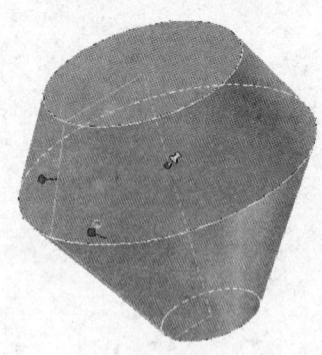

图 3-19 旋转特征

57 如何将草图中的约束尺寸投影到工程图中？

右击草图拉伸、旋转、扫描生成的对象，在快捷菜单中选择"编辑截面"菜单项，进入"编辑截面"状态，约束草图尺寸。右击约束尺寸，在快捷菜单中选择"输出到图纸"菜单项，单击"完成"按钮退出"编辑截面"状态。这时，约束尺寸即可投影到工程图中。

草图中的约束尺寸与设计环境中的智能标注的尺寸投影到工程图中的区别？

约束尺寸投影到工程图后是驱动尺寸，智能标注的尺寸投影到工程图后分为驱动尺寸和一般传递尺寸。

在草图中使用投影工具如何关联实体轮廓？

投影实体轮廓时右击，选择"完成"按钮退出草图。此时，用投影的轮廓生成的特征与实体轮廓关联。左键投影实体轮廓生成的特征不与实体轮廓关联。

第4章 实体特征构建

58 如何实现实体的求"交"功能？

找到实体安装目录下 X:\CAXA\CAXASOLID\ICAPI\Samples\bin\ICAPICreate.dll（X 为软件安装盘符）进行手动注册，方法是：右击 ICAPICreate.dll 文件选择"打开方式"|"浏览"，找到系统盘下 system32 目录下的 regsvr32 文件打开并确定。然后会提示注册成功，打开实体设计软件，选择"工具"|"加载应用程序"菜单项，出现"应用程序/加载"对话框，选择 ICAPI Create Sample 选项，单击"确定"按钮，如图 4-1 所示，会弹出 ICAPI Create 工具栏，选中相交实体后单击"下图"符号即可，如图 4-2 所示。

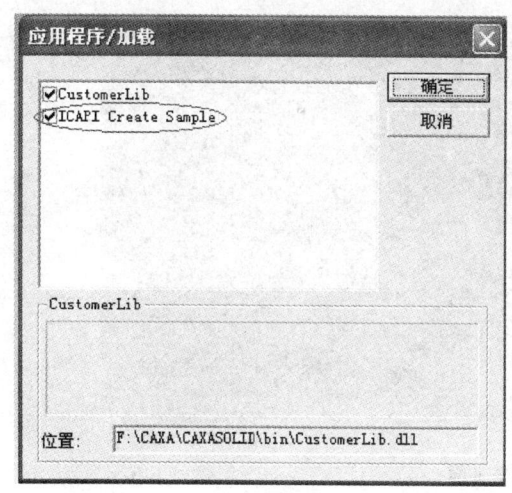

图 4-1 "应用程序/加载"对话框

图 4-2 ICAPI Create 工具栏

59 如何用曲面分割实体？

从智能图素库中拖放一个长方体和一个圆柱体到设计环境中，使圆柱体和长方体相交，如图 4-3 所示。

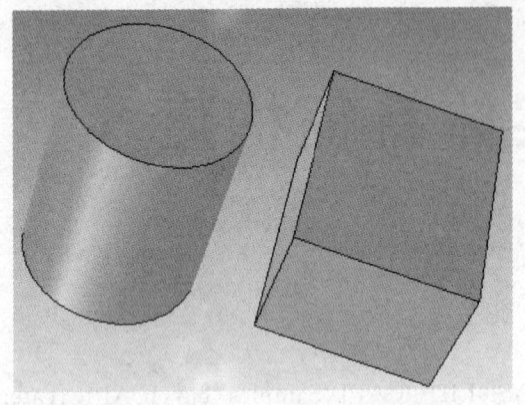 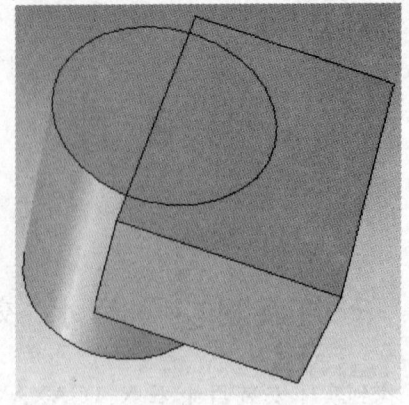

图 4-3 使图素相交

右击圆柱的侧面,在快捷菜单中选择"生成曲面"菜单项,把长方体之外的圆柱体删除,如图 4-4 所示。

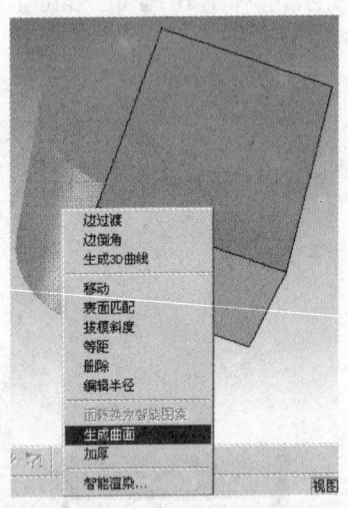 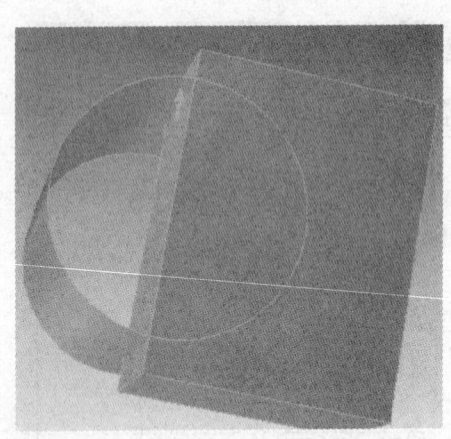

图 4-4 生成曲面

选择长方体再选择曲面,单击"分裂"图标。零件分裂,把多余的部分删除,就可以得到"交"集部分,如图 4-5 所示。

60 如何制作被小曲率柱面、球面和曲面包裹的三维文字?

方法一

(1) 在电子图板中生成文字,并打散。选择"文件"|"实体设计数据接口"|"输出草图"菜

第 4 章　实体特征构建

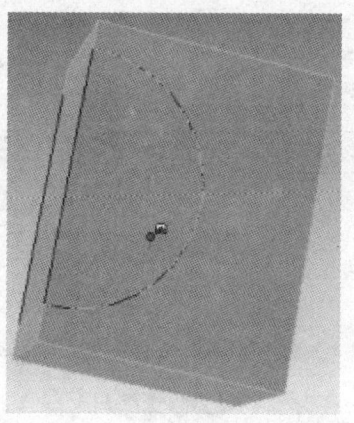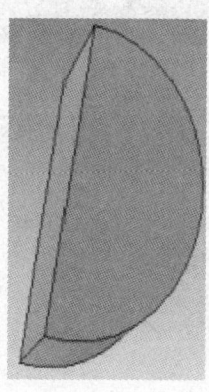

图 4-5　得到交集

单项。在实体设计界面中,单击"拉伸"命令,距离选择 50 mm,单击"确定"按钮即可。把电子图板中的文字输入到实体设计中,选择"工具"|"运行加载工具"|"输入草图"菜单项,如图 4-6 所示,完成造型,如图 4-7 所示。

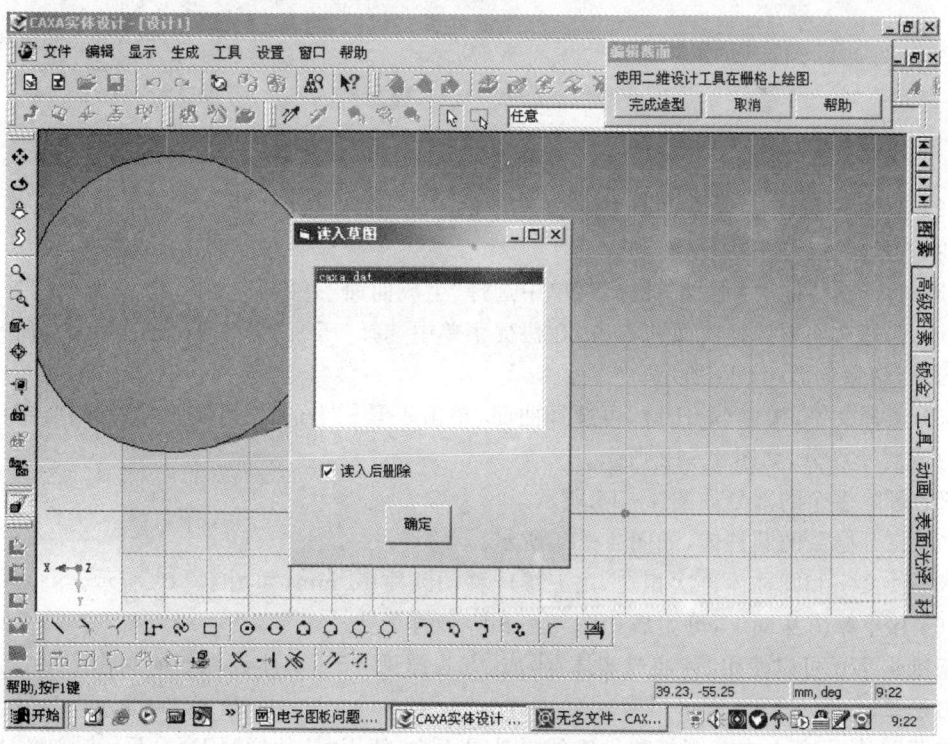

图 4-6　读入草图

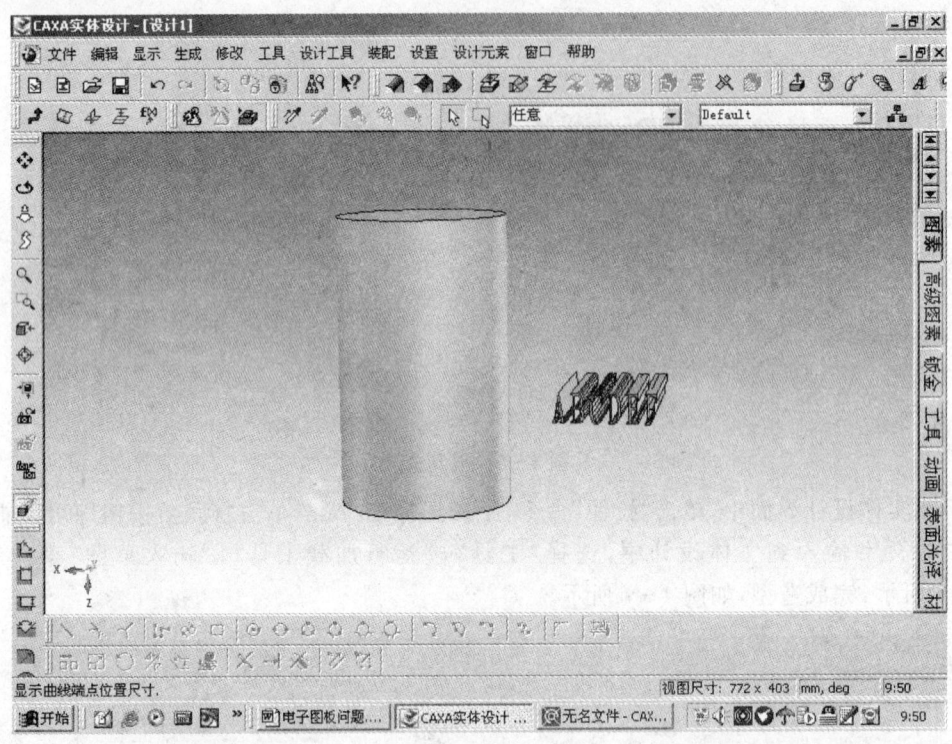

图4-7 生成造型

（2）拖放一圆柱体到设计环境，把三维文字拖放到圆柱体内，使文字和圆柱体相交，如图4-8所示。

（3）右击圆柱体的侧面，在快捷菜单中选择"生成曲面"菜单项，如图4-9所示。

（4）选择文字再选择曲面并右击，在快捷菜单中选择"压缩"菜单项，如图4-10所示把圆柱体压缩，结果如图4-11所示。

（5）选择文字，按住Shift键，再选择曲面，单击工具栏上的"分裂零件"图标，文字已经被曲面分成两个部分，如图4-12所示。

（6）删除多余的部分如图4-13所示。

（7）打开隐藏的圆柱体，如图4-14所示。

（8）使文字和圆柱体再次相交，用三维球移动圆柱10 mm，如图4-15所示。

（9）接下来方法同上，可生成如图4-16所示的文字。

三维文字还可以使用"转换成实体"生成，方法详见"65 实体设计如何制作凹字？"。

方法二

将草图从CAXA电子图板移入实体设计界面中，使用"拉伸增料"命令后，直接用"拉伸除料"命令即可，如图4-17所示。

第4章 实体特征构建

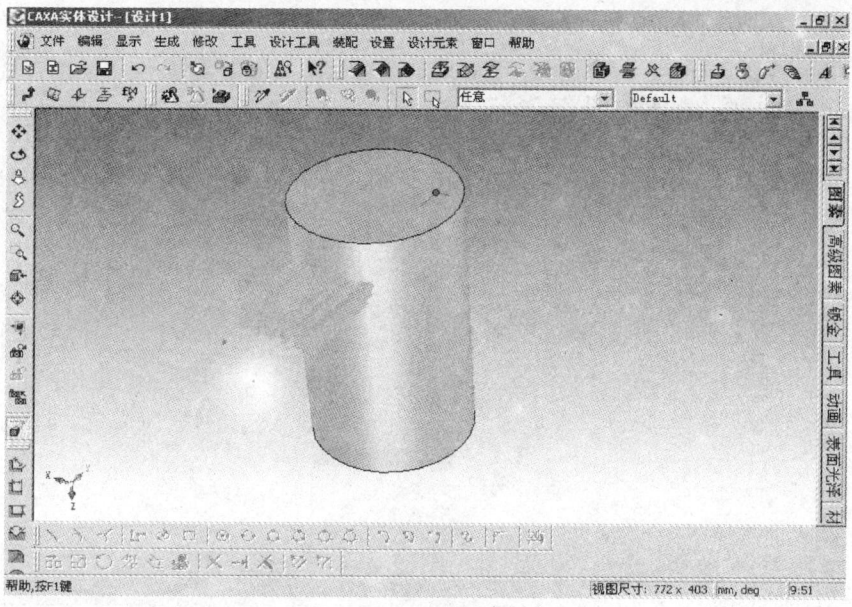

图4-8 使文字与圆柱体相交

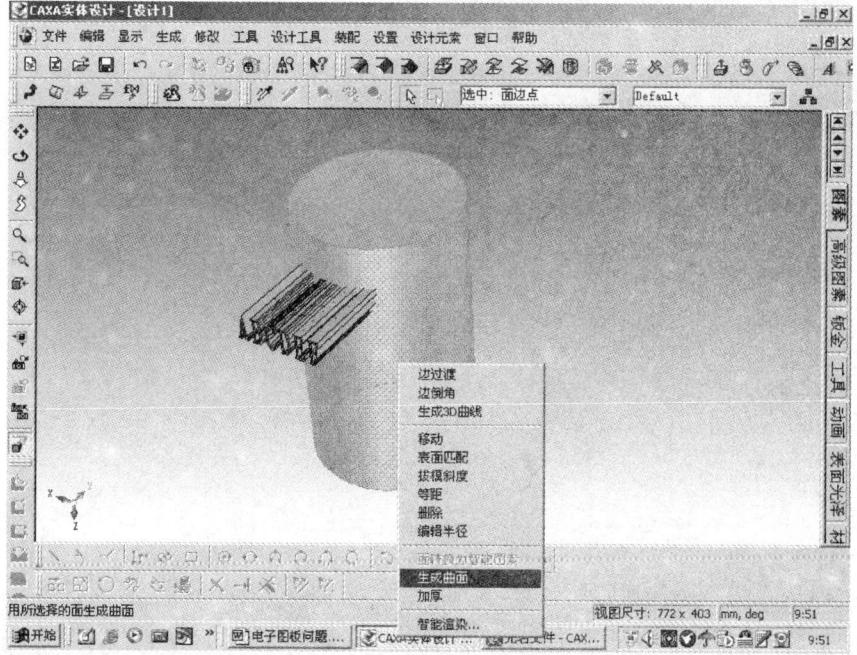

图4-9 生成曲面

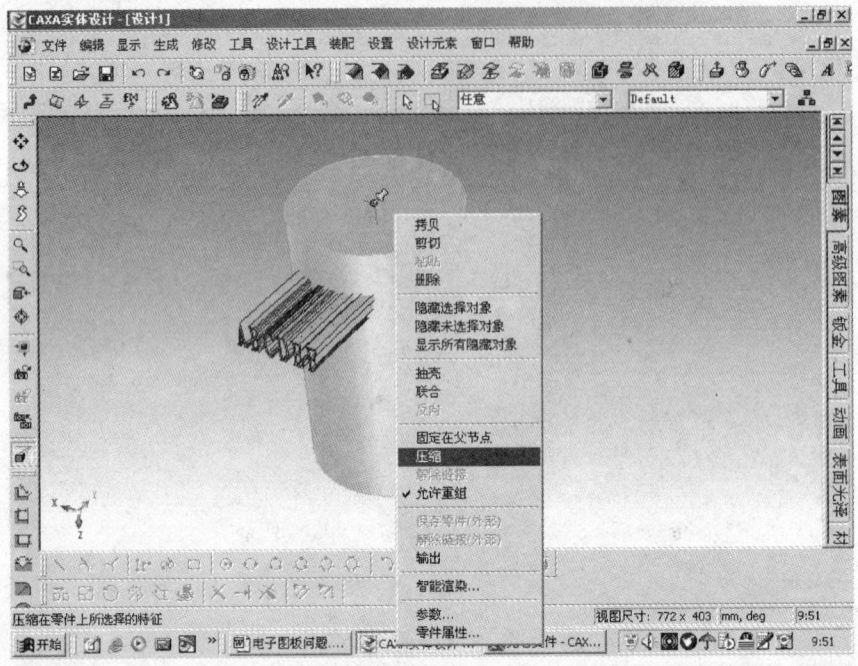

图 4-10 压 缩

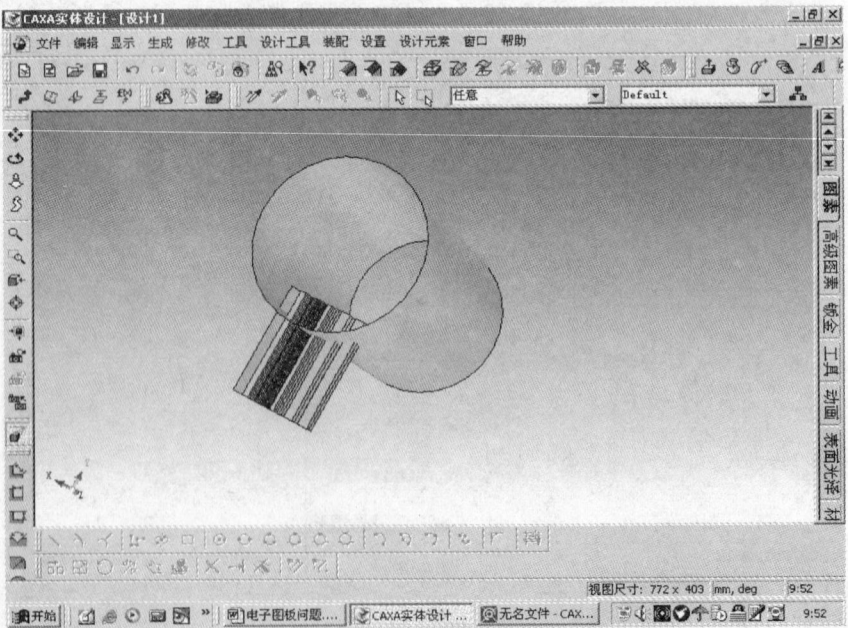

图 4-11 结 果

第4章 实体特征构建

图4-12 分裂零件

图4-13 删除多余的部分

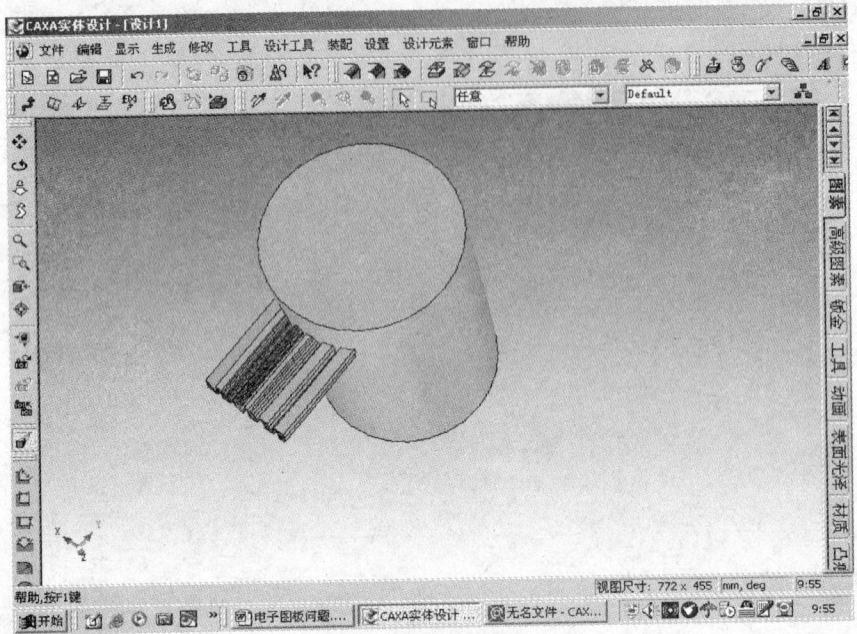

图 4-14 打开隐藏体

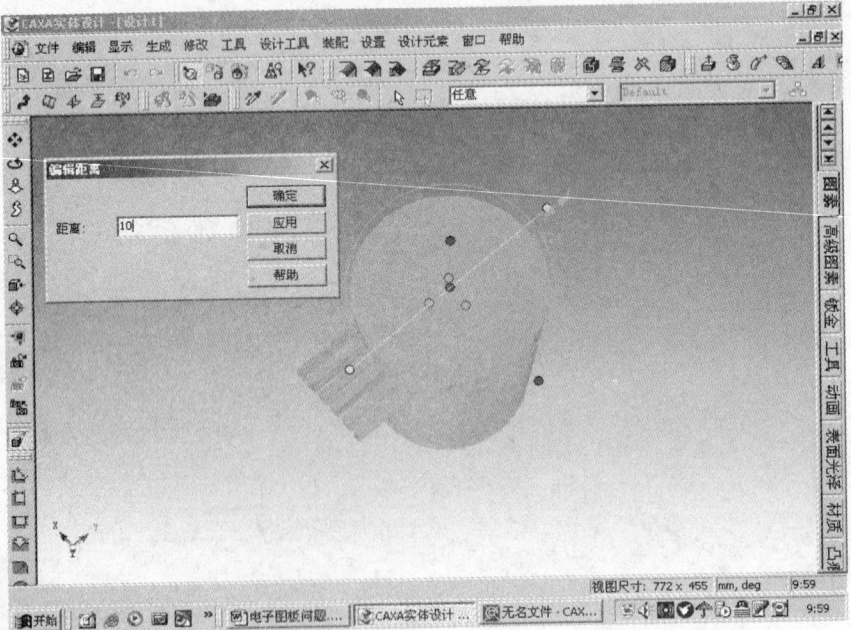

图 4-15 移动圆柱

第4章 实体特征构建

图4-16 生成文字

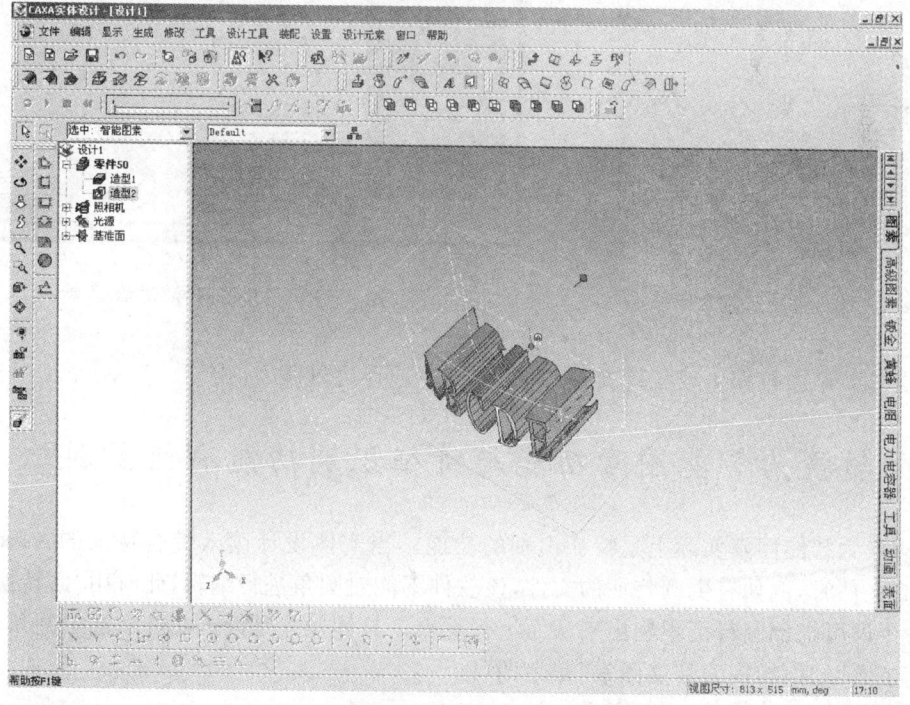

图4-17 方法二

61 如何制作被大曲率柱面、球面和曲面包裹的三维文字？

利用放样工具生成文字，放样时将其中一个截面图形缩小或放大一定的倍数，如图 4-18 所示。

再利用三维球调整字体位置和方向，将文字对准柱面、球面、曲面的中心，然后利用问题 60 中的分裂零件的方法即可。

62 如何在三维文字表面做圆角过渡？

方法一 单击工具栏中的"文字"工具按钮，或选择"生成"|"文字"菜单项，出现"文字向导"对话框，在对话框的第 2 页中选择"圆形"，如图 4-19 所示，文字表面即可生成圆角过渡。

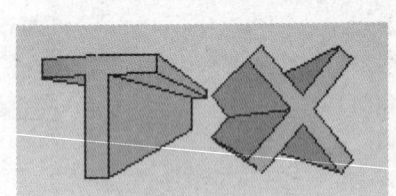

图 4-18 生成三维文字

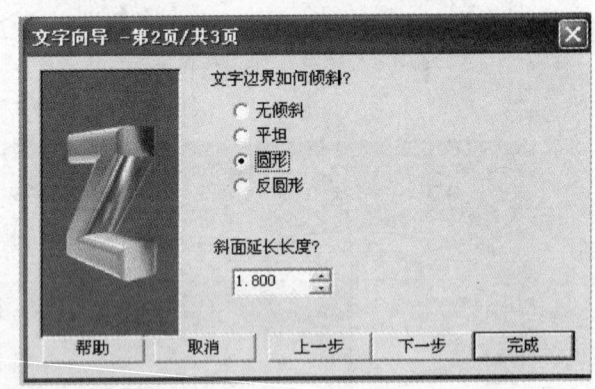

图 4-19 "文字向导"对话框

方法二 草图拉伸生成三维文字，对三维文字进行边过渡。

63 面转换为智能图素功能与特征识别功能有何区别？

面转换为智能图素实际上是特征识别的功能。当实体设计读入带有特征的 *.x_t 或其他格式的文件时，例如有倒圆特征的文件，该软件不能对圆角进行编辑，此时用"面转换为智能图素"命令即可把倒圆特征识别出来从而进行编辑。具体操作是读入文件后选中圆角表面，选择"设计工具"|"面转换为智能图素"命令即可。

64 智能图素与实体特征有何区别?

智能图素是CAXA实体设计特有的一种构建三维模型的基础几何实体,与其他三维软件实体特征的区别在于多了一种利用智能手柄修改实体特征及智能拖放的功能。

65 实体设计如何制作凹字?

选择"工具"|"选项"菜单项,出现"选项"对话框,单击"零件"选项卡,将"新零件所使用的缺省核心"设置成ACIS,如图4-20所示。

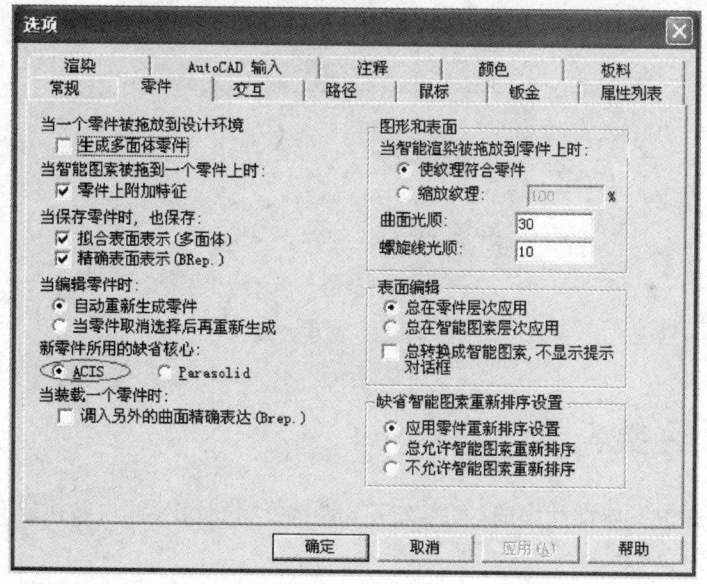

图4-20 "零件"选项卡

选择文字命令写文字,再从设计元素库中拖入长方体,调整好文字与长方体的位置,选中文字,再选择"设计工具"|"转换为实体"命令,此时文字就是实体了。选择长方体,再选择"设计工具"|"布尔运算设置"|"除料"命令,此时按下Ctrl键选择文字,再选择"设计工具"|"布尔运算"命令,凹字就做出来了,如图4-21所示。

66 智能标注的尺寸锁定有何作用?

智能标注的尺寸被锁定后成为约束尺寸,可以进行参数化运算。

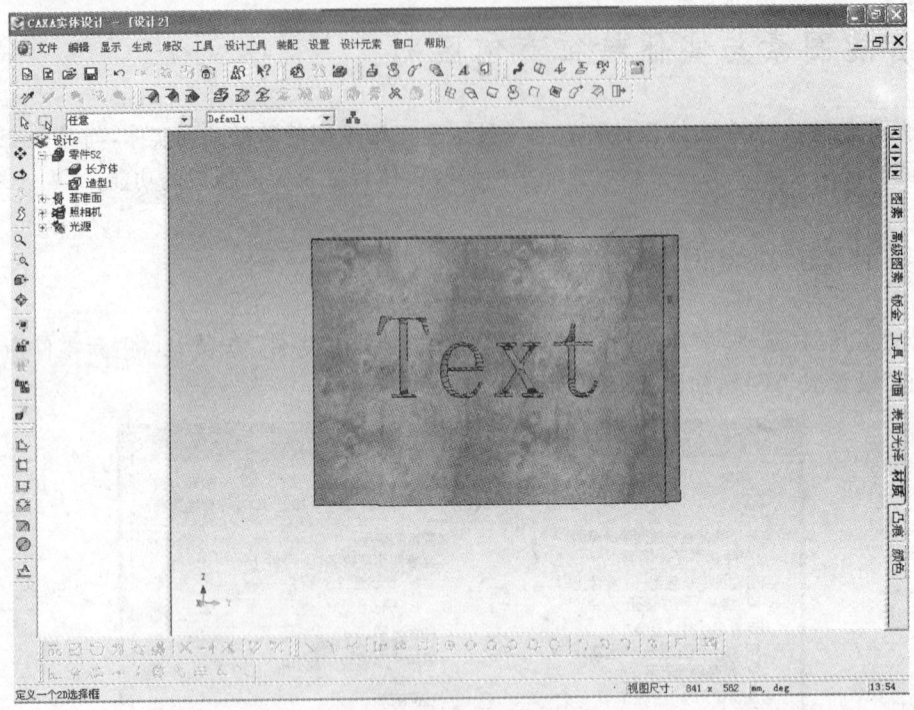

图 4-21 凹字效果

67 如何将三维文字转为实体?

方法一 先选中实体设计中的"三维文字",再选择"设计工具"|"转换成实体"即可。这种情况下要求内核为 ACIS。

方法二 从二维草图中输入 dwg/dxf 文件拉伸生成三维文字就是实体属性。

68 如何捕捉球心?

将球的"显示编辑操作柄"设置为"造型",拖动手柄将整球改成半球,这时即可捕捉到球心。

69 如何用面分裂零件?

按下 Shift 键选中零件和面,注意顺序一定要先选择零件再选择面,再选择"分裂零件"命令即可。

70 如何用体分裂零件？

选中零件,再选择"分裂零件"命令,在选择的零件上拾取一点定位分裂操作,用三维球修改分裂操作的位置和零件大小,单击"完成操作"即可。

71 如何用布尔运算的方法分裂零件？

选中被分裂的零件,选择"设计工具"|"布尔运算设置"|"减料"命令,按下 Shift 键选择除料零件,再选择"设计工具"|"布尔运算"命令即可。注意选择顺序。

72 如何实现面与边关联？

单击零件进入零件编辑状态,切换编辑操作柄为"造型"状态,右击截面手柄,在快捷菜单中选择"与边关联"菜单项,如图 4-22 所示。

选择另一个零件的边,截面手柄所在的面将与所选的边对齐,如图 4-23 所示。拖动对齐边所在的面的智能手柄,截面手柄所在的面将与之一起变化,如图 4-24 所示。

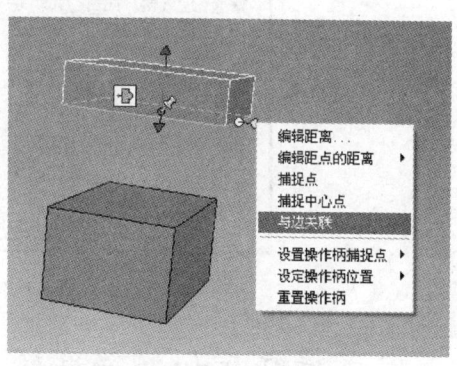

图 4-22 快捷菜单

图 4-23 对齐

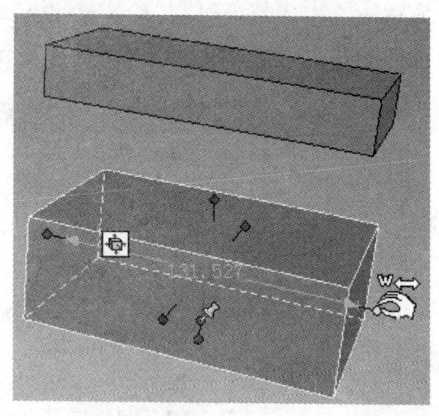

图 4-24 关联

73 如何做五角星?

从"高级图素"中拖出星形体,默认是8角的。在智能图素状态右击,在快捷菜单中选择"智能图素属性"菜单项,出现"拉伸特征"对话框,选择"变量"选项卡,如图4-25所示,将"槽数"改为5,"圆锥角0%~100%"表示锥度越来越大。

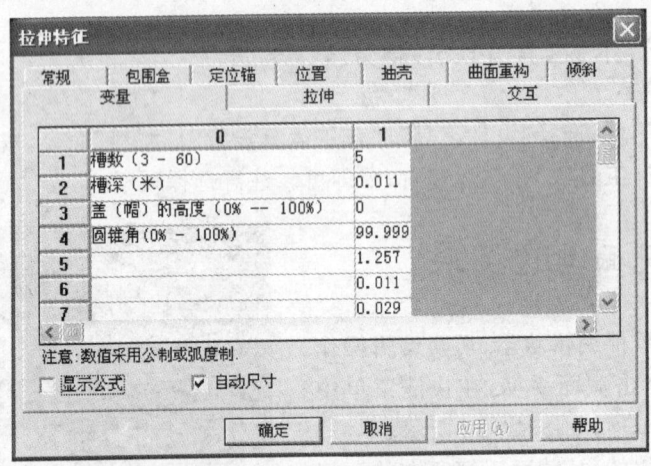

图4-25 "变量"选项卡

74 完成特征后如何关联轮廓约束尺寸?

方法一 生成特征时在"轮廓运动方式"选项卡中选择的"与轮廓关联",如图4-26所示,在设计树上右击,选择"轮廓编辑"即可显示修改后的约束尺寸。

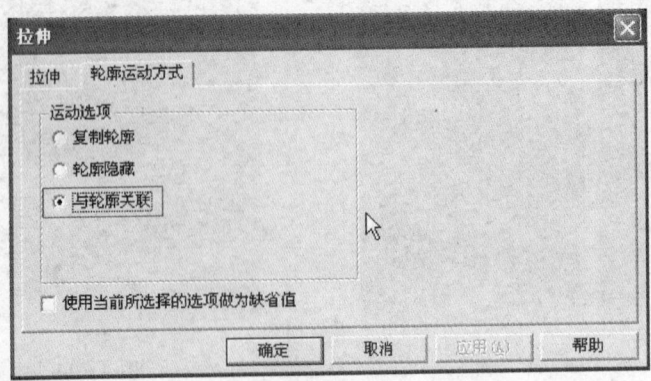

图4-26 "轮廓运动方式"选项卡

第4章 实体特征构建

方法二 选择"工具"|"交互"菜单项,出现"选项"对话框,在"智能图素生成时2D轮廓的处理方式"选项组中选择"关联"选项,如图4-27所示,这样"轮廓运动方式"中的运动选项就默认为"与轮廓关联"了。

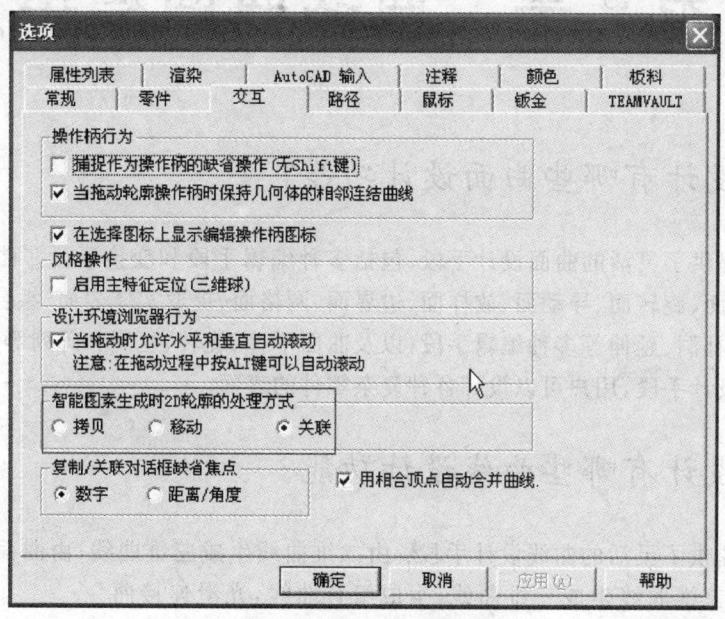

图4-27 "选项"对话框

第5章 曲线曲面造型

75 实体设计有哪些曲面设计功能？

实体设计提供了灵活的曲面设计手段,包括多种编辑手段和变换手段。曲面的生成方式有直纹面、拉伸面、旋转面、导动面、放样面、边界面、网格面、提取实体表面、组合曲面及曲面过渡、裁剪、分割、补洞、延伸等多种编辑手段,以及曲面平移、旋转、复制和阵列等多种变换手段。通过这些曲面设计手段,用户可以设计各种复杂零件的表面。

76 实体设计有哪些曲线设计功能？

实体设计提供了灵活的曲线设计手段:由二维曲线生成三维曲线;由曲面及实体边界生成三维曲线;由三维曲线生成三维曲线,生成组合曲线,光滑连接曲线、等参数线、曲面交线、投影曲线和公式曲线,以及曲线打断,曲线延伸,插入曲线控制点,编辑曲线控制点状态,曲线属性表编辑等编辑手段,以及曲线镜像、移动/旋转、复制/链接、阵列、反向和替换等多种变换手段。可帮助用户绘制出真正的空间曲线,完成更多复杂形状的设计。

77 如何将一组点转换到 CAXA 实体设计软件里面生成曲线？

将点处理成文本格式,在"三维曲线"菜单中的直接选择"输入样条曲线"选项即可,如图5-1所示。

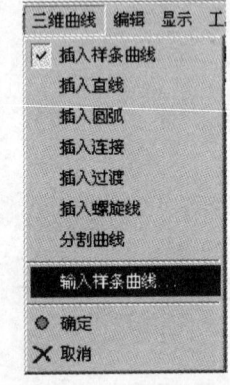

图5-1 "三维曲线"菜单

78 三维曲线绝对坐标系与用户坐标系如何切换使用？

单击"3D曲线"工具栏中的"三维曲线"工具按钮,或选择"生成"|"曲线"|"三维曲线"菜单项,弹出如图5-2所示的对话框。

第5章 曲线曲面造型

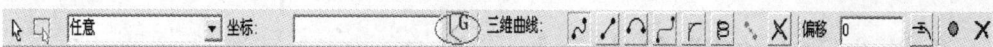

图 5-2 "坐标系"工具按钮

"坐标系"工具按钮 G 用于在绝对坐标系与用户坐标系之间进行的切换。其按下的状态表示绝对坐标系,弹起的状态表示用户坐标系。例如选择任意一点,"在绝对坐标系与用户坐标系之间切换"按钮按下状态,在坐标中输入(100,200,200)的点是绝对坐标系下对应的点;"在绝对坐标系与用户坐标系之间切换"按钮弹起状态,在坐标中输入(100,200,200)的点是以选择的这个任意点为坐标原点时对应的点,也就相当于这个任意点是用户坐标系的原点。

79 曲面转实体有哪些办法?

方法一 曲面加厚。在曲面编辑状态右击,选择"生成"|"曲面加厚"菜单项,出现"厚度"对话框,如图5-3所示,输入相应厚度即可。

方法二 封闭曲面。将多张曲面组成的封闭曲面生成一张曲面时会出现如图5-4所示的提示,选择"是"生成一个封闭曲面,同时也生成了一个实体。

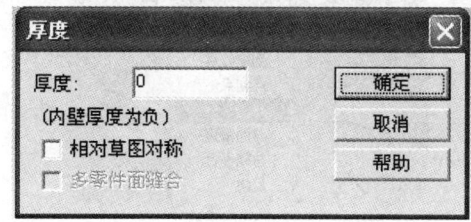

图 5-3 "厚度"对话框

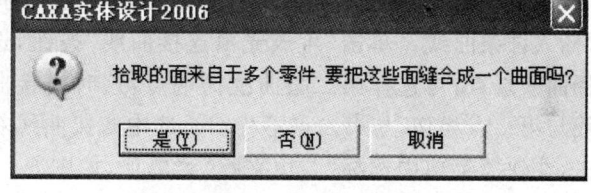

图 5-4 提示

80 如何组合曲面?

方法一 布尔运算。在零件状态下按下 Shift 键同时选中多张曲面,选择"设计工具"|"布尔运算"菜单项。

方法二 缝合曲面。在曲面编辑状态下按下 Shift 键同时选中多张曲面,右击,在快捷菜单中选择"生成"|"曲面"菜单项,如图5-5所示。

组合之后便于拾取等后续操作。

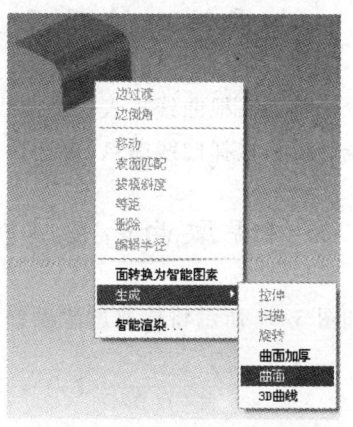

图 5-5 快捷菜单

81 多张曲面如何进行曲面加厚？

在曲面编辑状态下，按下 Shift 键同时选中多张曲面并右击，在快捷菜单中选择"生成"|"曲面加厚"菜单项即可。

82 怎样做搭接曲面？

方法一 利用放样面的功能。单击"拾取光滑连接的边界"按钮，依次拾取放样截面线即可。

方法二 利用曲面填充的功能。单击"与相邻曲面相接或接触"按钮，依次拾取封闭边界的线和面的边即可。这种方法只适用于封闭边界的多个面属于同一个零件。

83 两根曲线作为两个零件如何搭接？

双击其中一根曲线进入三维曲线编辑状态，选择"插入样条曲线"，单击"生成光滑连接曲线"按钮，选择曲线端点，再选择第二条曲线的端点，这时搭接曲线与第一点相切，与第二点不相切。选中搭接曲线右击，在快捷菜单中选择"与边平行"菜单项，如图 5-6 所示选择曲线端点即可。

图 5-6 快捷菜单

84 一个零件内的两根曲线如何搭接？

双击其中一根曲线进入三维曲线编辑状态，选择"插入样条曲线"选项，单击"生成光滑连接曲线"按钮，选择曲线端点，再选择第二条曲线的端点即可生成与两条曲线相切的搭接曲线。

85 如何提取曲面及实体边界线？

如图 5-7 所示将拾取过滤设置为"边"即可提取曲线及实体边界线。

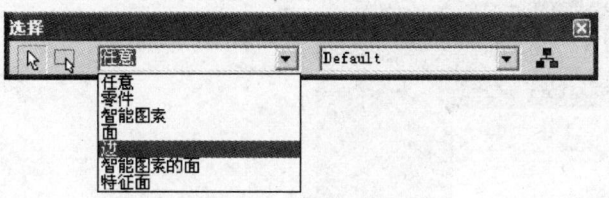

图 5-7　设置拾取过滤

86　如何做拉伸面？

在草图中生成一条曲线，右击此线，在快捷菜单中选择"生成"|"拉伸"菜单项，在出现的"拉伸"对话框中的"生成"选项组中选择"曲面"选项即可，如图 5-8 所示。

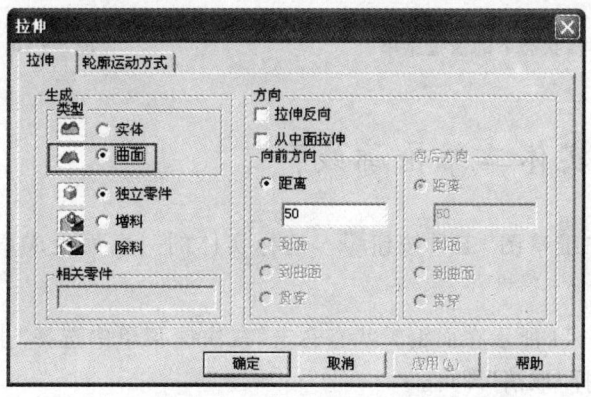

图 5-8　"拉伸"对话框

87　如何将拉伸面的边界生成为3D曲线？

方法一　如图 5-9 所示，在面编辑状态右击，在快捷菜单中选择"生成"|"3D曲线"菜单项即可。

方法二　将拾取过滤设置为"边"拾取拉伸面的边界线，右击边界线，在快捷菜单中选择"生成3D曲线"菜单项即可，如图 5-10 所示。

88　如何修改三维曲线中的螺旋线？

双击螺旋线进入编辑状态，再双击螺旋线即可弹出编辑对话框进行编辑。

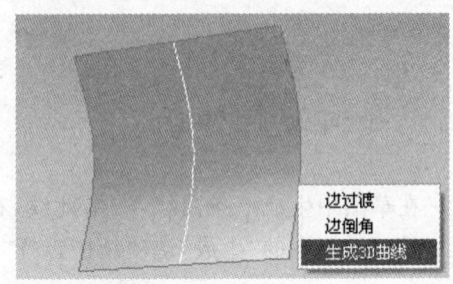

图 5-9　面编辑状态下的快捷菜单　　　　　图 5-10　快捷菜单

89　如何提取实体二维轮廓线？

方法一　单击"二维草图"工具按钮，选择实体的一个面生成草图面，单击"投影3D边"工具按钮。

方法二　如图 5-11 所示在面编辑状态右击，在快捷菜单中选择"生成"|"拉伸"菜单项，出现"拉伸"对话框选择"取消"即可。

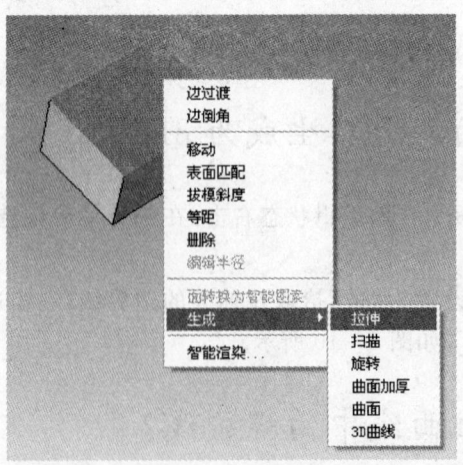

图 5-11　快捷菜单

90　什么叫做概念素描(影像草图)？

所谓"概念素描"就是将工业美术设计处理好的素描图片或相片(影像图片)加入到CAD系统中，创建各视图方向的影像图片，利用搭建的各视图影像图片进行草图平面的建立，在草图中勾勒、描绘影像轮廓进行曲面线架建构。

91　如何利用影像草图创建设计流程？

罗技鼠标设计流程如下：
(1) 工业美术设计(图片处理)如图5-12(a)所示。
(2) 图片库的建立及图片视图的构建，如图5-12(b)所示。
(3) 建立影像草图，如图5-12(c)所示。
(4) 利用影像草图搭建3D线架，如图5-12(d)所示。
(5) 利用线架进行曲面造型设计，如图5-12(e)所示。
(6) 最终效果图如图5-12(f)所示。

92　如何用线打断曲线？

双击要打断的曲线进入曲线编辑状态，单击"打断"工具按钮，选择要打断的曲线，再选择打断线即可，如图5-13所示。

93　如何用面打断曲线？

双击要打断的曲线进入曲线编辑状态，单击"打断"工具按钮，选择要打断的曲线，再选择打断面即可，如图5-14所示。

94　如何用实体表面打断曲线？

双击要打断的曲线进入曲线编辑状态，单击"打断"工具按钮，选择要打断的曲线，再选择实体表面作为打断面即可，如图5-15所示。

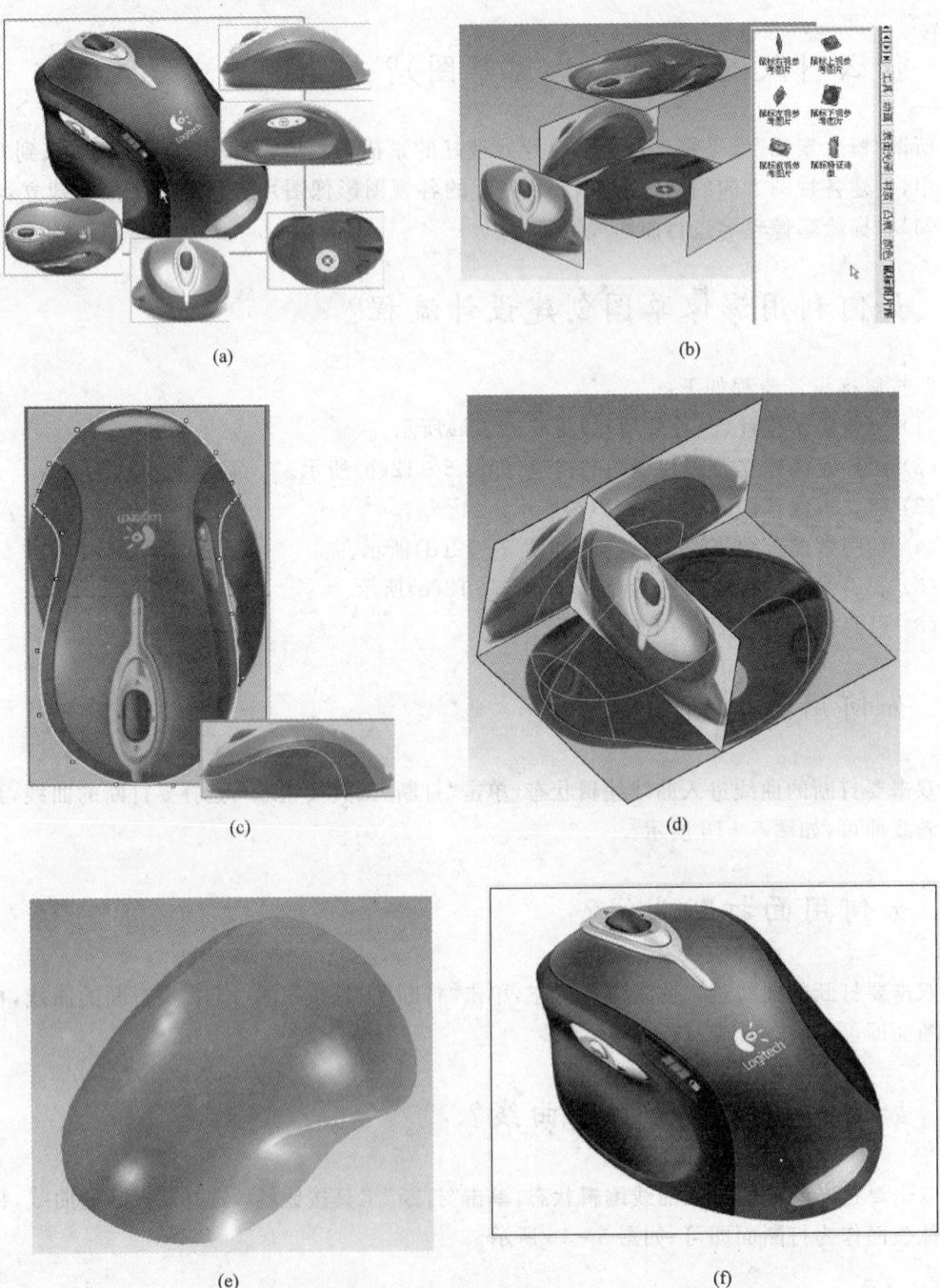

图 5-12 罗技鼠标设计流程

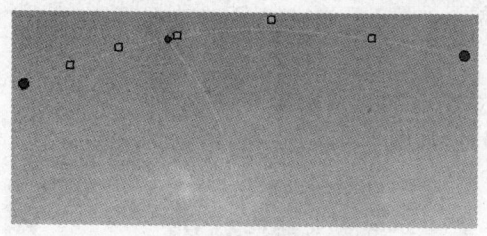
图 5-13 打断曲线

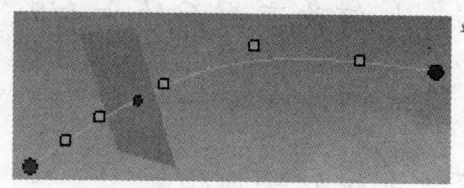
图 5-14 用面打断曲线

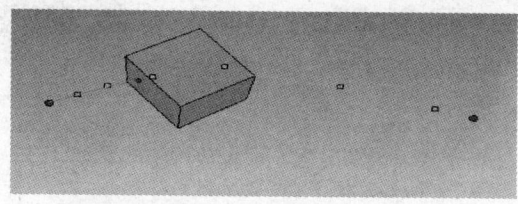
图 5-15 用实体表面打断曲线

95 如何改变草图上的线的颜色？

选择"工具"|"选项"菜单项，出现"选项"对话框，选择"颜色"选项卡，如图 5-16 所示。在列表中选择"二维轮廓几何"，默认颜色是白色，可以选择其他颜色作为草图上的线的颜色。

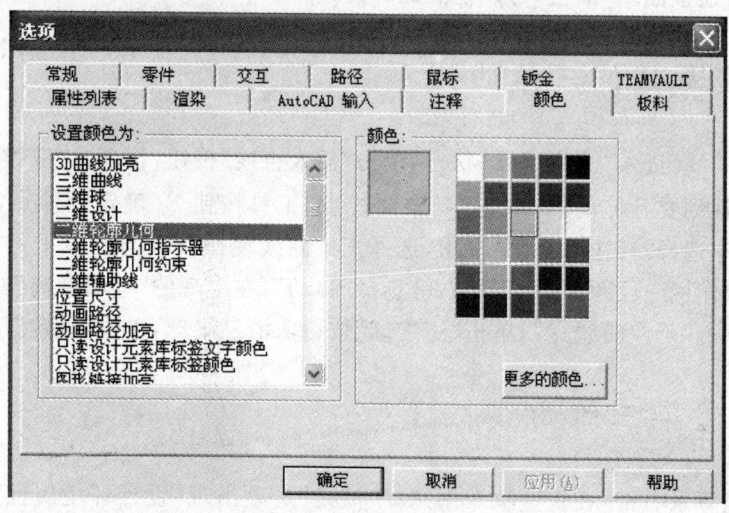
图 5-16 "颜色"选项卡

96　如何改变曲面的方向？

右击曲面,在快捷菜单中选择"反向"菜单项即可,如图 5-17 所示。

97　电炉丝如何做？

在公式曲线里把下面的公式输进去:

$x = Radius * \cos(t) + r * \cos(k*t) * \cos(t);$
$y = Radius * \sin(t) + r * \cos(k*t) * \sin(t);$
$z = r * \sin(k*t);$

其中,Radius、r、k 是自定义的参数,t 从 $0° \sim 360°$。
例:$x(t) = 100 * \cos(t) + 10 * \cos(25*t) * \cos(t)$
　　$y(t) = 100 * \sin(t) + 10 * \cos(25*t) * \sin(t)$
　　$z(t) = 10 * \sin(25*t)$

98　如何任意延伸三维曲线？

双击"三维曲线"进入"曲线编辑"状态,单击"插入直线"和"生成光滑连接曲线"按钮,可以任意延伸曲线。

99　如何定量延伸三维曲线？

双击"三维曲线"进入"曲线编辑"状态,单击"插入直线"按钮,再单击"三维球"按钮调出三维球,将三维球移到要延伸的点,双击"延伸曲线点"工具按钮,确定延伸点,右击定向操作柄,在快捷菜单中选择"与边平行"菜单项,选择三维曲线使操作柄与曲线平行,右键拖动与曲线平行的外部操作柄一段距离后松开,右键选择"移动",在出现的"编辑距离"对话框中输入所需数值,确定,双击"延伸曲线点",单击"三维球"按钮取消三维球,单击"确定"按钮即可。

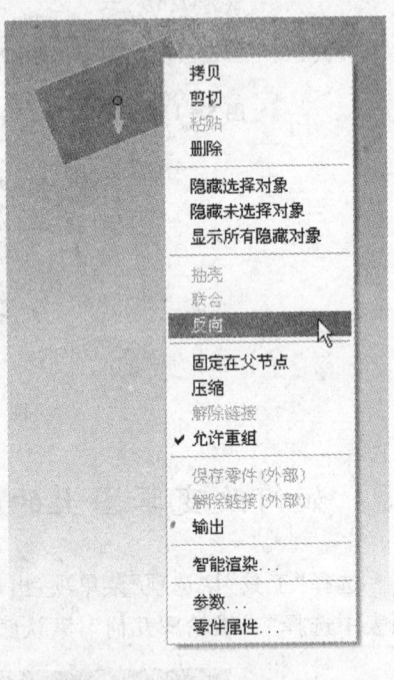

图 5-17　快捷菜单

100　如何渲染三维曲线？

在设计环境背景右击,在快捷菜单中选择"渲染"选项出现"设计环境属性"对话框,在"渲染"选项卡中的"风格"区域中,选择"线框"下的"应用零件颜色"复选项,如图 5-18 所示,单击"确定"按钮。这时从"颜色"设计元素库中拖出颜色到曲线即可。

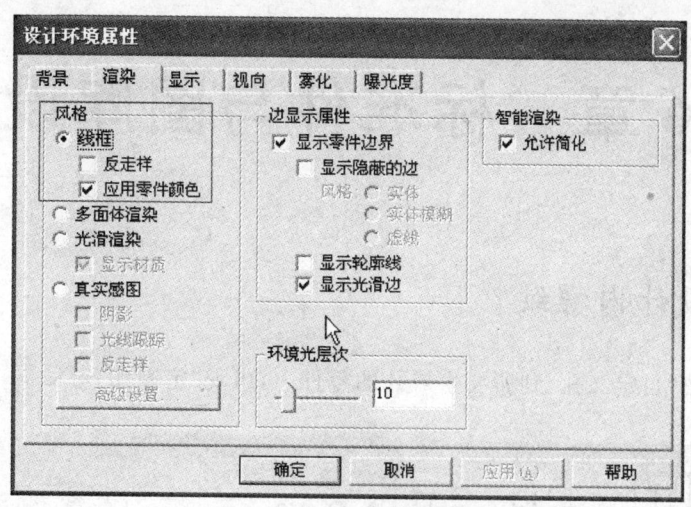

图 5-18 "渲染"选项卡

101 如何改变三维曲线的颜色？

选择"工具"|"选项"菜单项，在出现的"选项"对话框中选择"颜色"选项卡，如图 5-19 所示，选择"三维曲线"再选择"颜色"选项卡中的"颜色"即可。

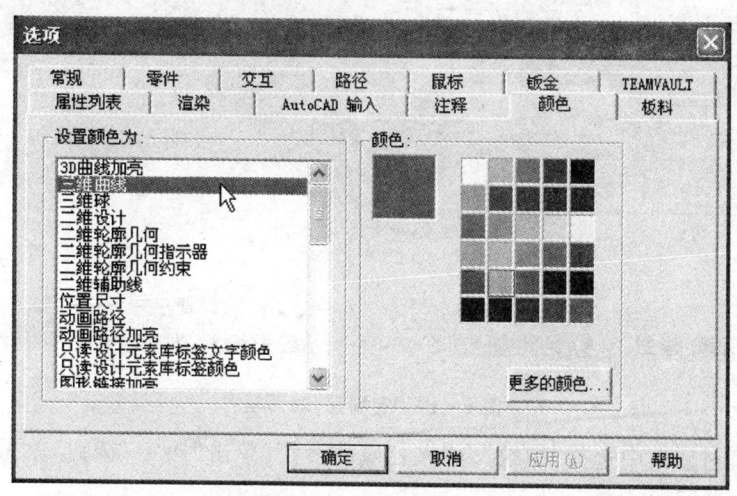

图 5-19 "颜色"选项卡

第6章 标准件与图库设计

102 如何设计内螺纹?

从工具中拖放"自定义孔"到所要生成孔的零件上,出现"定制孔"对话框,如图6-1所示。

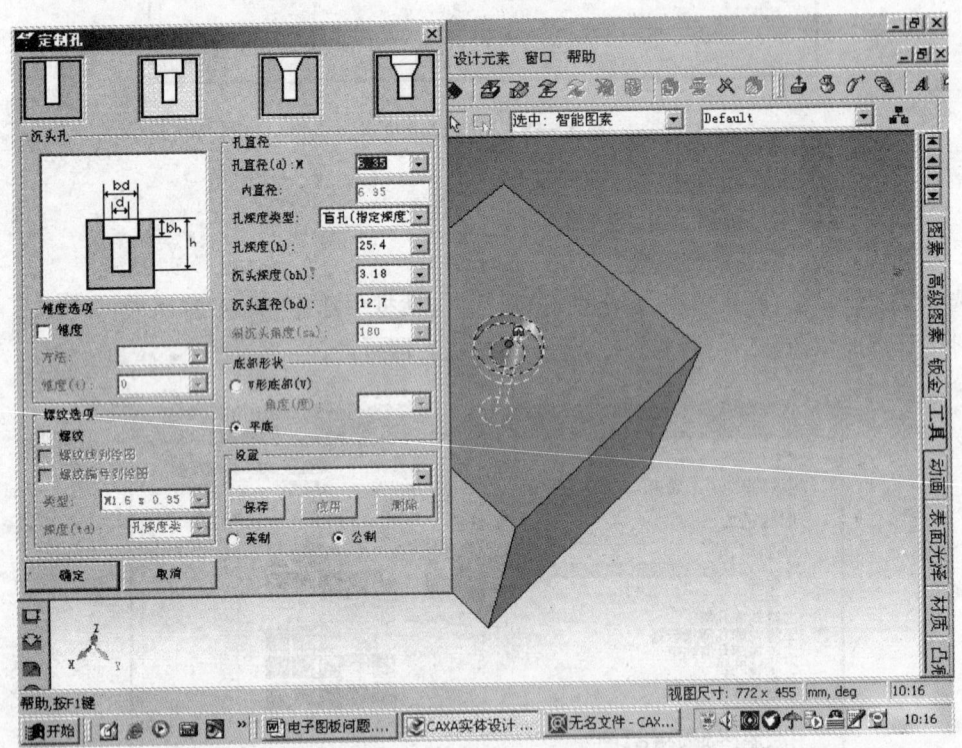

图6-1 "定制孔"对话框

在"定制孔"对话框中选择"螺纹",填入相应的参数,单击"确定"按钮,就可生成带螺纹的中心孔,如图6-2所示。

第6章 标准件与图库设计

图 6-2 生成中心孔

103 如何设计外螺纹?

从"工具"设计元素库中拖动"自定义螺纹"到圆柱体上,出现图6-3右图所示的"自定义螺纹"对话框进行设置即可。

 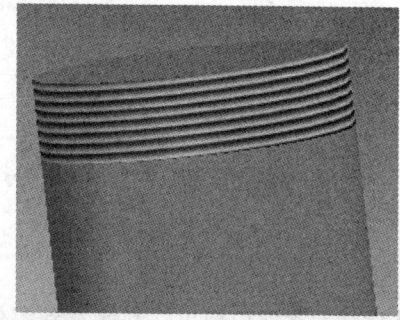

图 6-3 设计外螺纹

104 如何建立自定义图片库？

选择"设计元素"|"新建"菜单项,在窗口右边的设计元素库中就会出现一个"设计元素1"的空白图库,从"颜色"设计元素库复制一种颜色到"设计元素1"中,编辑该颜色的"编辑设计元素项",更改"颜色"里的"图像文件",并且可以随意更改图像投影里的投影类型。这样,下次即可直接使用。

105 如何在"颜色"设计元素库中新增颜色？

我们提供的设计元素库是开放的,因此不仅可以建立企业内部的设计元素库,而且还可以将下载或数码相机照的图片作为渲染的颜色,具体方法如下:

先在"颜色"设计元素库里面复制任意一种颜色粘贴到设计元素库中,然后再编辑这个颜色的"编辑设计元素项",更改"颜色"里的"图像文件",并且可以随意更改图像投影里的投影类型。这样,下次即可直接使用。

106 如何关闭所有的设计元素库？

选择"设计元素"|"关闭所有"菜单项即可。

107 关闭所有的设计元素库后如何再打开？

选择"设计元素"|"设置"菜单项,出现图6-4所示的"设计元素集合"对话框,在绘图环境里选择第一个,设计环境里选择第二个,然后单击打开,单击"完成"按钮即可。

108 如何向设计元素库中添加除料图素？

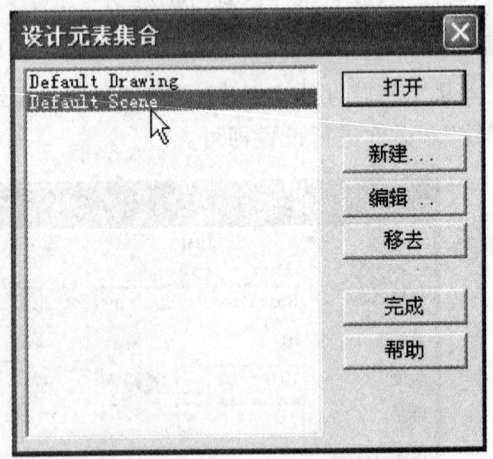

图6-4 "设计元素集合"对话框

从设计元素库中拖出除料元素到零件上,右击除料元素,在快捷菜单中选择"编辑截面"菜单项进入"截面"编辑状态,绘制所需截面即可生成自定义除料元素,将此元素拖到设计元素库中,下次再使用就是除料元素了。

第7章 装配设计

109 明细表中子装配数量如何正确计算？

实体里面两个零件如果是同代号，在明细表里可以自动统计数量。但如果是两个子装配同代号，则在二维明细表里选择显示顶层，两个子装配不能统计数量。（摘自实体设计论坛康宏胜）

可以通过下面的设置实现。

右击装配体，在快捷菜单中选择"装配属性"菜单项，出现"装配"对话框，如图7-1所示，在"常规"选项卡中的"在明细表中装配是否展开"选项组中选择"展开"，然后当输出BOM时

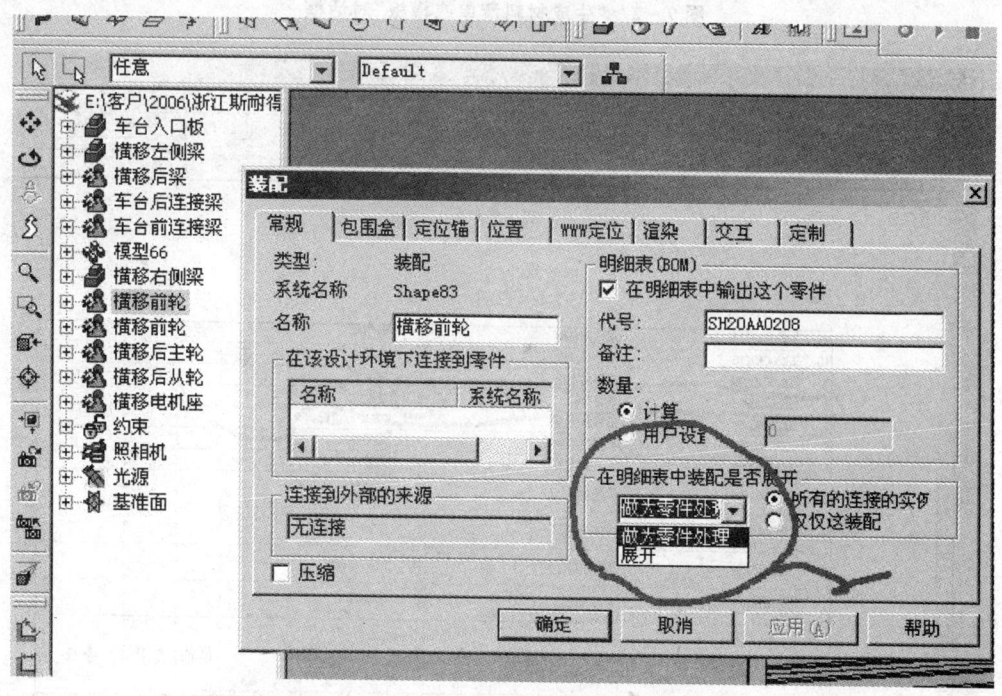

图7-1 "装配"对话框

在"生成材料清单或模板"对话框中的"绘图"选项卡中的"选择材料清单风格"下拉列表中选择"仅顶层"即可,如图7-2所示,然后输出BOM即可,如图7-3所示。(摘自实体设计论坛严海军)

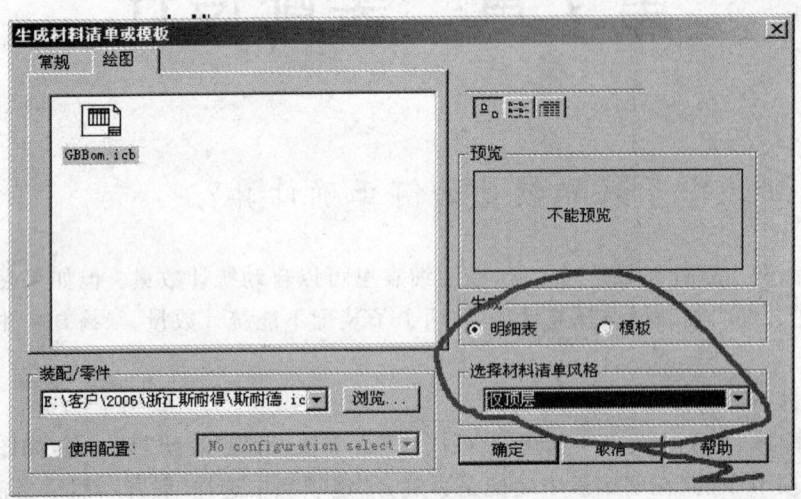

图7-2 "生成材料清单或模板"对话框

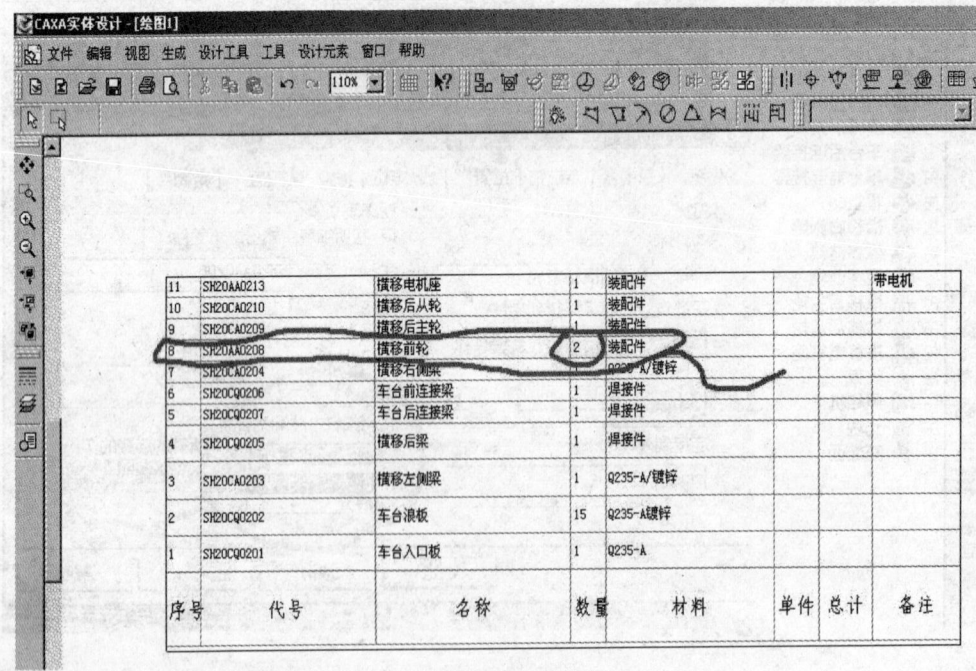

图7-3 输出BOM

110 明细表与零件属性列表如何关联？

以关联 GBBOM 中的"来源"为例。打开"选项"对话框选择"属性列表"选项卡，在"名称"文本框中输入"来源"，在"类型"下拉列表中选择"文字"。单击"增加"按钮移动到右侧列表中，如图 7-4 所示。

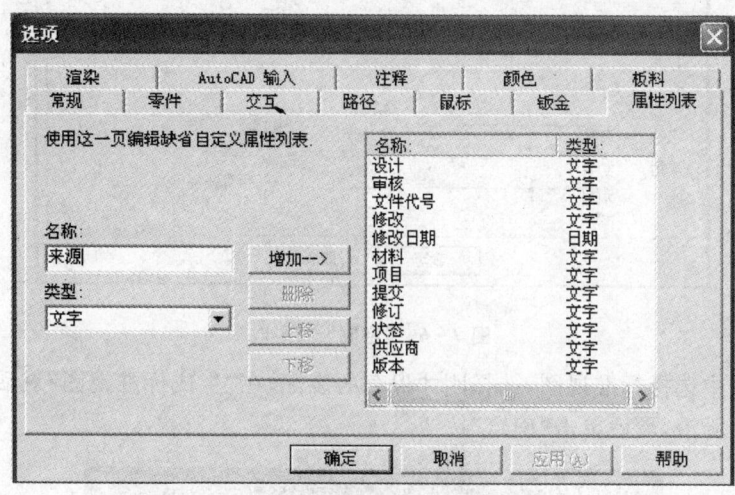

图 7-4 "选项"对话框

右击设计树中的零件，在快捷菜单中选择"零件属性"菜单项，出现"零件"对话框，如图 7-5 所示，在"明细表(BOM)"选项组中填写代号和备注。

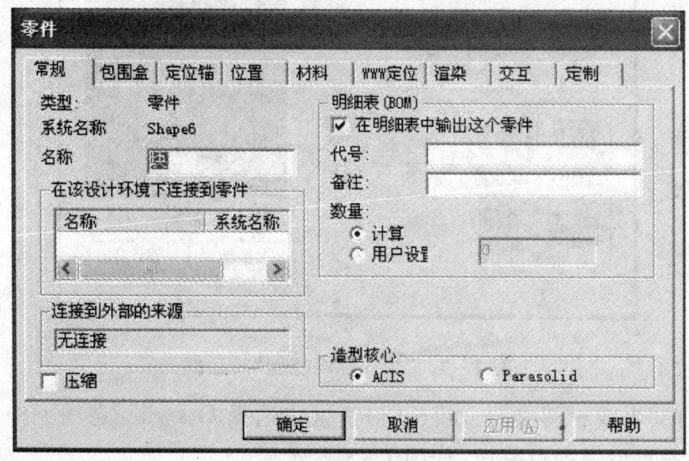

图 7-5 "零件"对话框

选择"定制"选项卡，如图7-6所示，在"名称"下拉列表中选择"来源"选项，在"值"文本框中输入"外购"，然后单击"添加"按钮。将GBBOM中的其他项添加上。

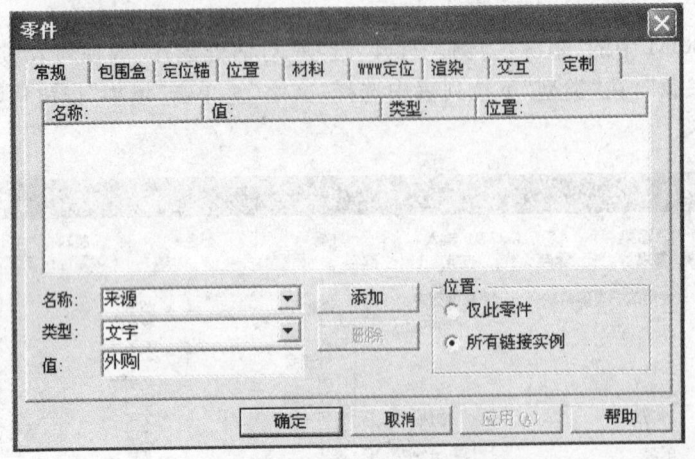

图7-6 "定制"选项卡

在绘图环境中选择标准视图，选择刚才保存的装配，在"生成标准视图"对话框中选择几个视图，如图7-7所示，最后单击"确定"按钮。

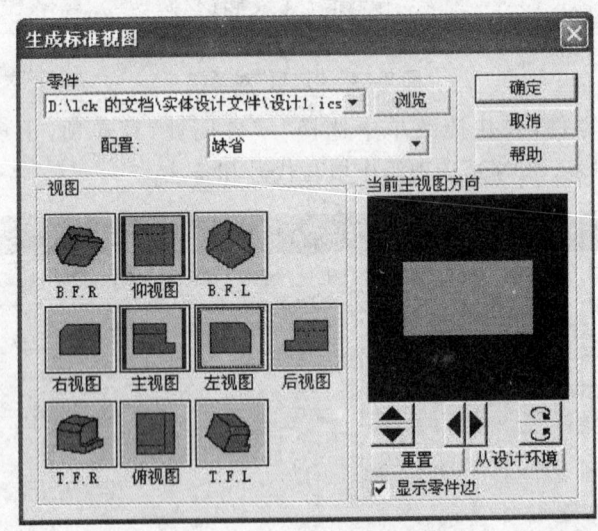

图7-7 "生成标准视图"对话框

选择明细表，在"生成材料清单或模板"对话框中选择Drawing选项卡中的1.icb文档，单击"确定"即可，双击明细表即可修改，如图7-8所示。

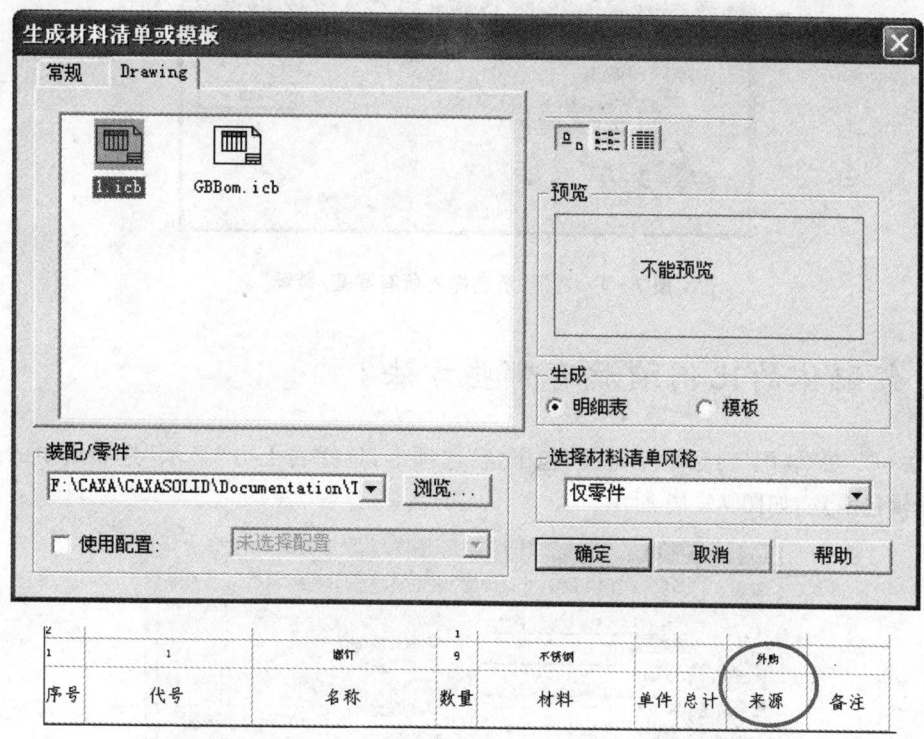

图 7-8 关联结果

111 如何生成爆炸？

方法一 用智能图素库"工具"中的"装配"可以实现智能爆炸。
方法二 通过"智能动画向导"，用三球维等三维操作工具，重定位零件的位置与方向，实现定制爆炸。详见第 11 章动画设计与运动仿真。

112 查看装配的内部结构有哪些方法？

方法一 隐藏外部零件。
方法二 透明外部零件。
方法三 拖入一个孔类零件（拖动只适用零件，右键拖动有 3 个选项，选择"作为装配特征"，在"应用装配特征"对话框中选择"所选择的所有零基/装配"选项，如图 7-9 所示）。
方法四 采用截面（剖视）方法。

图7-9 选择"所选择的所有零基/装配"

113 装配体的比例缩放有哪些方法？

方法一 在"装配"对话框中选择"包围盒"选项卡,选择右上方"显示"选项组中的所有选项,再编辑包围盒,如图7-10所示。

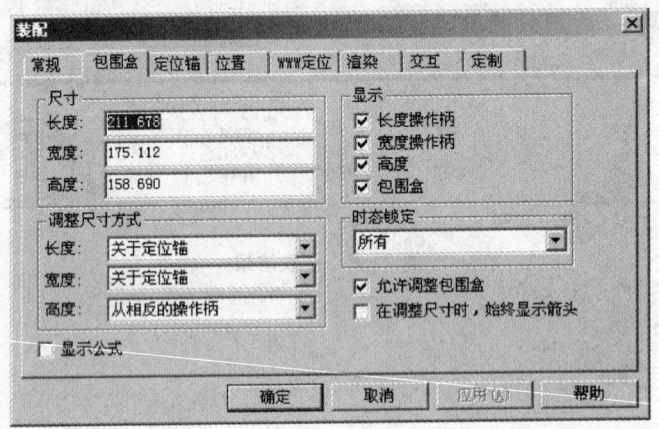

图7-10 "装配"对话框

注 意 圆角过渡和抽壳等独立参数并不能等比例缩放。

方法二 添加参数/公式,将参数与包围盒关联,即可实现圆角过渡、抽壳等特征与包围盒的等比例变化。

方法三 基于零件或装配的等比例缩放功能将在新版本中增加。

114 装配的螺纹和螺母,通过干涉检查发现干涉,怎样取消或隐藏？

人为增加一个子装配,然后将螺栓(螺母不管)全放入到该装配下,这样选择时可以很容易

地避免选中该装配,此时干涉检查的结果即为没有发生干涉了。(摘自实体设计论坛严海军)

115 什么是约束装配?

"约束装配"顾名思义就是通过给零件或组件添加一个个约束将其六个自由度限制到最低程度(零自由度即不能运动),从而使其定向、定位并约束限制在装配要求的位置和方向上。约束种类如图7-11所示。利用"约束装配"工具可保留零件或装配件之间的空间关系。

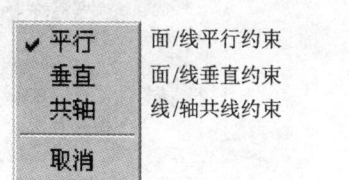 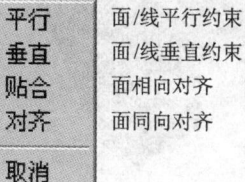

图 7-11 "约束"的种类

116 什么是无约束装配?

"无约束装配"工具能够以源零件和目标零件的指定设置为基准快速定位源文件,是CAXA实体设计所特有的装配设计方法。无约束装配像三维球装配一样,仅仅是移动了零件之间的空间相对位置,没有添加固定的约束关系,即没有约束零件的空间自由度。因此,利用拖动或旋转操作仍然可以改变零件之间的相对位置。

117 如何创建装配体剖视?

下面以一个实例详细讲述如何创建装配体剖视。

(1)在装配状态下选择"偏心柱塞泵",然后单击"截面"工具按钮,弹出"截面"工具栏。从"工具"下拉列表中选择所需的 Block 剖切方式。单击"定义截面"工具按钮,在设计环境中单击"偏心柱塞泵",如图7-12所示。

(2)此时出现剖切长方体,调整剖切长方体的智能手柄到恰好剖切1/4的偏心柱塞泵,结果如图7-13所示。

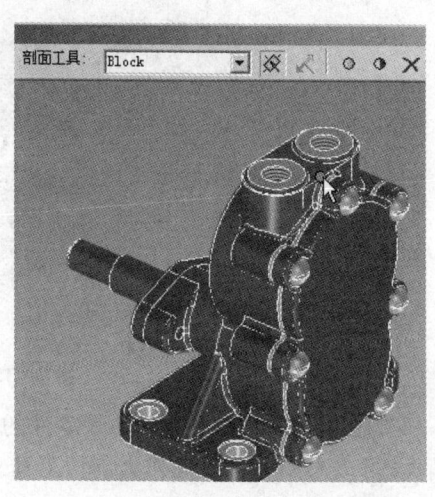

图 7-12 添加剖切工具

(3) 最后单击"完成"图标,剖切结果如图 7-14 所示。

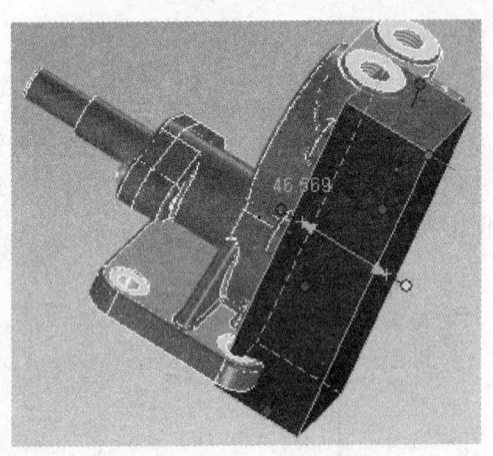

图 7-13 剖切长方体

图 7-14 剖切结果

(4) 在剖切长方体上右击后选择"隐藏",即可看见剖切后的庐山真面目了。具体如图 7-15 所示。

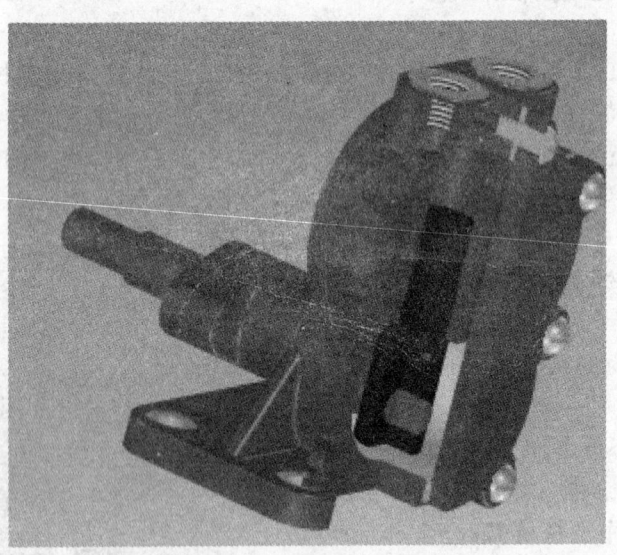

图 7-15 隐藏剖切长方体

(5) 在本例中由于要剖切的是零件的一半,所以用 Block 来作剖切工具,如果想让零件整体消失,可以采用各种平面作为剖切工具。

第8章 钣金设计

118 实体设计有哪些钣金设计功能？

实体设计钣金设计功能，支持除拉伸钣金以外的各种折弯钣金设计。可以生成标准的和自定义的钣金件。钣金设计元素库中提供了板料图素、弯曲图素、成型图素和型孔图素。零件可以单独设计，也可以在一个已有零件的空间中创建。初始零件生成后就可以利用各种可视化编辑方法和精确编辑方法按需求进行设计。

119 钣金件设计中，用户如何定义新的板料厚度或修改板料的参数？

打开实体设计安装路径下的 bin 文件夹，用记事本打开 tooltbl.txt 文档（CAXA|caxasolid|bin|tooltbl.txt），在文档底部按内定格式增加自定义厚度或修改文档中的参数，然后重启计算机，参数就能生效。

注　意　修改前做好原文档备份，并阅读文档开头部分的说明。

120 钣金件如何生成一些不规则形状的凸起？

目前，通过钣件图素里的特征就可以完成常见类型的凸起。对于一些不规则的凸起可以借助实体来完成，即将实体画成与凸起一样的形状然后进行抽壳，最后将抽壳后的实体放到钣金所需要的部位。

121 如何指定钣金工艺孔/切口属性？

相邻折弯钣金是圆角，如图 8-1 所示，展开后如图 8-2 所示，实际应为尖角，展开后如图 8-3 所示。

操作方法如下：单击折弯成智能图素状态，单击编辑操作手柄成切口状态，如图 8-4 所示，右击智能手柄，在快捷菜单中选择"捕捉角点"菜单项，如图 8-5 所示，拾取那个折弯的内

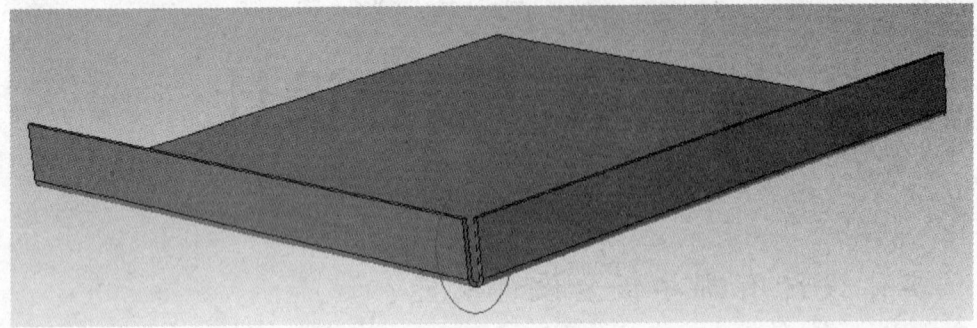

图8-1 圆角

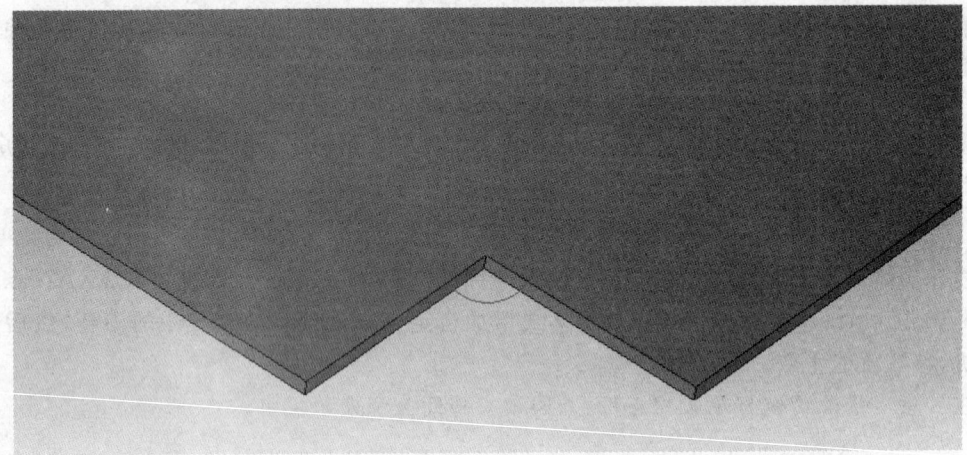

图8-2 展开后

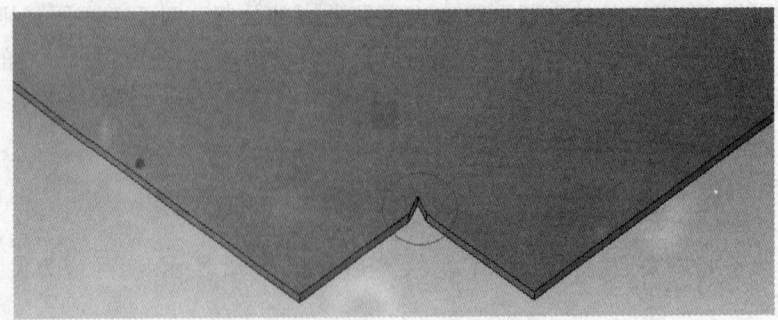

图8-3 尖角展开后

边,一个折弯操作就完成了。另外的折弯采用同样的操作。两个折弯的缝隙也可以进行设置:选择"工具"|"选项"|"钣金"|"高级选项"菜单项,出现"高级钣金选项"对话框,修改折弯角处的指定回退值即可。

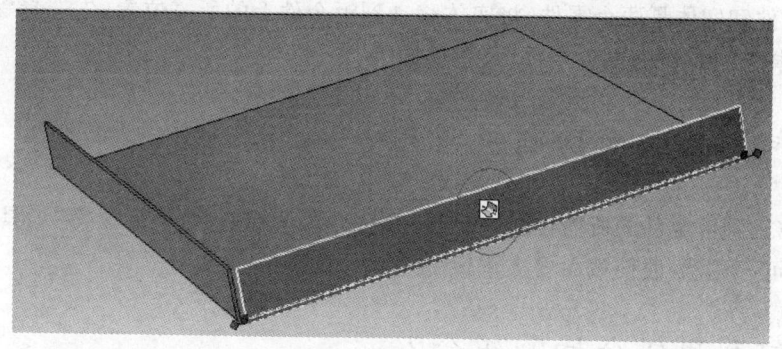

图 8-4 操作手柄成切口状态

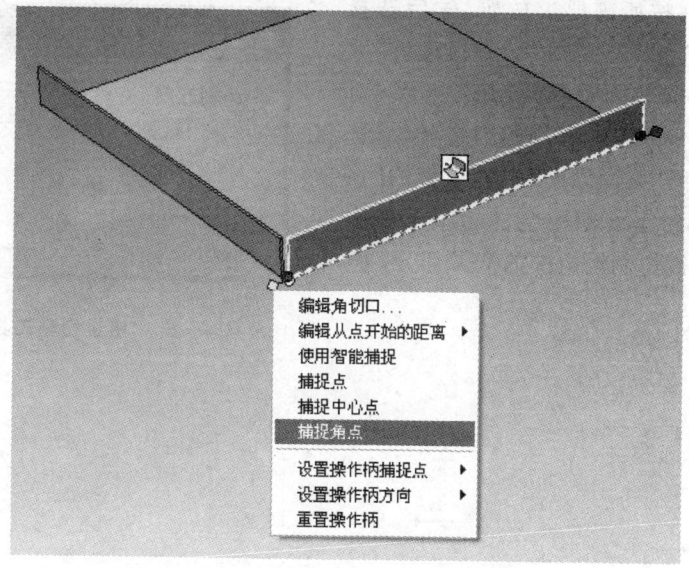

图 8-5 选择"捕捉角点"菜单项

122 如何展开钣金?如何恢复展开的钣金?如何利用实体切割钣金?

(1)右击钣金,在快捷菜单中选择"展开"菜单项,或选择"钣金"菜单项,再选择"工具"|

"钣金展开"菜单项。

（2）右击展开的钣金，在快捷菜单中选择"展开"菜单项，或选中展开的钣金，再选择"工具"|"展开复原"菜单项。

（3）钣金件和实体是两个零件，将实体移动到钣金件上的所需位置，先选择钣金件再选择实体，然后选择"工具"|"切割钣金件"菜单项即可。

123 如何利用曲面切割钣金？

将曲面移动到钣金件的所需位置，先选择钣金件再选择曲面，然后选择"工具"|"切割钣金件"菜单项即可。注意，曲面截面要大于钣金件。

124 如何利用钣金切割钣金？

将两个钣金件按所需要求放置，先后选择两个钣金件，然后选择"工具"|"切割钣金件"菜单项，出现如图8-6所示的"钣金切割工具"对话框，先选中的钣金件为被切割的钣金件，后选中的为切割钣金件，"切割方向"选项组中的"顶部"和"底部"是相对于切割钣金件的顶部和底部，"交叉"是切割被切割钣金件的交叉部分。

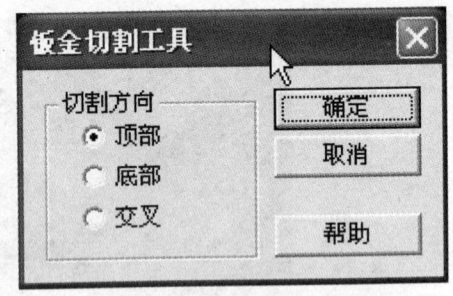

图8-6 "钣金切割工具"对话框

第 9 章 工程图绘制

125 绘图环境中的图纸如何输出到电子图板中?

在绘图环境内链接 CAXA 电子图板的方式,首先选择"工具"|"加载外部工具"菜单项,单击"增加"按钮,出现"加载外部工具"对话框,在"类型"选项组中选择"OLE 对象",在"对象"文本框中输入 connector.cconnect,在"方法"下拉列表中出现 3 个选项,选择第一个 ExportDrawing,如图 9-1 所示,单击"确定"按钮返回"工具"选项卡,再把"菜单文字"和"工具提示"文本框中的文字修改为"输出布局图",单击"关闭"按钮。

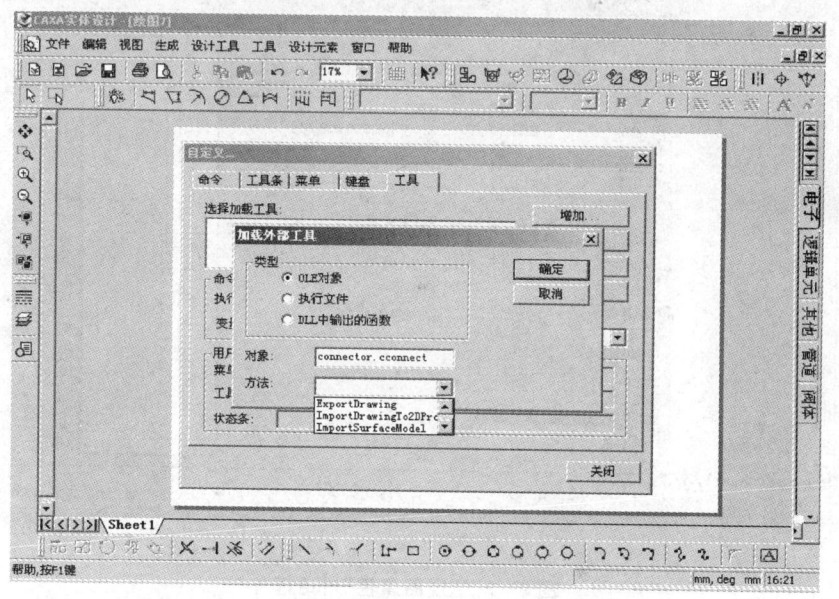

图 9-1 "加载外部工具"对话框

126 绘图环境中的图纸如何输出到 AutoCAD 中?

选择"文件"|"输出"菜单项,出现"输出文件"对话框。在对话框中输入一个文件名,选定

需要输出的文件格式 dxf/dwg,然后单击"确定"按钮确认。此时,屏幕上将显示"dwg/dxf 输出"选项,此时需要设定:

(1) 曲线类型(快速或精确)。
(2) 符合需要的 AutoCAD 版本。
(3) 是否在转换时忽略视图比例。(如果需要把 CAXA 实体设计中的视图完全一样地显示在 AutoCAD 中,就不选中"忽略视图比例"选项。若要按其在 AutoCAD 中的原始尺寸查看几何图形,则应选中"忽略视图比例"选项。)

127 如何设置绘图环境中的图纸比例?

在二维绘图环境中,打开"视图属性"对话框,将其中的"比例"设置为 1:1,如图 9-2 所示,再输出到 CAXA 电子图板或者是 AutoCAD 中。

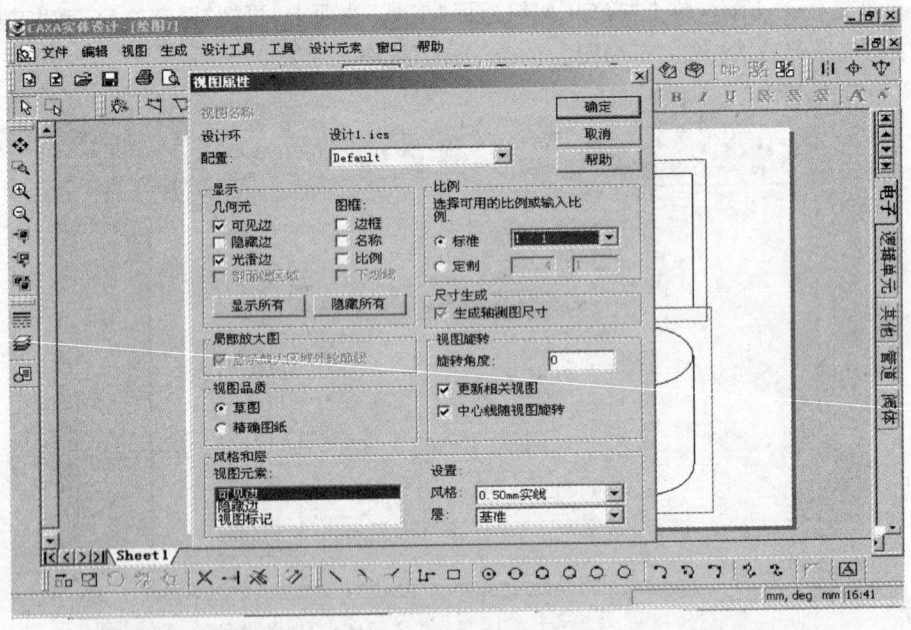

图 9-2 "视图属性"对话框

128 在工程图中如何自动生成三维环境下的标注尺寸?

在三维设计环境中,选择"工具"|"选项"菜单项,在出现的"选项"对话框中选择"注释"选项卡中的"智能标注"选项,单击"确定"按钮。对零件进行标注,输出的二维图中就会包含所有

三维标注。

在复杂情况下建议到二维环境下标注尺寸,因为尺寸输出到相应视图的时候可能会出现多标注和尺寸重叠,还需要更多的时间去删除多余的尺寸,因此对实际应用起到的帮助作用不大。

129 工程图中如何对视图进行局部剖视?

对视图进行局部剖视的方法如下:

(1) 如图 9-3 所示,选择一个需要生成局部剖视的视图,再单击"局部剖视图"工具按钮。

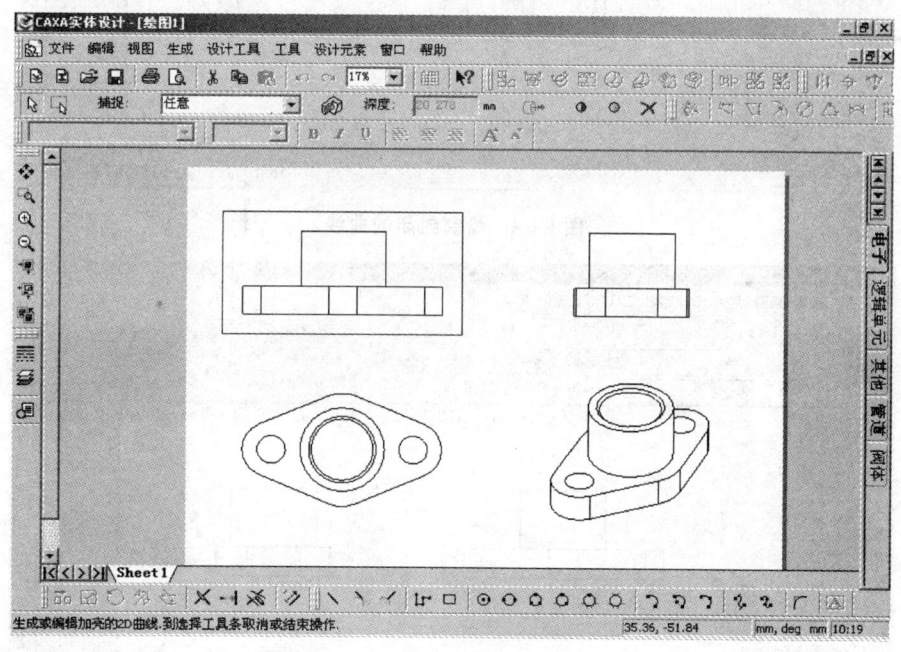

图 9-3 单击"局部剖视图"按钮

(2) 使用二维绘图工具,在需要生成局部剖视的区域绘制封闭的曲线,如图 9-4 所示。

(3) 绘制完之后,再单击工具栏上的"剖切深度"工具按钮,如图 9-5 所示,可以有两种方式来定深度,一个是直接输入数值,另一是单击"剖切到点",然后单击亮绿色的点,就可以完成,如图 9-6 所示。

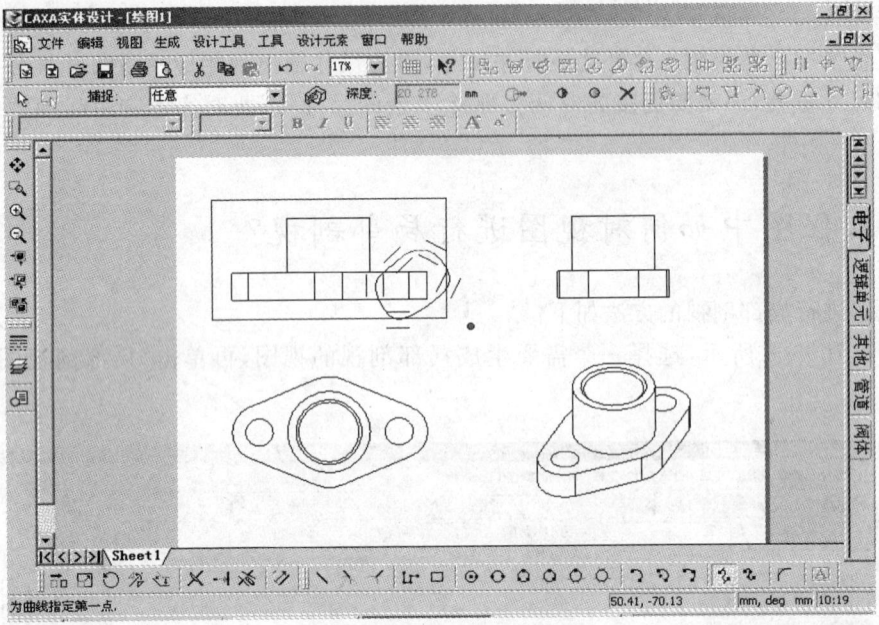

图 9-4 绘制封闭的曲线

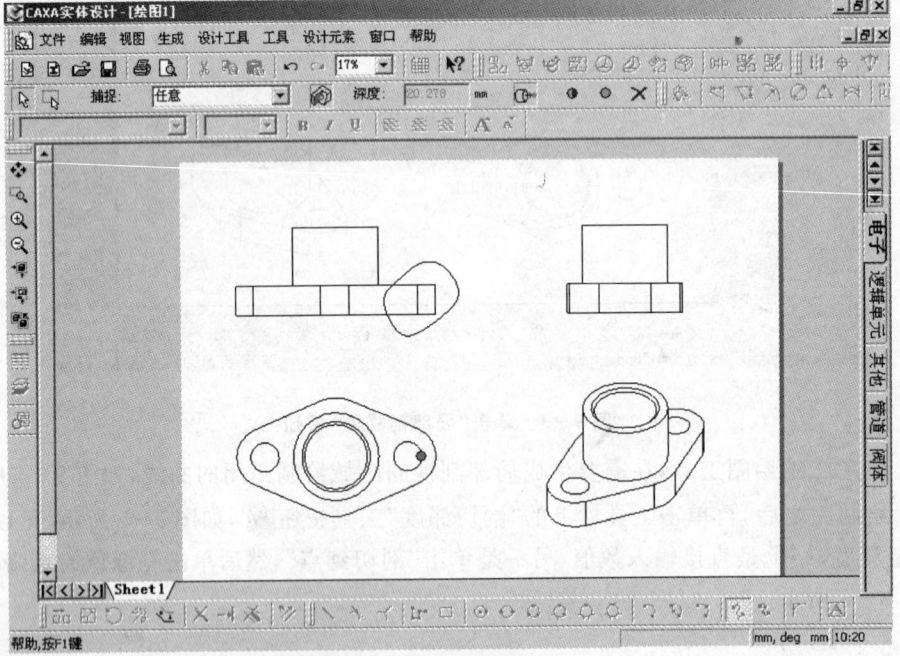

图 9-5 确定剖切深度

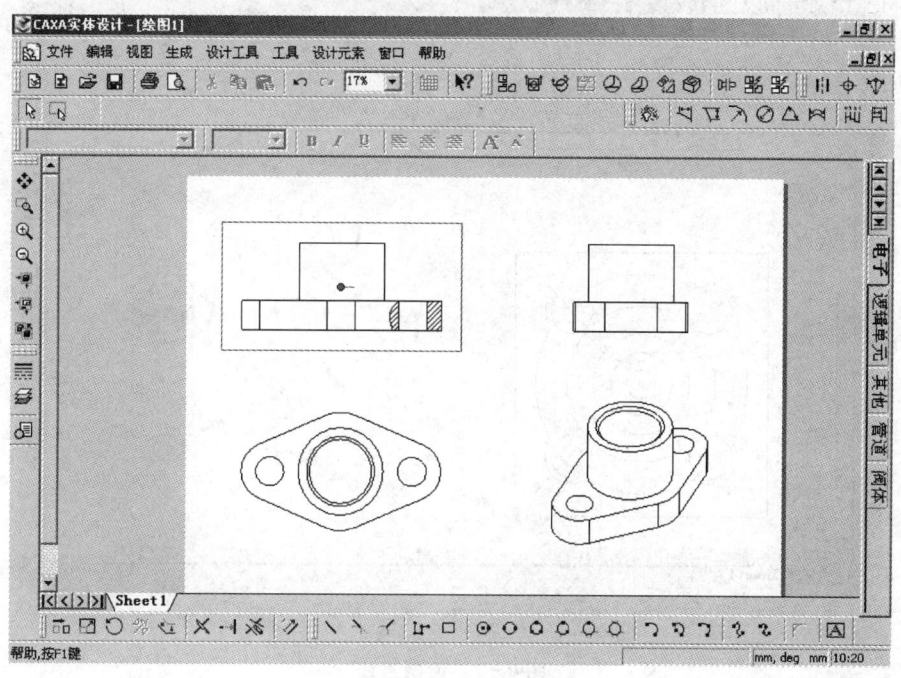

图9-6 绘制局部剖视图

130 工程图中如何对视图进行旋转剖视?

选择一个需要生成旋转剖视的视图,再单击"旋转剖视图"工具按钮 ,使用二维绘图工具,在需要生成旋转剖视的区域画上直线,如图9-7所示,绘制完后,再单击工具栏上的"视图对齐"工具按钮 ,还可以相互切换方向,如图9-8所示,单击亮绿色的"定位视图"按钮即可完成,如图9-9所示。

调整旋转剖视图的显示角度,可以选择这个视图右击,在快捷菜单中选择"属性"菜单项,出现"剖视图属性"对话框,如图9-10所示,在"旋转角度"文本框中输入45,单击"确定"按钮,如图9-11所示。

131 在二维绘图环境中如何在尺寸数值加上"ϕ"?

选择"编辑"|"用户自定义图符"菜单项,在出现的"用户定义图符"对话框中,按图9-12所示进行设置,将"ϕ"增加到图符中,单击"确定"按钮退出对话框。

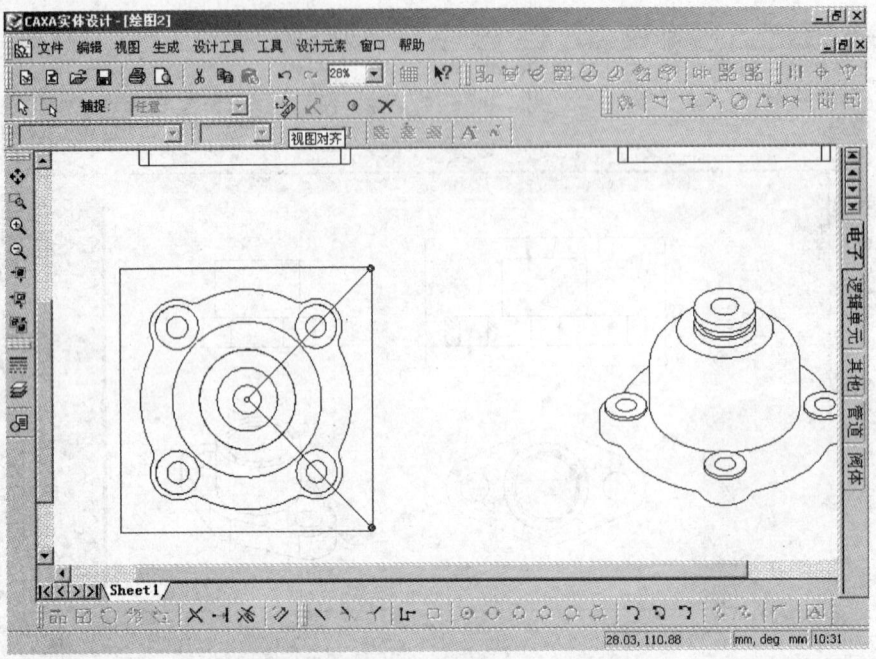

图 9-7 绘制直线

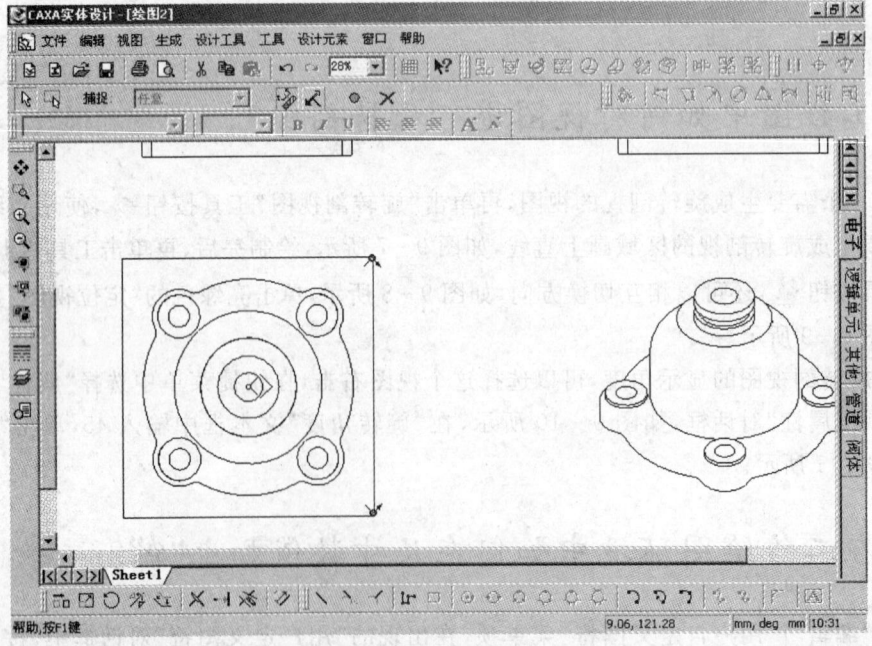

图 9-8 切换方向

第 9 章 工程图绘制

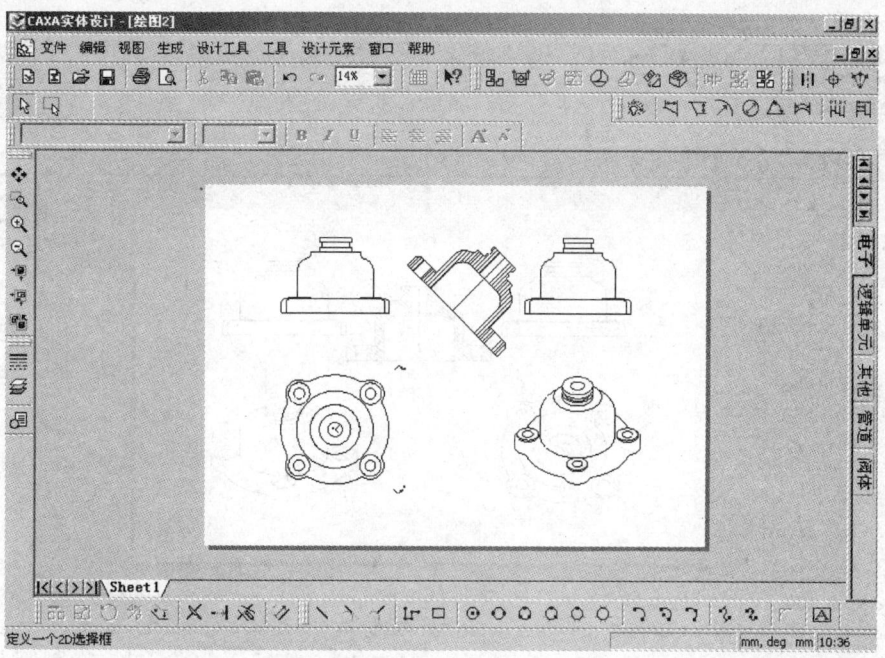

图 9-9 完成剖视图

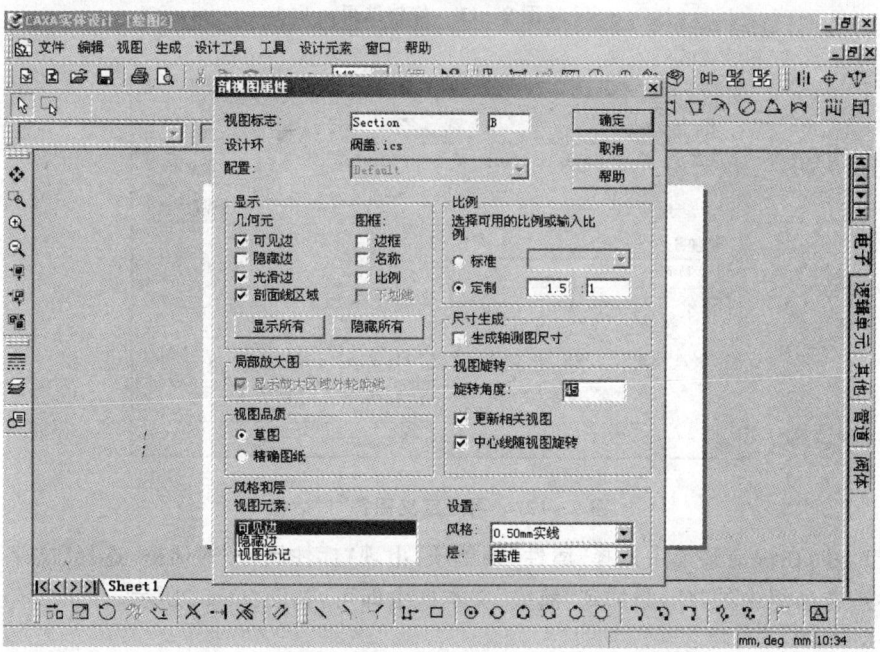

图 9-10 "剖视图属性"对话框

图 9-11 旋转结果

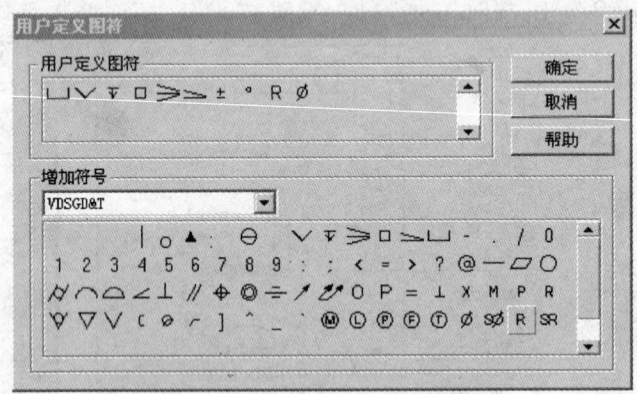

图 9-12 "用户定义图符"对话框

右击尺寸,在快捷菜单中选择"属性"菜单项,出现"标注属性"对话框,选择"文字"选项卡,选择"符号"选项组中的"ϕ",添加到"前缀"文本框中即可,如图 9-13 所示。

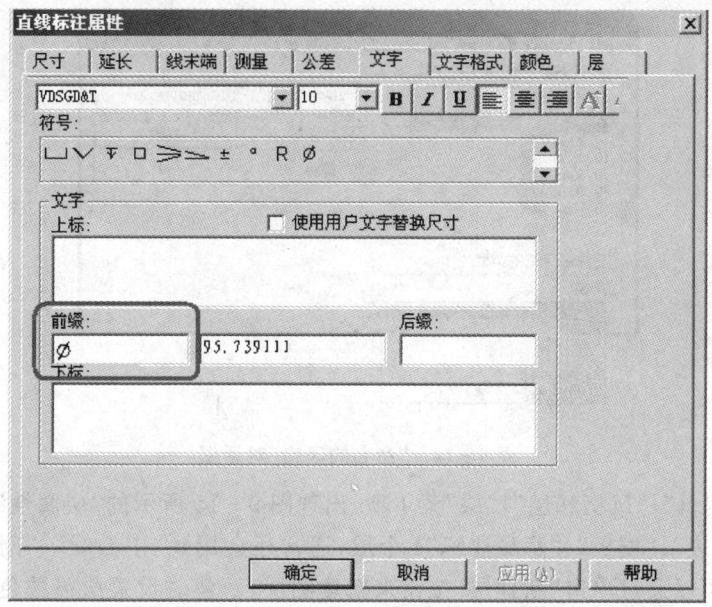

图 9-13 添加直径符号

132 如何解决实体设计读入 dwg/dxf 文件时出现"?"的问题？

输入 dwg 文件时软件总是会提示打开图形文件，在这里只需要将图形文件复制到软件安装目录下的 FONTS 文件夹下即可。

133 紧固件在工程图中如何生成螺纹线？

选择"工具"|"选项"菜单项，在出现的"选项"对话框中选择"注释"选项卡中的"螺纹线"，然后重新打开即可在二维工程图中显示螺纹线。

134 如何设置工程图的风格？

工程图中常用的线型、线宽、层和箭头格式等，下面介绍设置过程：

（1）选择"编辑"|"风格和层"|"命名风格"菜单项，出现"命名的风格"对话框，如图 9-14 所示，在"已命名风格的类型"下拉列表中选择不同的风格类型来编辑"选择编辑一个已命名的风格"中的风格，这里可以修改线型和箭头格式。

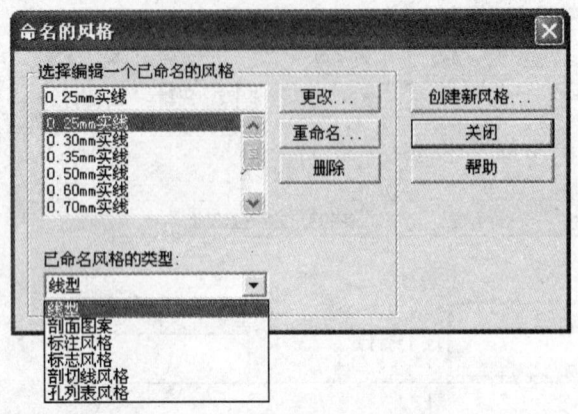

图 9-14 "命名的风格"对话框

（2）选择"编辑"|"风格和层"|"层"菜单项，出现图 9-15 所示的"层属性"对话框，默认包括"基准"、"明细表"、"模板"、"隐藏注解"4 个层，通常还会用到"中心线"、"剖面线"和"尺寸"这几个层，用户可以通过单击"新建层"按钮来新建图层，新建时设置所需颜色并选择"绘图时使用层颜色"选项，这样就设置了层的颜色。

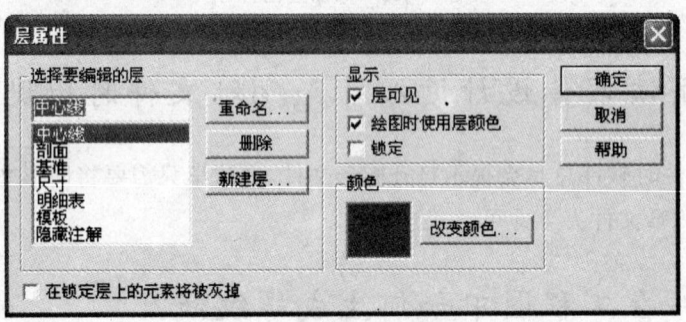

图 9-15 "层属性"对话框

（3）选择"编辑"|"元素属性"菜单项，出现图 9-16 所示的"元素属性"对话框，选择不同的绘图元素来设置，这样设置就完成了，可以保存起来并设置成默认模板绘图环境，方便以后的使用。

135 如何定制 GBBOM 模板？

右击 GBBOM，在快捷菜单中选择"编辑"菜单项，出现"明细表"对话框，如图 9-17 所示。下面以增加"来源"为例来说明如何定制 GBBOM。

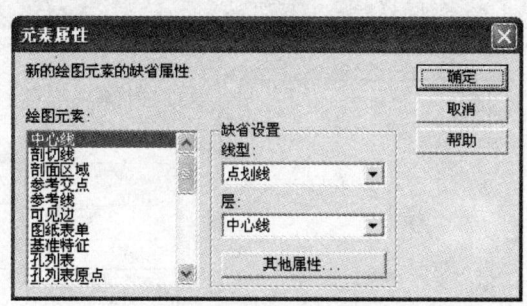

图 9-16 "元素属性"对话框

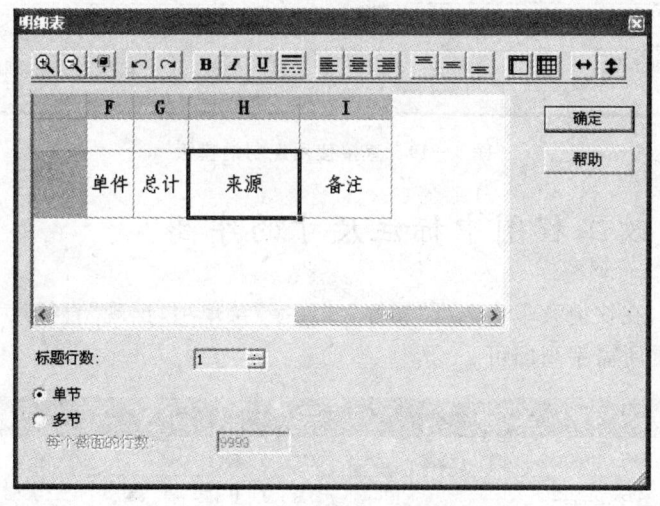

图 9-17 "明细表"对话框

在"明细表"对话框中右击"备注",在快捷菜单中选择"插入列"菜单项,这时就会在"备注"前增加一列,命名为"来源",可以利用对话框中提供的工具编辑文字、表格等,然后单击"确定"按钮。这样 GBBOM 就做好了,如图 9-18 所示。

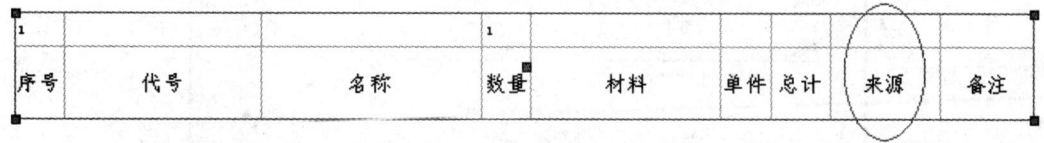

图 9-18 定制结果

右击 GBBOM,在快捷菜单中选择"另存为模板"菜单项,输入文件名 1.icb,保存在实体设计安装目录下的"GB"文件夹下,以后就可以直接使用了,如图 9-19 所示。

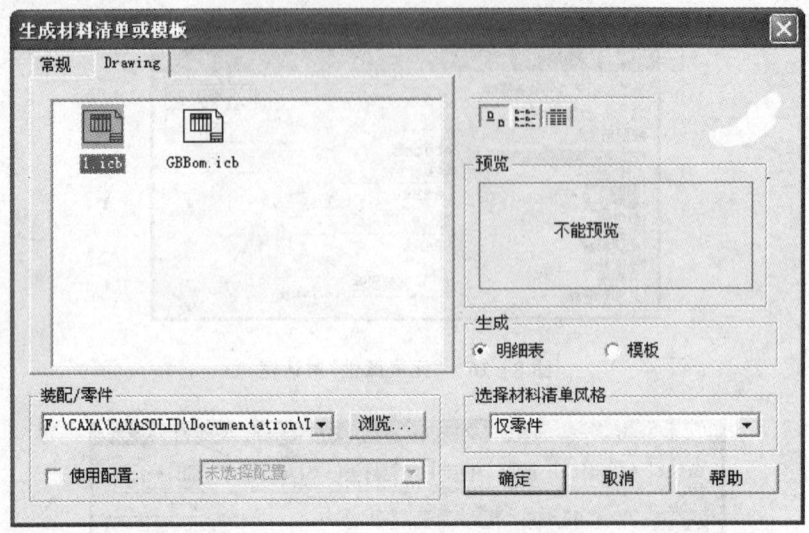

图 9-19　直接使用定制的模板

136　如何更改工程图中标注尺寸的字高？

选择尺寸右击，在快捷菜单中选择"属性"|"文字"菜单项，出现"直径尺寸属性"对话框，如图 9-20 所示，设置所需字高即可。

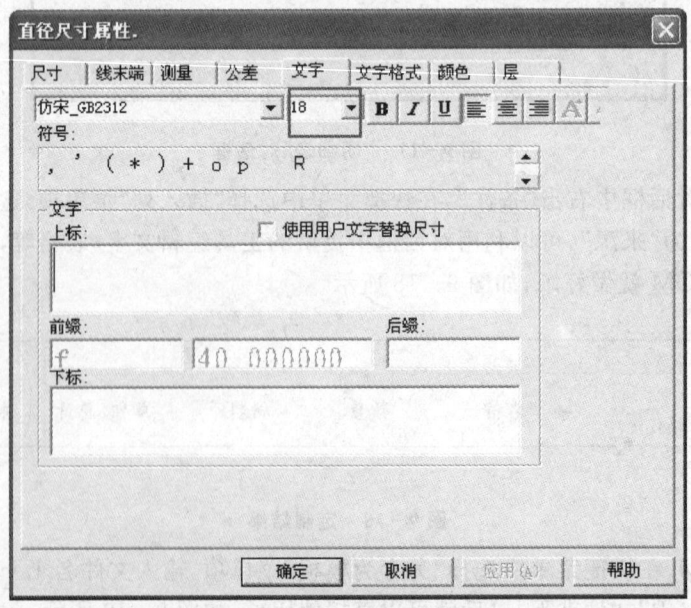

图 9-20　调整尺寸文字高度

137 如何标注尺寸公差?

选择尺寸右击,在快捷菜单中选择"属性"菜单项出现"直径尺寸属性"对话框,单击"公差"标签,打开如图 9-21 所示的"公差"选项卡,在"公差"选项组中选择"显示公差"选项,即可对公差进行设置。

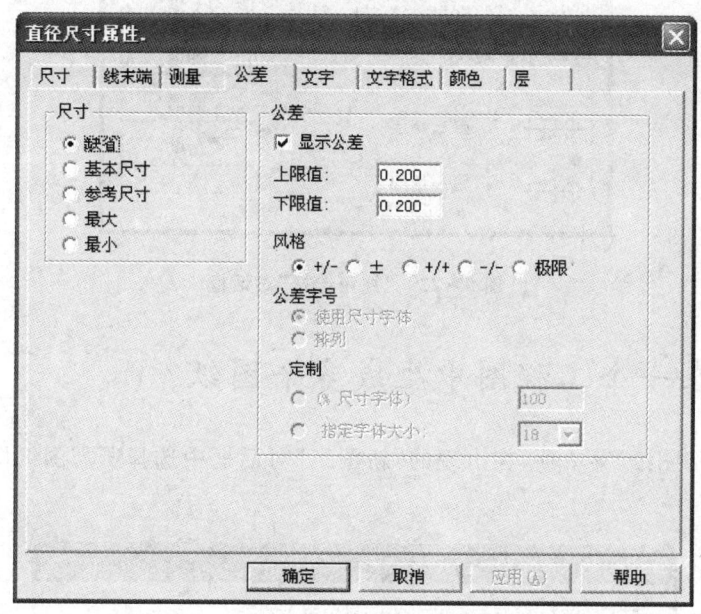

图 9-21 "公差"选项卡

138 实体设计工程图有哪几种投影方式?

实体设计工程图有两种投影方式:第一视角投影方式和第三视角投影方式。

139 两种投影方式有何区别?

第一视角投影方式:主视图右侧的视图相当于从主视图的左侧看过去的结果,即由左侧投影到右侧的结果,主视图下方的视图相当于从主视图的上方看到的结果。

第三视角投影方式:主视图右侧的视图相当于从主视图的右侧看过去的结果,而不需要一次投影过程,主视图上方的视图相当于从主视图的上方看到的结果。

140 如何设置工程图的投影方式?

选择"工具"|"视角选择"菜单项,在出现的"视角选择"对话框中选择即可,如图 9-22 所示。

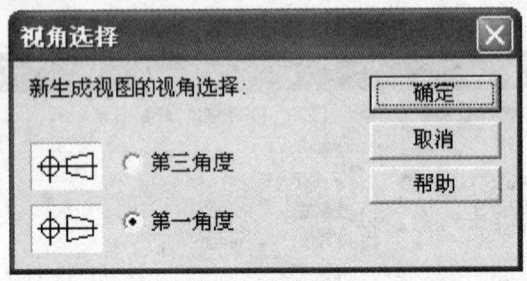

图 9-22 "视角选择"对话框

141 如何在一个工程图中生成多个图纸?

选择"生成"|"图纸"菜单项,在出现的"新图纸"对话框中选择所需图纸即可,如图 9-23 所示。

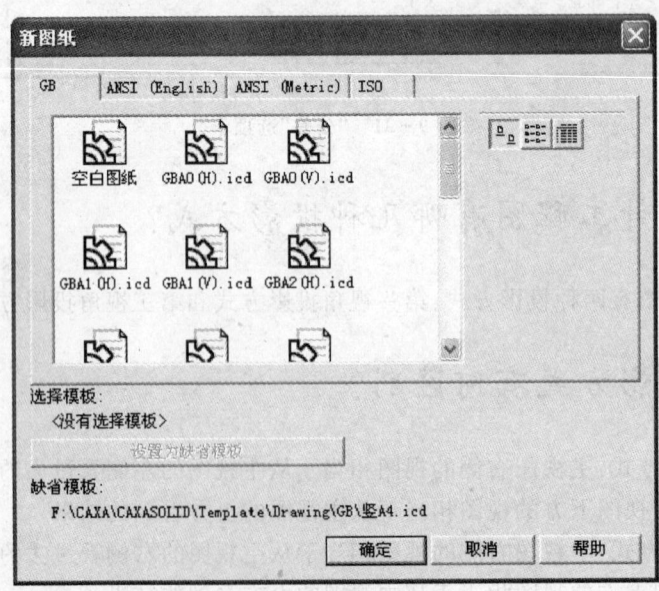

图 9-23 "新图纸"对话框

142 如何删除图纸？

方法一 选择"编辑"|"删除图纸"菜单项即可。

方法二 右击图纸名,在快捷菜单中选择"删除图纸"菜单项即可,如图9-24所示。

注 意 只有当一个工程图中有多个图纸的时候才能删除某个图纸。

143 如何命名图纸？

右击图纸名,在快捷菜单中选择"图纸改名"菜单项即可进行改名,如图9-25所示。

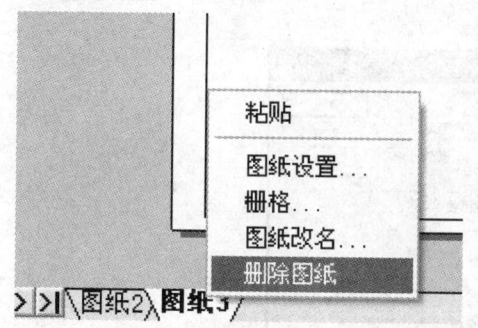

图9-24 删除图纸

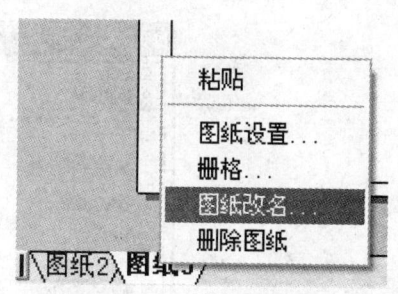

图9-25 图纸改名

144 如何改变图纸方向？

方法一 选择"文件"|"图纸设置"菜单项,出现"图纸设置"对话框,如图9-26所示,在"图纸方向"选项组中设置即可。

方法二 右击图纸,在快捷菜单中选择"图纸设置"菜单项,如图9-27所示,出现"图纸设置"对话框,在"图纸方向"选项组中设置即可。

145 如何修改图纸幅面？

方法一 选择"文件"|"图纸设置"菜单项,出现"图纸设置"对话框,在"图纸幅面"选项组中设置即可,如图9-28所示。

方法二 右击图纸,在快捷菜单中选择"图纸设置"菜单项,出现"图纸设置"对话框,在"图纸幅面"选项组中设置即可。

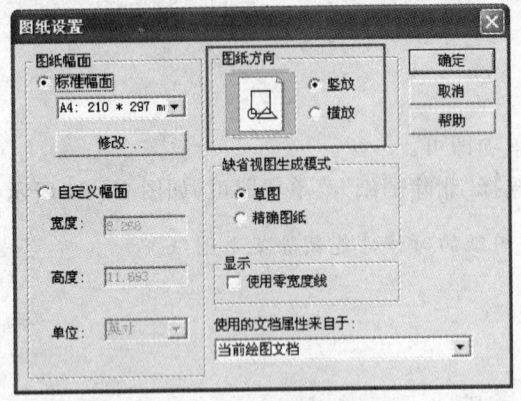
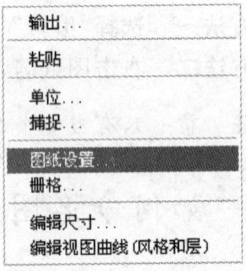

图 9-26 "图纸设置"对话框　　　　图 9-27 图纸设置

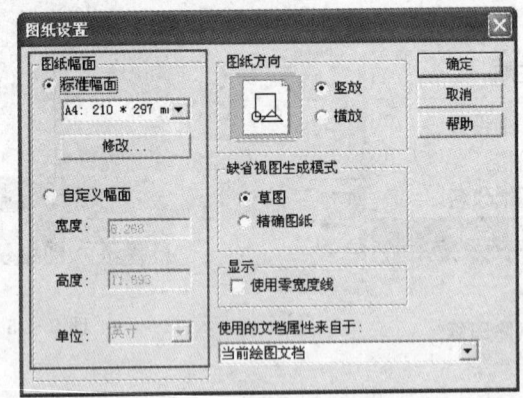

图 9-28 "图纸设置"对话框

146 如何显示视图名称?

方法一 右击视图,在快捷菜单中选择"属性"菜单项,出现"视图属性"对话框,选择"图框"选项组中的"名称"选项即可,如图 9-29 所示。

方法二 先选择视图,在选择"编辑"|"视图"菜单项,出现"视图属性"对话框,在"显示"选项组中选择"图框"下的"名称"复选项即可。

147 如何修改视图名称?

方法一 右击"视图",在快捷菜单中选择"属性"菜单项,出现"视图属性"对话框,在"视图名称"文本框中修改即可,如图 9-30 所示。

第 9 章 工程图绘制

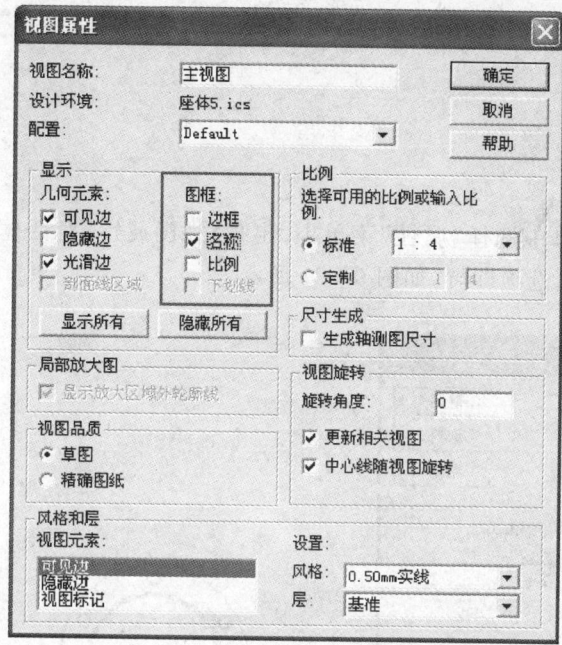
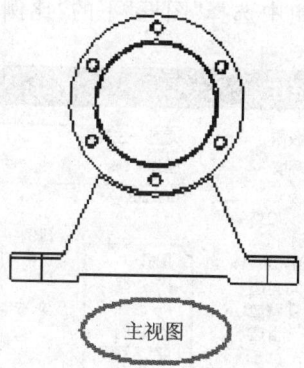

图 9-29 添加视图名称

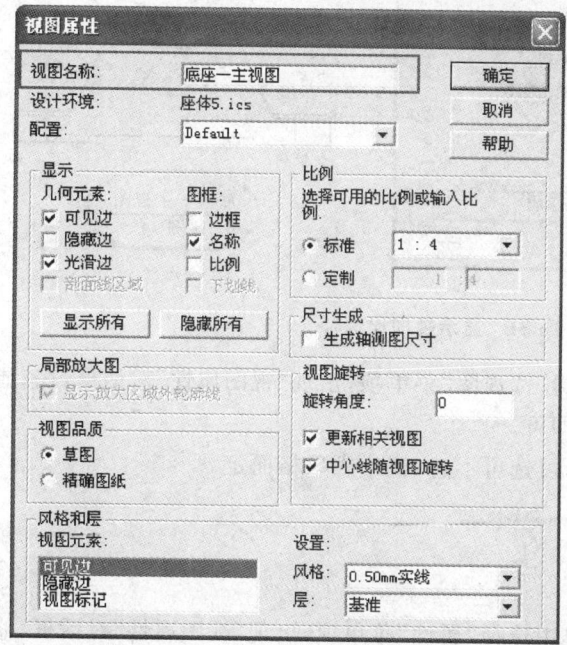
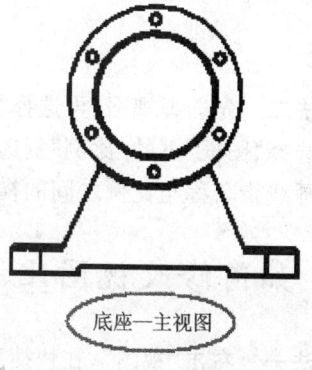

图 9-30 修改视图名称

方法二 先选择视图,再选择"编辑"|"视图"菜单项,出现"视图属性"对话框,在"视图名称"文本框中修改即可。

148 如何显示视图比例?

方法一 右击"视图",在快捷菜单中选择"属性"菜单项,出现"视图属性"对话框,在"显示"选项组中选择"图框"下的"比例"复选项即可,如图 9-31 所示。

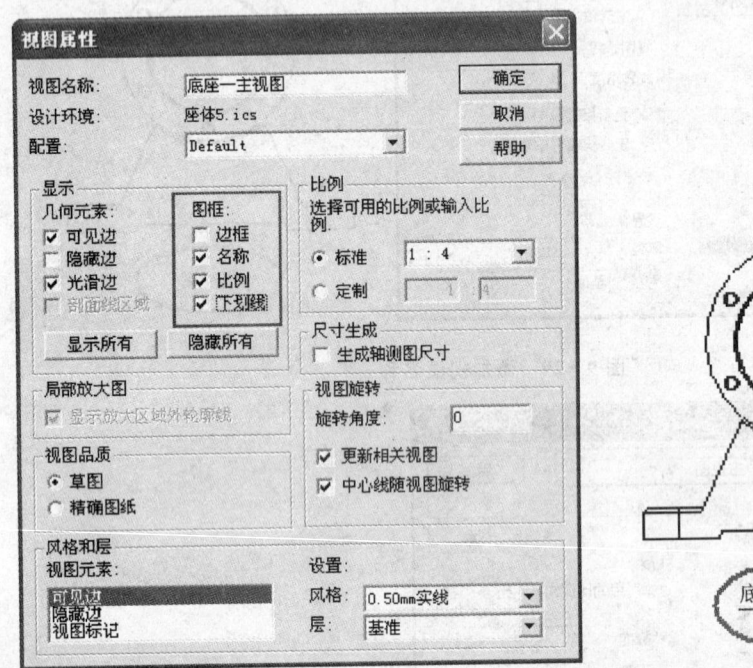

图 9-31 显示视图比例

方法二 先选择视图,再选择"编辑"|"视图"菜单项,出现"视图属性"对话框,在"显示"选项组中选择"图框"下的"比例"复选项即可。

下画线指名称与比例之间的横线,可选可不选,视个人风格而定。

149 如何修改视图比例?

方法一 右击"视图",在快捷菜单中选择"属性"菜单项,出现"视图属性"对话框,修改"比例"选项组中的设置即可,如图 9-32 所示。

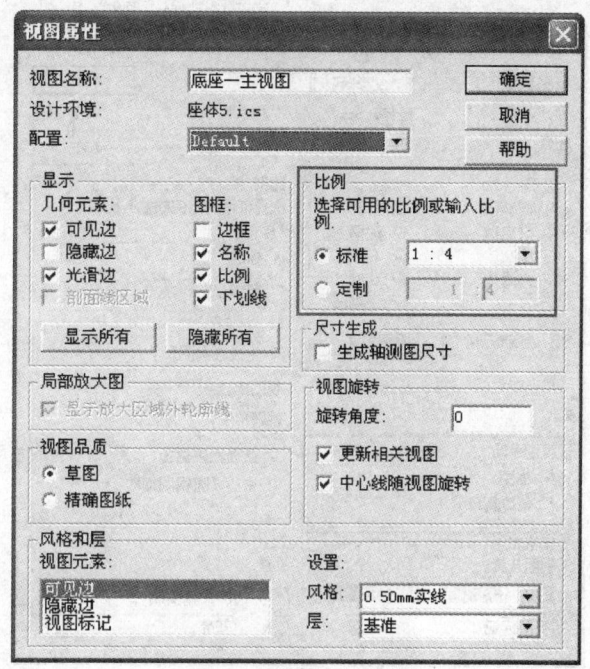

图 9-32 修改视图比例

方法二 先选择视图,再选择"编辑"|"视图"菜单项,出现"视图属性"对话框,修改"比例"选项组中的设置即可。

150 如何设置视图品质?

方法一 右击"视图",在快捷菜单选择"属性"菜单项,出现如图 9-33 所示的"视图属性"对话框,选择"视图品质"选项组设置即可。

方法二 先选择视图,再选择"编辑"|"视图"菜单项,出现图 9-33 所示的对话框,选择"视图品质"选项组设置即可。

注 意 新生成的视图默认为草图。

151 草图与精确图纸有何区别?

区别在于:
① 视图品质为草图的视图输出 dwg 格式后,圆不能识别,而精确图纸可以识别;
② 精确图纸可以编辑视图曲线(风格和层),而草图不可以。

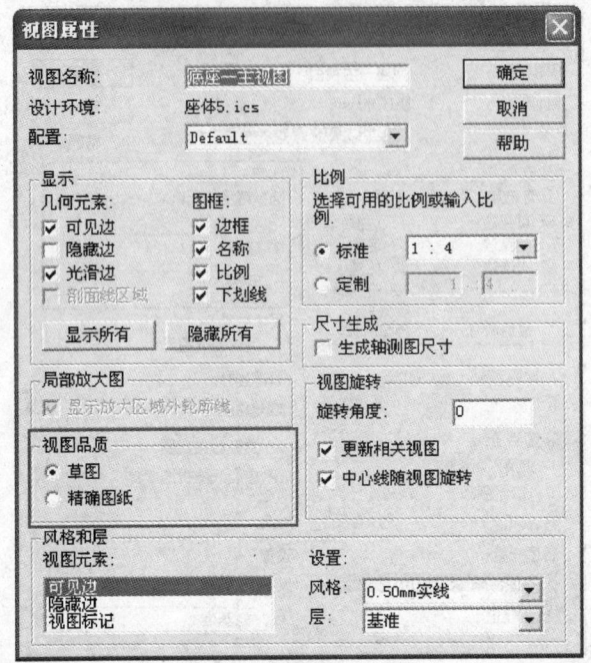

图9-33 "视图属性"对话框

建议"视图品质"设置为"精确图纸"。

152 如何旋转视图？

方法一 右击"视图"，在快捷菜单中选择"视图旋转"菜单项，出现"旋转"对话框，如图9-34所示，在"旋转角度"文本框中输入角度即可。

方法二 右击"视图"，在快捷菜单中选择"属性"菜单项，出现"视图属性"对话框，如图9-35所示，在"视图旋转"选项组的"旋转角度"文本框中输入角度即可。

图9-34 "旋转"对话框

方法三 先选择视图，再选择"编辑"|"视图"菜单项，出现"视图属性"对话框，在"视图旋转"选项组的"旋转角度"文本框中输入角度即可。

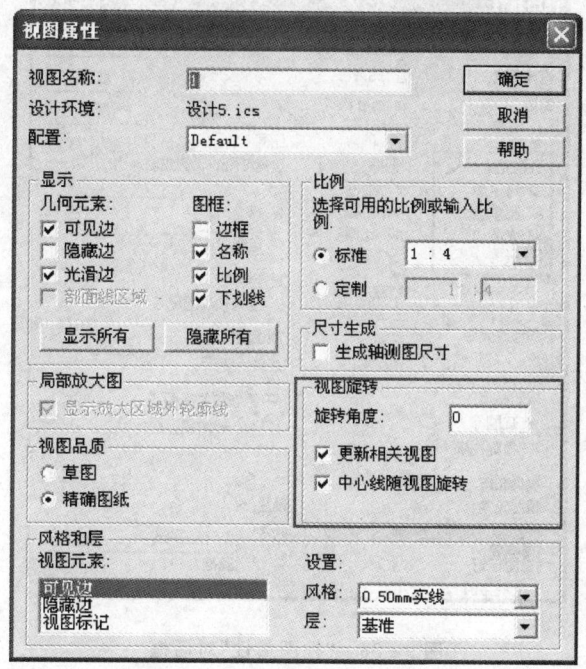

图 9-35 "视图属性"对话框

153 如何显示隐藏边?

方法一 右击"视图",在快捷菜单中选择"属性"菜单项,出现"视图属性"对话框,如图 9-36 所示,在"显示"选项组中选择"几何元素"下的"隐藏边"复选项即可。

方法二 先选择视图,再选择"编辑"|"视图"菜单项,出现"视图属性"对话框,在"显示"选项组中选择"几何元素"下的"隐藏边"即可。

154 如何显示剖面线区域?

方法一 右击"视图",在快捷菜单中选择"属性"菜单项,出现"剖视图属性"对话框,如图 9-37 所示,选择"显示"选项组中"几何元素"下的"剖面线区域"复选项即可。

方法二 先选择视图,再选择"编辑"|"视图"菜单项,出现"剖视图属性"对话框,选择"显示"选项组中"几何元素"下的"剖面线区域"复选项即可。

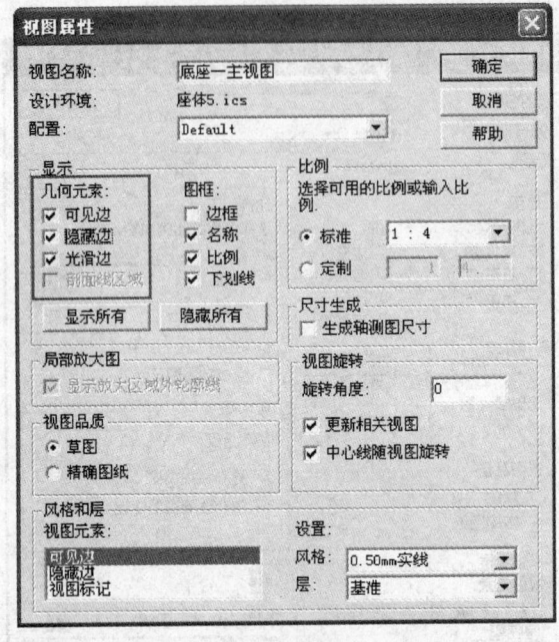

图 9-36 "视图属性"对话框

图 9-37 "剖视图属性"对话框

155 如何修改主视图的方向？

右击"视图"，在快捷菜单中选择"编辑视图方向"菜单项，出现"生成标准视图"对话框，如图 9-38 所示，在"当前主视图方向"选项组中修改主视图的方向。

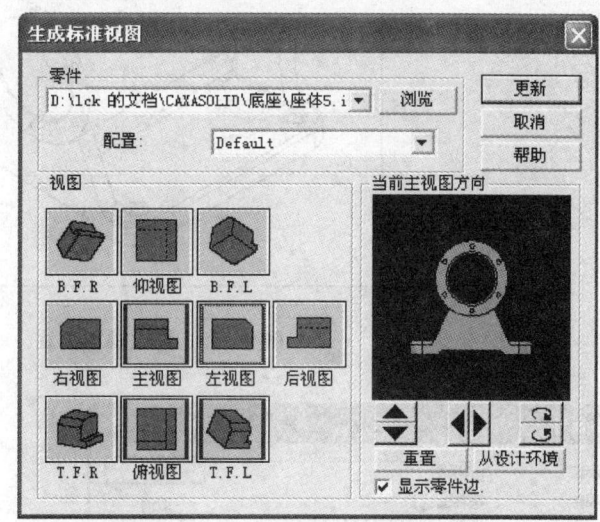

图 9-38 "生成标准视图"对话框

156 如何调整视图位置？

选中"视图"，将光标移动到红色边框上，当光标显示成 4 个箭头时拖动即可，如图 9-39 所示。

157 如何显示视图边框？

方法一 右击"视图"，在快捷菜单中选择"属性"菜单项，出现"剖视图属性"对话框，在"显示"选项组中选择"图框"下的"边框"复选项即可，如图 9-40 所示。

方法二 先选择视图，再选择"编辑"|"视图"菜单项，同样可以出现"剖视图属性"对话框并进行设置。

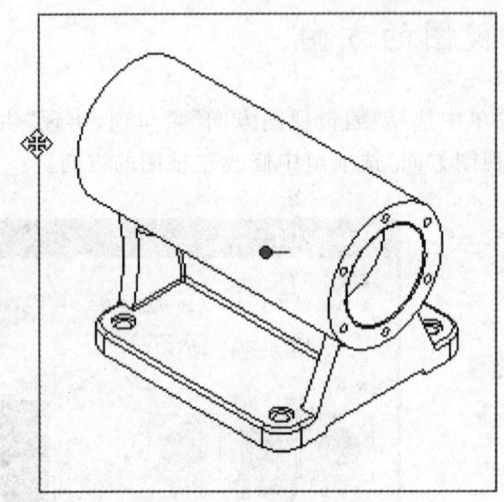

图 9-39　调整视图位置

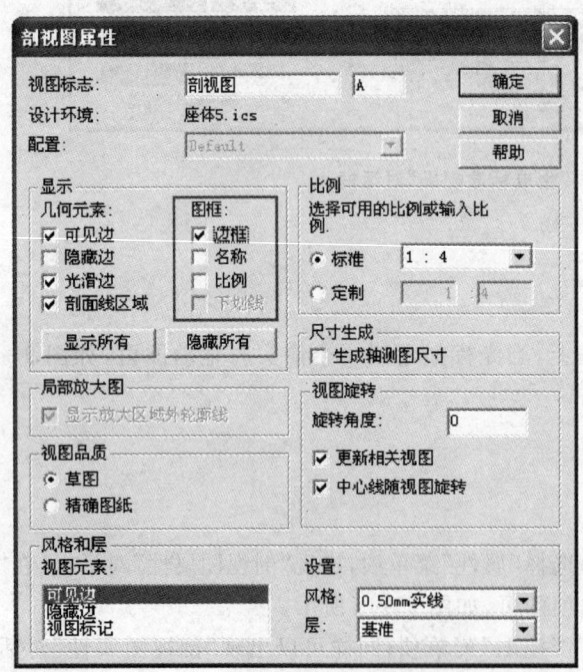

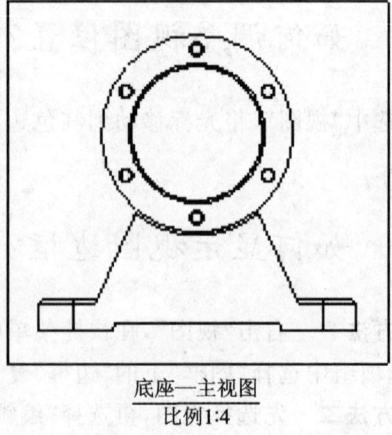

底座—主视图
比例1:4

图 9-40　显示视图边框

158 如何编辑剖切线?

右击"剖切线",在快捷菜单中选择"属性"菜单项,在出现如图 9-41 所示的"剖切线属性"对话框中设置即可。

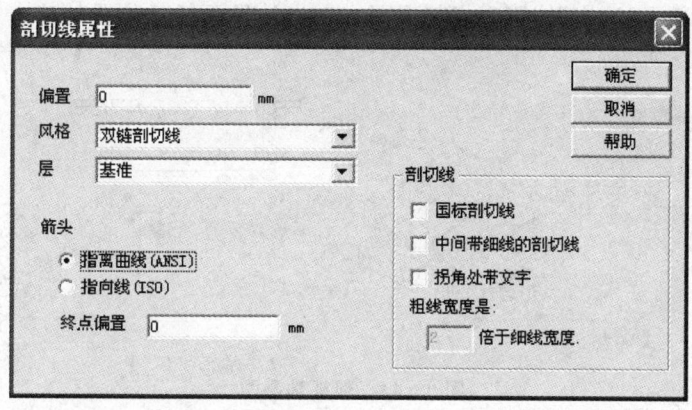

图 9-41 "剖切线属性"对话框

159 如何删除剖切线?

方法一 右击"剖切线",在快捷菜单中选择"删除"菜单项即可。
方法二 选中"剖切线"按 Delete 键即可。
方法三 删除由此剖切线生成的视图即可。

160 如何编辑剖面线?

右击"剖面线",在快捷菜单中选择"剖面线"菜单项,在出现的"剖面线区域性质"对话框中进行设置即可,如图 9-42 所示。

图 9-42 "剖面线区域性质"对话框

161　如何对轴测图进行剖视？

在"视图"工具栏中单击"剖视图"工具按钮 ，在"选择"|"剖视图"工具栏中选择水平或垂直剖切面。在正交轴测图上利用智能捕捉选择剖切面的位置（此时，水平切面自动适应正交轴测图的角度）。单击"确定"按钮生成剖视图。在设计界面任意位置处单击从而确定剖视图的位置，如图 9-43 所示。

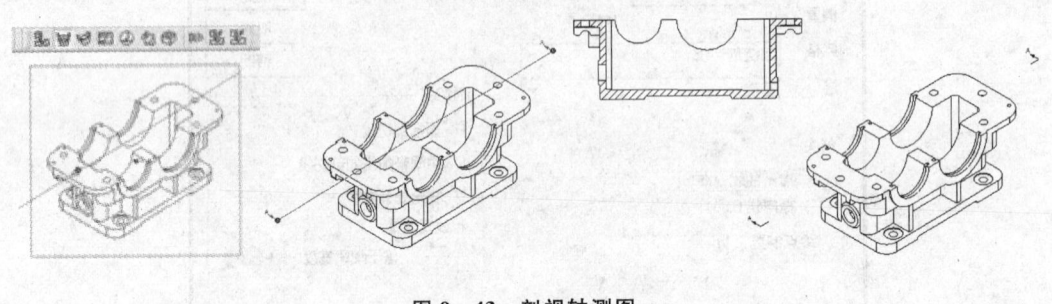

图 9-43　剖视轴测图

162　如何同时选择多个视图？

按下 Shift 键，然后用光标选择各个视图，或者在"选择"工具栏中选择"框选"选项，然后用选择框包围住需要选定的视图。

163　如何标注轴测图的精确尺寸？

单击轴测图，在快捷菜单中选择"属性"菜单项，出现的"视图属性"对话框如图 9-44 所示，选中"尺寸生成"选项组设置为"生成轴测图尺寸"，即用智能尺寸工具为轴测图生成精确尺寸。

164　如何修改局部放大图的放大比例？

方法一　在局部放大视图上右击，在快捷菜单中选择"属性"菜单项，在"局部放大视图属性"对话框中编辑缩放比例即可。

方法二　选中局部放大视图显示它的轮廓，然后从"编辑"菜单栏中选择"显示"菜单项，即可进入"局部放大视图属性"对话框。

第9章 工程图绘制

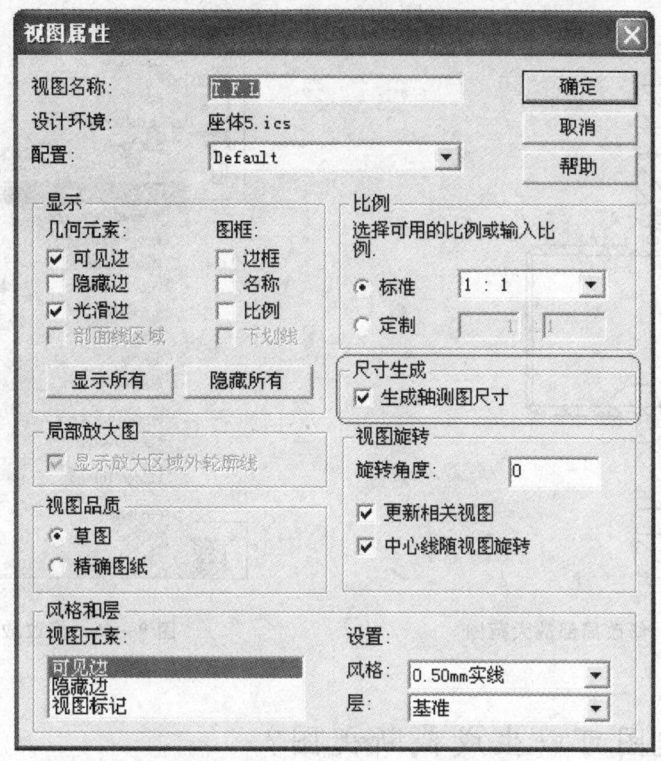

图9-44 "视图属性"对话框

165 如何修改局部放大图的放大范围？

单击表示局部放大区域的圆上的红色亮点，这时光标变成手的形状，红色亮点变成黄色亮点，拖动此亮点即可修改局部放大的范围，如图9-45所示。

166 如何修改自定义局部放大图的放大比例？

修改自定义轮廓的局部放大图比例的方法与局部放大图相同。

167 如何修改自定义局部放大图的放大范围？

右击包含剖切线的视图，在快捷菜单中选择"局部放大图轮廓线编辑"|"视图标志"菜单项，即可修改相应的局部放大图的放大范围，如图9-46所示。

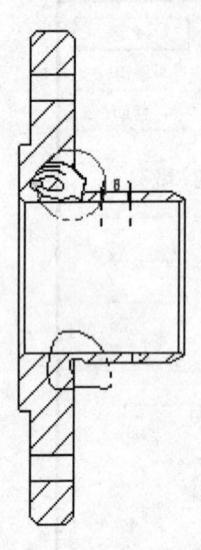
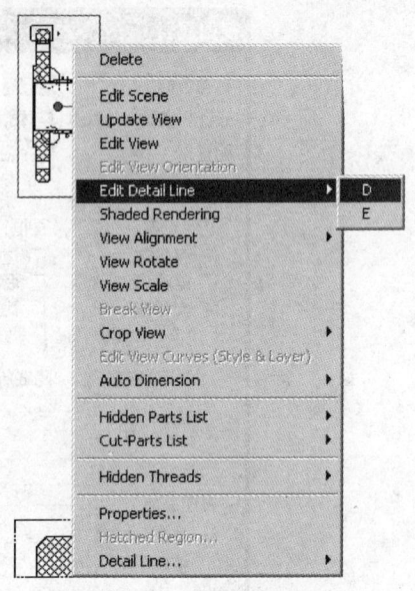

图 9-45　修改局部放大范围　　　　　图 9-46　修改放大范围

168　哪种视图可以生成截断视图?

除了标准视图和轴测图可以被用来生成截断视图外,各种剖视图也可以被用来生成截断视图,但剖切的部位或标记不能自动更新或做关联修改。

在截断视图上添加的各种尺寸和标注也会存在同样的问题。

169　如何编辑已生成的截断视图?

选择截断视图,然后单击"视图"工具栏中的"截断视图"工具按钮 ,激活"截断视图"工具栏,并在显示出的截断前的视图和已定义的保留区域进行修改,修改完成后在"截断视图"工具栏中选择"应用并完成"工具按钮 ,更新原来图纸上的截断视图。

170　如何显示截断以前的视图?

选中已生成的截断视图右击,在快捷菜单中选择"恢复视图"菜单项。若需返回到截断视图的显示状态,在视图上再右击,在快捷菜单中选择"截断视图"菜单项。

171 如何编辑局部视图的封闭区域?

选取局部视图后右击,在快捷菜单中选择"局部视图"|"编辑局部视图"菜单项,即可编辑、修改封闭曲线。

172 如何显示局部剖视图断裂处边界线?

选取局部视图后右击,在快捷菜单中选择"局部视图"|"显示边界"菜单项,可显示断裂处边界线。

173 如何显示局部视图以前的视图?

选取局部视图后右击,在快捷菜单中选择"局部视图"|"未截断视图"菜单项,可返回原来视图状态。

174 如何设置公差尺寸的精度?

右击"尺寸",在快捷菜中选择"属性"|"测量"菜单项,出现"直线标注属性"对话框,如图 9-47 所示,在"测量"选项卡中的"十进制显示"中设置公差尺寸的精度。

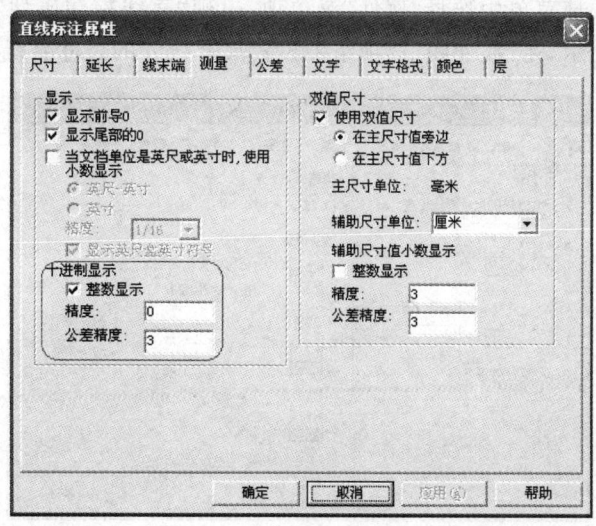

图 9-47 设置公差尺寸的精度

175 如何设置尺寸数值中的"零"?

右击"尺寸",在快捷菜单中选择"属性"菜单项,出现"直线标注属性"对话框,选择"测量"选项卡,如图9-48所示,在"显示"选项组中设置尺寸数值中的零。

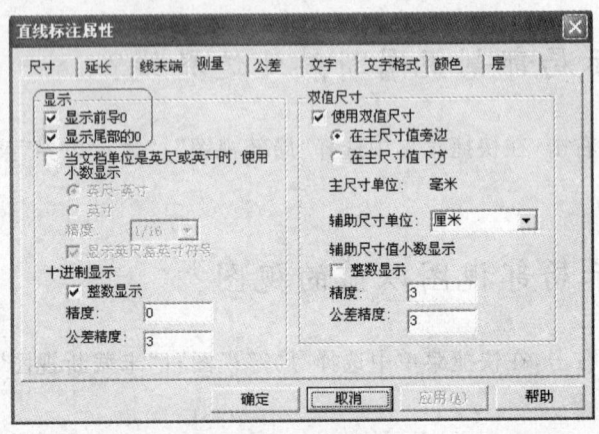

图9-48 "测量"选项卡

176 如何设置尺寸线外的尺寸界线长度及弯折方向?

右击"尺寸",在快捷菜单中选择"属性"菜单项,出现"直线标注属性"对话框,选择"尺寸"选项卡,如图9-49所示,在"尺寸线"选项组中设置尺寸线外的尺寸界线长度及弯折方向。

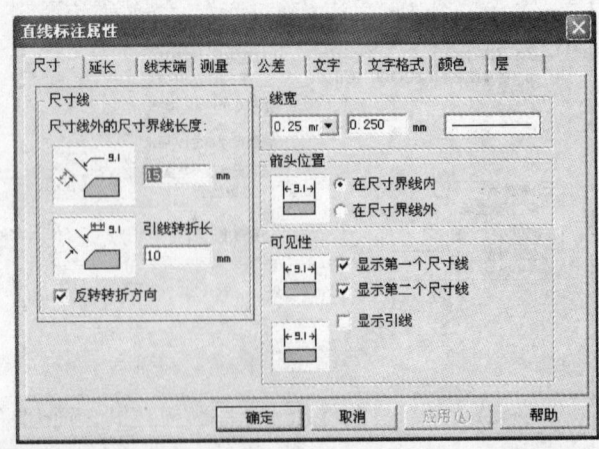

图9-49 "直线标注尺寸"对话框中"尺寸"选项卡

177 如何设置尺寸界线？

右击"尺寸"，在快捷菜单中选择"属性"菜单项，出现"直线标注尺寸"对话框，选择"延长"选项卡，在"尺寸界线"选项组设置尺寸界线，如图9-50所示。

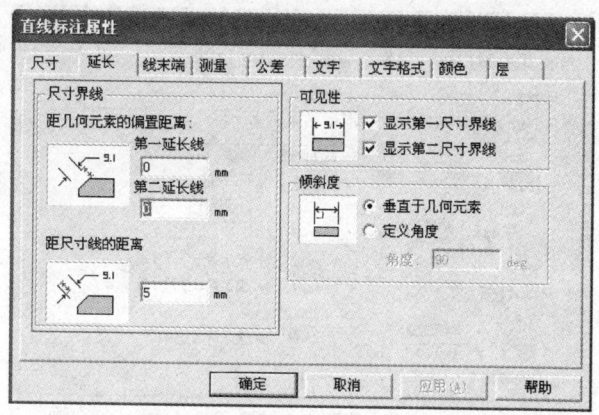

图9-50 "直线标注尺寸"对话框中"延长"选项卡

178 如何设置尺寸界线的倾斜度？

右击"尺寸"，在快捷菜单中选择"属性"菜单项，出现"直线标注尺寸"对话框，选择"延长"选项卡，如图9-51所示，在"倾斜度"选项组中设置尺寸界线的倾斜角。

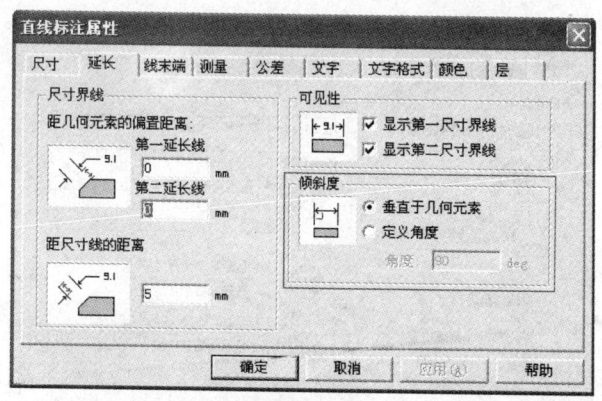

图9-51 "直线标注尺寸"对话框

179 如何改变尺寸线的线宽？

右击"尺寸"，在快捷菜单中选择"属性"菜单项，出现"直径尺寸属性"对话框，选择"尺寸"选项卡，如图 9-52 所示，在"线宽"选项组中设置尺寸线的宽度。

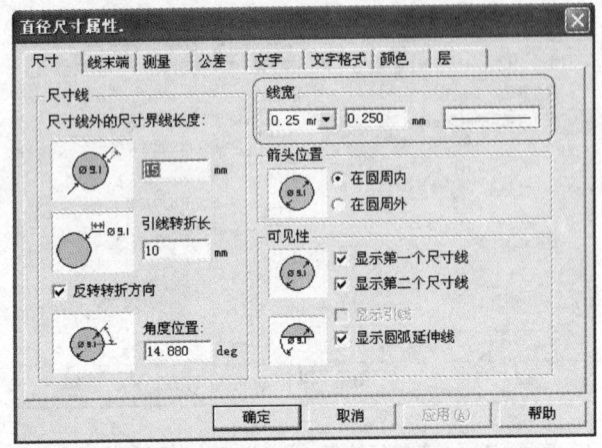

图 9-52 "直径尺寸属性"对话框中"线宽"区域

180 如何修改尺寸线的箭头位置？

右击"尺寸"，在快捷菜单中选择"属性"菜单项，出现"直径尺寸属性"对话框，选择"尺寸"选项卡，如图 9-53 所示，在"箭头位置"选项组中设置尺寸线箭头的位置。

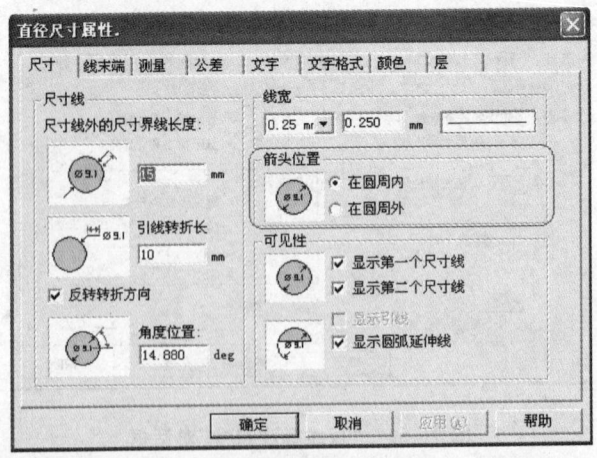

图 9-53 "直径尺寸属性"对话框中"箭头位置"选项组

181 如何设置尺寸线的可见性？

右击"尺寸",在快捷菜单中选择"属性"菜单项,出现"直径尺寸属性"对话框,选择"尺寸"选项卡,如图9-54所示,在"可见性"选项组中设置尺寸线的可见性。

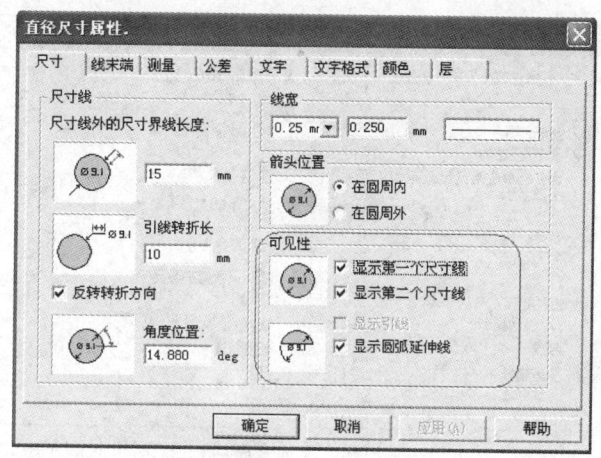

图9-54 "直径尺寸属性"对话框中"可见性"选项组

182 如何修改尺寸线末端(箭头)？

右击"尺寸",在快捷菜单中选择"属性"菜单项,在出现的"直径尺寸属性"对话框中选择"线末端"选项卡,设置尺寸线的末端(箭头),如图9-55所示。

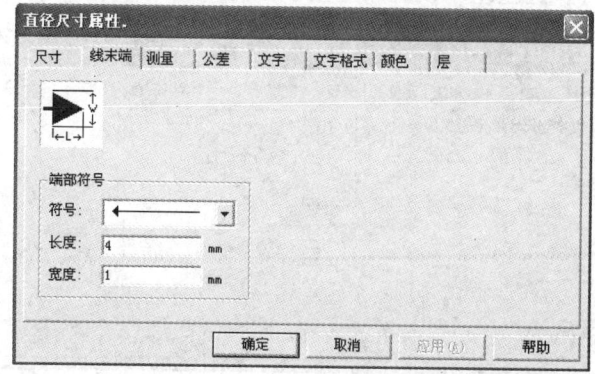

图9-55 "线末端"选项卡

183 如何设置双值尺寸?

右击"尺寸",在快捷菜单中选择"属性"菜单项,出现"直径尺寸属性"对话框,选择"测量"选项卡,在"双值尺寸"选项组中设置双值尺寸,如图9-56所示。

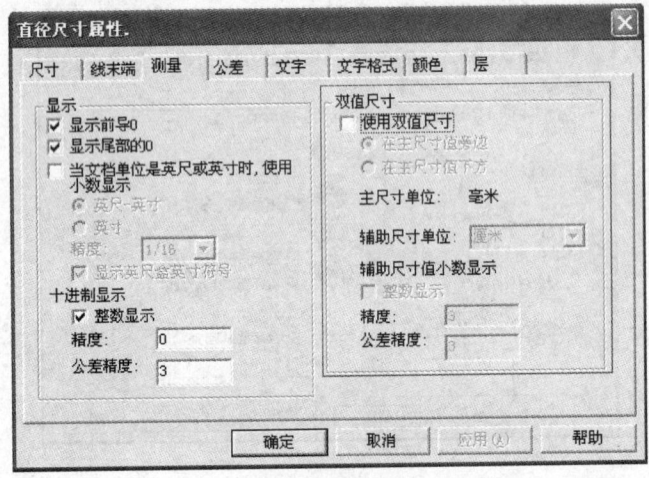

图9-56 "测量"选项卡

184 如何设置尺寸的文字方向?

右击"尺寸",在快捷菜单中选择"属性"菜单项,出现"直径标注属性"对话框,选择"文字格式"选项卡,在"文字方向"选项组中设置尺寸文字方向,如图9-57所示。

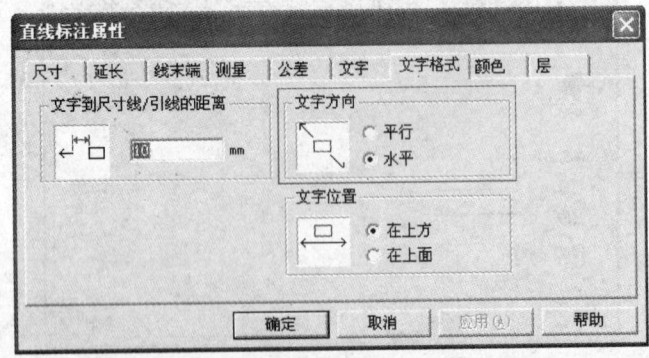

图9-57 "直线标注属性"对话框中的"文字格式"选项卡

185 如何设置尺寸的文字位置?

右击"尺寸",在快捷菜单中选择"属性"菜单项,出现"直线标注属性"对话框,选择"文字格式"选项卡,在"文字位置"选项组中设置尺寸文字位置,如图9-58所示。

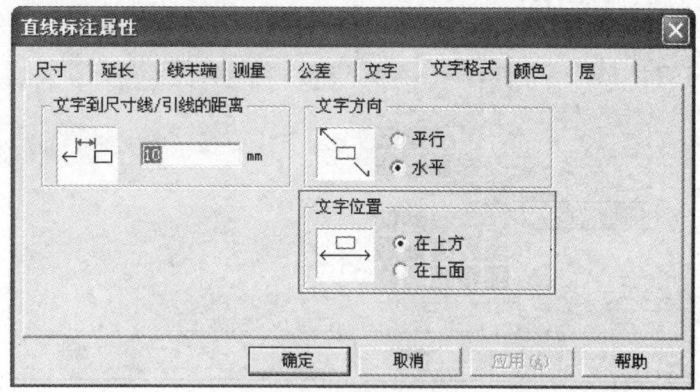

图9-58 "文字格式"选项卡中的"文字位置"选项组

186 如何设置尺寸的文字到尺寸线/引线的距离?

右击"尺寸",在快捷菜单中选择"属性"菜单项,出现"直线标注属性"对话框,选择"文字格式"选项卡,在"文字到尺寸线/引线的距离"选项组中设置尺寸的文字到尺寸线/引线的距离,如图9-59所示。

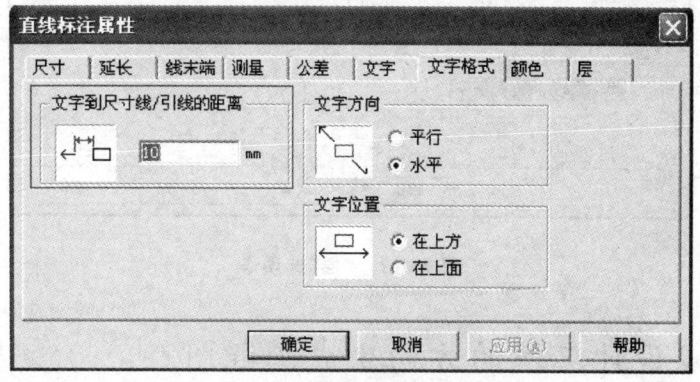

图9-59 "文字格式"选项卡

187 如何设置尺寸的颜色?

右击"尺寸",在快捷菜单中选择"属性"菜单项,出现"直线标注属性"对话框,选择"颜色"选项卡,设置尺寸标注的颜色,如图9-60所示。

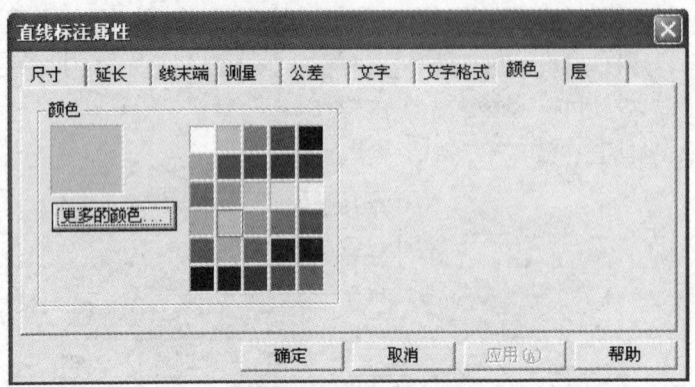

图9-60 "颜色"选项卡

188 如何设置尺寸的层?

右击"尺寸",在快捷菜单中选择"属性"菜单项,出现"直线标注属性"对话框,选择"层"选项卡,设置尺寸的层,如图9-61所示。

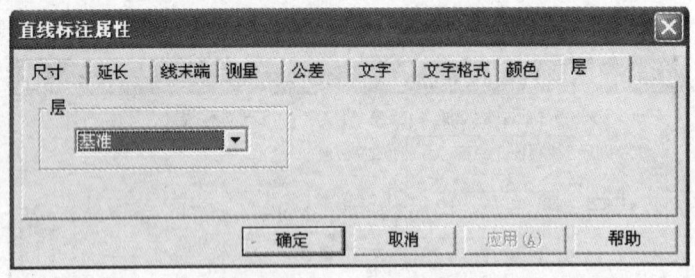

图9-61 "层"选项卡

189 如何以设计环境的方向生成工程图?

在"生成标准视图"对话框中单击"当前主视图方向"选项组中的"从设计环境"按钮即可,

如图9-62所示。

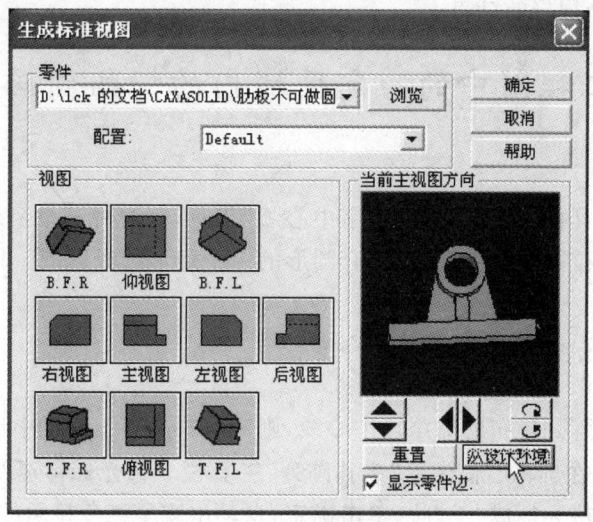

图9-62 "生成标准视图"对话框

190 如何将工程图视图定位到其他工程图图纸页上？

在CAXA实体设计中，可方便地把工程图视图重新定位到工程图中的不同图纸页上。其方法是选定该视图并把它拖放到工程图底部的相应"图纸页"标签上。

191 工程图中如何自动生成零件序号？

首先生成装配工程图的明细表，然后一次生成选定视图上包含的所有零件的序号。操作方法如下：
(1) 选择需要添加零件序号的视图。
(2) 选择菜单"生成"下的"零件序号自动生成"功能。
(3) 调整零件序号的位置或修改属性。

192 自动生成的零件序号排列混乱，如何解决？

其实这个问题其他三维软件也存在。要解决这个问题，首先要知道生成序号的原理。实体生成序号是根据设计树的先后顺序编排的，要展示一个较好的结果，须先生成一个序号，因为零件对应的序号在工程图的位置是一样的，不会因为序号变了而发生变化。然后调整好设计树，这样会展示一个很好的结果。

193 如何为工程图中的一定区域内的一组圆同时添加线性中心线？

在"工程标注"工具栏中选择"生成十字中心线"工具，把光标移动到含有一组圆形的视图区域。通过单击和拖拉操作，生成包围所有圆形的一个矩形选择区域。释放后即显现中心线。

194 如何生成多孔阵列中心线？

若为一系列圆形阵列排布的圆添加中心线，则应从"标注"工具栏中选择"多孔中心线"工具按钮 ，此操作将在屏幕右侧激活"多孔阵列"工具栏。将光标移至要标注的圆附近，在绿色加亮显示的圆周上待光标成"+"状，单击确定，自动出现呈红色显示的环状中心线。同样方法选择孔阵列中每个圆组件，在"多孔阵列"工具栏中选择"添加孔阵列中心线"工具按钮 ，以添加该中心线并退出操作。若直接退出操作不添加孔阵列中心线则选择按钮 。

195 如何为圆生成中心线？

若要为圆添加一条中心线，则应在"标注"工具栏中选择"中心线"工具按钮 ，并在该圆的圆周上移动光标。当圆周呈绿色加亮显示时，会自动出现呈红色显示的中心线。单击即可为圆添加一条中心线。

196 如何为圆柱生成中心线？

若要在圆柱上添加一条中心线，则应选择"中心线"工具按钮 ，并在圆柱上移动光标，当出现一条红线时，单击即可添加一条中心线。

197 如何设置明细表的行高？

双击明细表，如图 9-63 所示，进入"明细表"对话框，选择 A 列并右击如图 9-64 所示，在快捷菜单中选择"行高度"菜单项，在出现的"编辑行高度"对话框中输入所需的高度即可，如图 9-65 所示。列宽度定义也是同理。

第 9 章 工程图绘制

22	QBDG2-2	嵌入螺纹	1	尼龙
21	QBDG2-3	嵌入螺纹	1	尼龙
20	CHL3-1	齿轮轴	1	钢
19	TZHH2-7	调整环	1	铸铁
18	SOBC-珠轴承	珠轴承	2	钢
17	TZHH2-6	调整环	1	铸铁
16	Z2-7	轴	1	不锈钢
15	ZCH2-5	支承环	1	铸铁
14	QBDG2-4	嵌入螺纹	1	尼龙
13	QBDG2-1	嵌入螺纹	1	尼龙
12	CHLS1	齿轮	1	铁
11	M3.0 x 1.6	垫圈	3	钢
10	M8.0 x 172	螺母	3	铁
9			3	
8			3	
7	M3.0 x 4.0	螺钉	4	钢
6	BSI1-1	铝盖	1	铸铁
5	M10.0 x 220	螺母	1	铁
4	JQS1-3	进气盖	1	铁
3	SKG1-4	视孔盖	1	铸铁
2	M3.0 x 61	螺栓	4	钢
1	M3.0 x 20.0	螺栓	2	铁

图 9－63　明细表

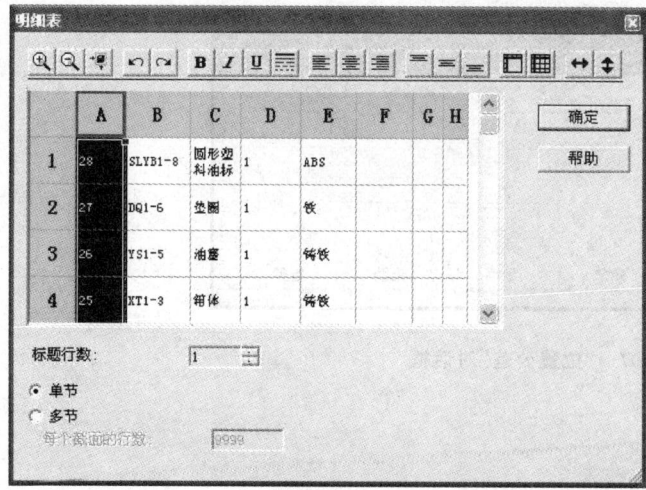

图 9－64　选择 A 列

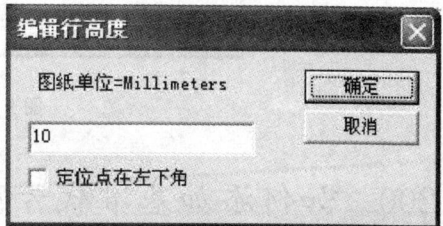

图 9－65　"编辑行高度"对话框

198　如何编辑十字中心线的角度？

右击中心线，在快捷菜单中选择"属性"菜单项，出现"十字中心线"对话框，设置所需"定位角度"即可，如图9-66所示。

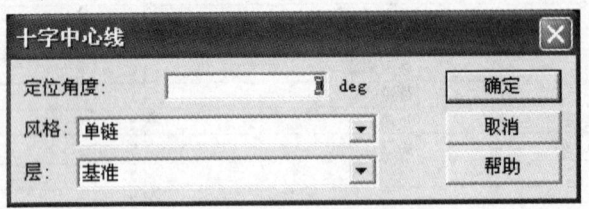

图9-66　"十字中心线"对话框

199　如何添加形位公差代号？

在"标注"工具栏中单击"位置度公差"工具按钮，或在主菜单中选择"生成"|"形位公差"|"位置度公差"菜单项。把光标移动到被测要素轮廓上，利用智能捕捉。当被测直线、圆周或点呈现绿色加亮显示时，单击选定。随后形位公差符号呈红色显示，拖动至合适位置。单击打开"位置度公差"对话框，如图9-67所示。在该对话框中按设计要求输入相应的符号或数值。

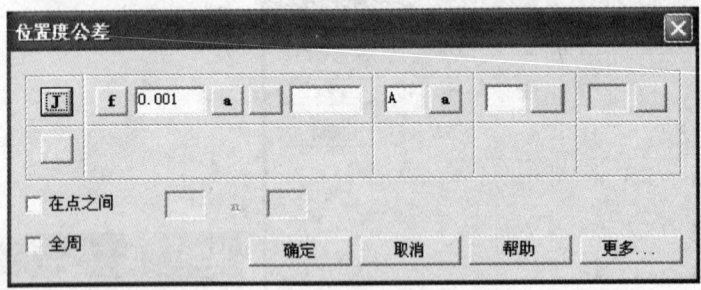

图9-67　"位置公差"对话框

200　如何添加基准代号？

单击"标注"工具栏中的"基准代号"工具按钮，或在主菜单中选择"生成"|"形位公差"|"基准符号"菜单项。把光标移动到基准要素轮廓上，利用智能捕捉。当作为基准的直线、圆或

点呈绿色加亮显示时,单击选定。随后基准符号呈红色显示,拖动至合适位置后,单击即可放置该基准符号。此时出现"基准特征符号"对话框,如图 9-68 所示。在"基准特征符号"对话框中输入基准代号字母。在"基准特征符号"对话框中单击"更多"按钮即可打开"形位公差属性"对话框,如图 9-69 所示。在该对话框中可以编辑基准符号的风格、层、引导线和线框。

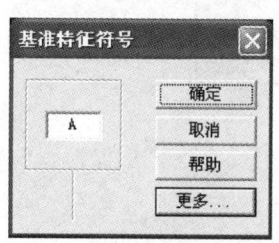

图 9-68　基准特征符号

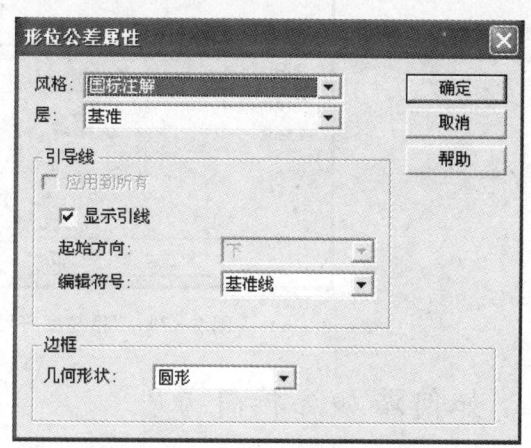

图 9-69　"形位公差属性"对话框

201　如何添加引出说明?

在"标注"工具栏中选择"引出说明"工具按钮,或在主菜单中选择"生成"|"引出说明"菜单项。把光标移动到轮廓,利用智能捕捉。在相应的直线、圆或点加亮显示时,单击选定。在视图外的图纸部分中,则只需在添加引出说明的位置上单击。此时出现一个红色的文本框。拖动光标至合适位置,单击确定。在该文本框中输入相应的文字,然后在图纸背景上单击即可显示出已完成的引出说明。该文本框将自动调整大小,以包围全部内容。

注　意　若选择　工具后,按 Shift 键进行第二步,然后在需要放置该文字的外形尺寸上单击,生成与选定视图关联的文字(无引出线)。

202　如何添加表面粗糙度符号?

表面粗糙度符号可放置在工程视图的图形轮廓或与轮廓关联的参考曲线上。单击"标注"工具栏中的"粗糙度"工具按钮,或选择"生成"|"粗糙度符号"菜单项。把光标移动到轮廓上,利用智能捕捉。当作为基准的直线、圆或点呈绿色加亮显示时,单击选定。随后基准符号呈红色显示,拖动光标至合适位置,然后单击即可放置该基准符号。此时,出现"粗糙度符号属性"对话框,如图 9-70 所示。该对话框中的"值"选项卡用于设定对应的粗糙度符号中的符号和

数值。"风格"选项卡可定义粗糙度符号的风格、所在层、是否显示指引线及指引线的起始方向。

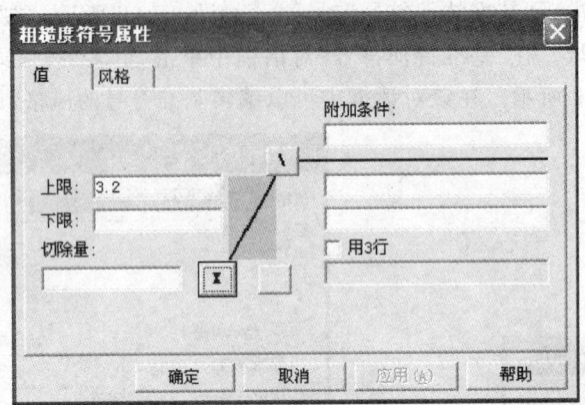

图 9-70 "粗糙度符号属性"对话框

203 如何添加焊接符号？

单击"标注"工具栏中的"焊接符号"工具按钮，或选择"生成"|"焊接符号"菜单项。把光标移动到轮廓上，利用智能捕捉。当作为基准的直线、圆或点呈绿色加亮显示时，单击选定。随后基准符号呈红色显示，拖动光标至合适位置，然后单击即可放置该基准符号。此时，出现"焊接符号属性"对话框，如图 9-71 所示。该对话框中的"值"选项卡用于设定对应的焊接符号中的符号和数值，"常规"选项卡定义通用显示参数的选项，而"风格"选项卡则定义线型、图层及引出线外观。

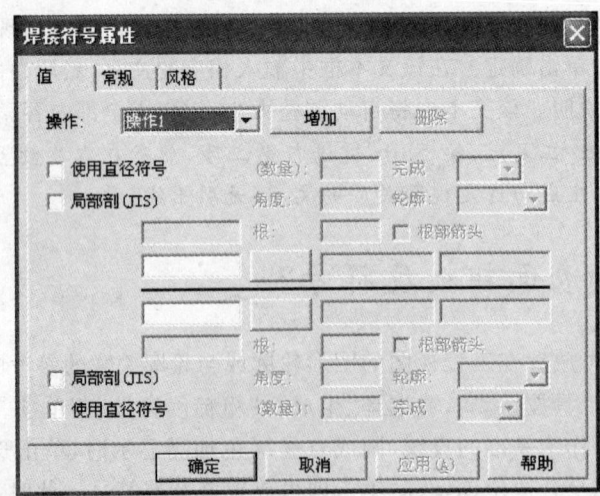

图 9-71 "焊接符号属性"对话框

204 如何生成孔列表?

选择"生成"|"孔列表"菜单项,移动光标选择表的位置,单击确定。选用智能捕捉,确定孔的 X、Y 的坐标轴;选用智能捕捉,选择图纸上的孔,表中自动增加孔的选项。完成后,按 Esc 键退出。

205 如何输出孔列表?

右击"孔列表",在快捷菜单中选择"输出到文件"菜单项,出现"保存"对话框,可以保存"逗号分割文本文件"和"制表符分割文本文件"。

206 如何显示或隐藏孔列表的标题?

右击"孔列表",在快捷菜单中选择"属性"菜单项,出现"表属性"对话框,如图 9-72 所示。在"孔列表"选项卡中,不选"显示"选项即可隐藏标题;或从快捷菜单中选择"显示标题"菜单项即可。

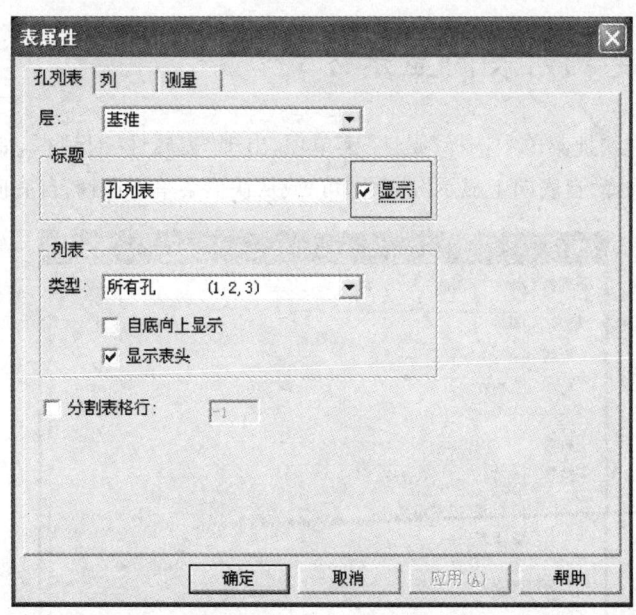

图 9-72 "表属性"对话框中的"显示"选项

207 如何显示或隐藏孔列表的表头？

右击"孔列表"，在快捷菜单中选择"属性"菜单项，出现"表属性"对话框，如图9-73所示。在"孔列表"选项卡中，不选"显示表头"选项即可隐藏标题。

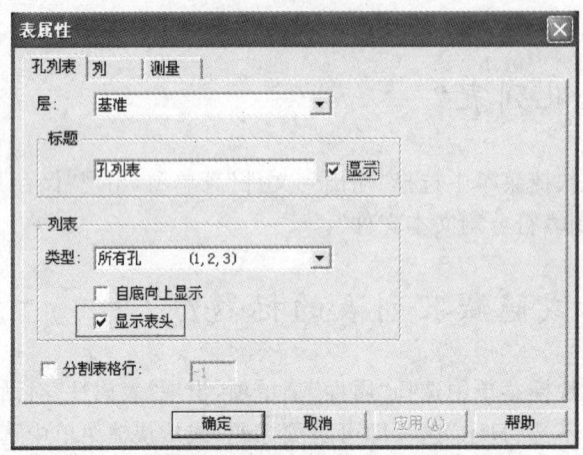

图9-73 "表属性"对话框中的"显示表头"选项

208 如何改变孔列表的显示方式？

右击"孔列表"，在快捷菜单中选择"属性"菜单项，出现"表属性"对话框，如图9-74所示。在"孔列表"选项卡中，选择"自底向上显示"选项即可；或从快捷菜单中选择"自底向上"菜单项即可。

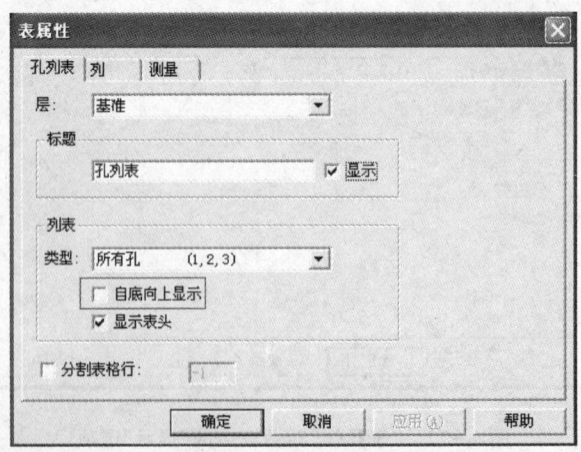

图9-74 "表属性"对话框中的"自底向上显示"选项

209 如何修改孔列表的对齐方式？

右击"孔列表"，在快捷菜单中选择"格式表"菜单项，出现"孔列表"对话框，如图 9-75 所示，利用对话框中的对齐工具即可。

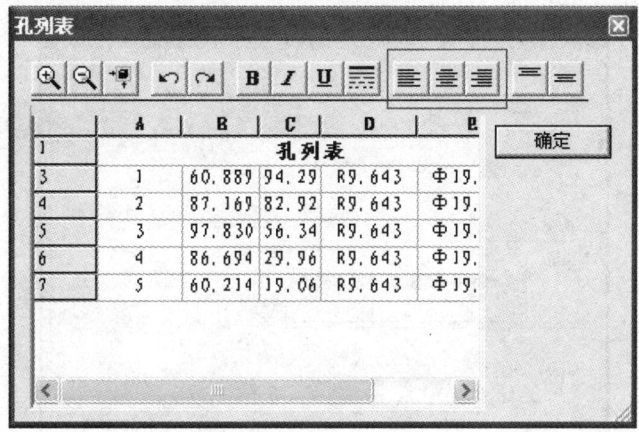

图 9-75 "孔列表"对话框

210 如何添加或减少孔列表的列？

右击"孔列表"，在快捷菜单中选择"属性"菜单项，出现"表属性"对话框，在"列"选项卡中由"可用"添加到"已用"即可，如图 9-76 所示。

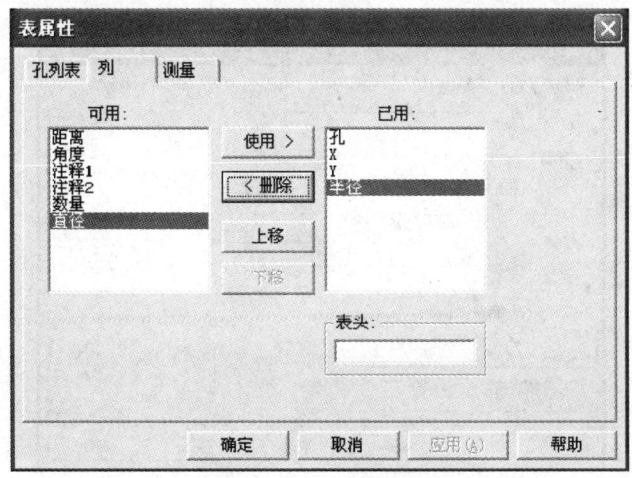

图 9-76 "列"选项卡

211 如何修改孔列表的类型?

右击"孔列表",在快捷菜单中选择"属性"菜单项,出现"表属性"对话框,在"孔列表"选项卡中的"类型"下拉列表中选择所需的孔类型即可,如图9-77所示。

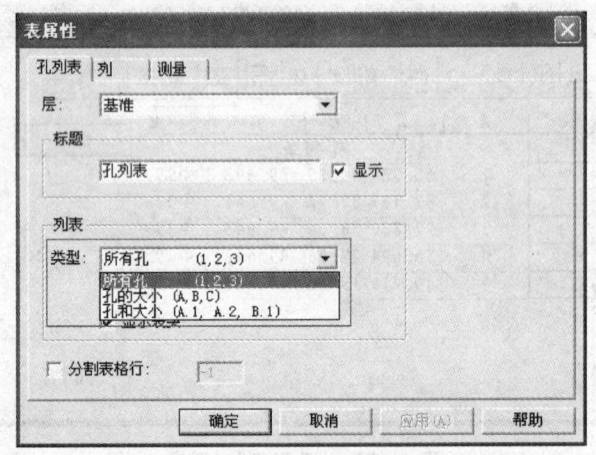

图9-77 "孔列表"选项卡

212 如何分割孔列表的表格行?

右击"孔列表",在快捷菜单中选择"属性"菜单项,出现"表属性"对话框中,在"孔列表"选项卡中的"分割表格行"中输入适当的数值即可,如图9-78所示。

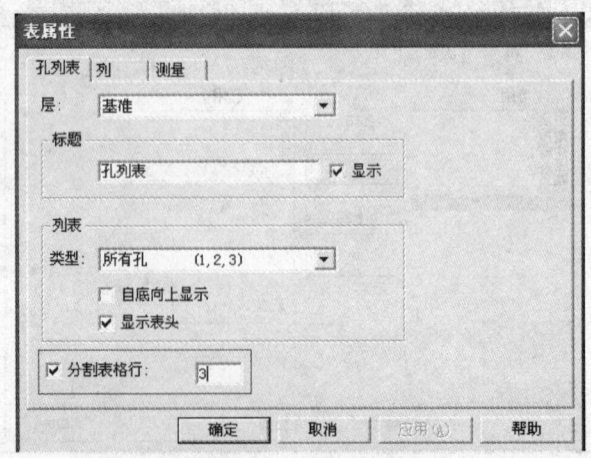

图9-78 "孔列表"选项卡

213 如何设置孔列表的显示精度?

右击"孔列表",在快捷菜单中选择"属性"菜单项,出现"表属性"对话框,选择"测量"选项卡,如图 9-79 所示,在"直线测量"选项组中的"十进制显示"下设置所需精度即可。

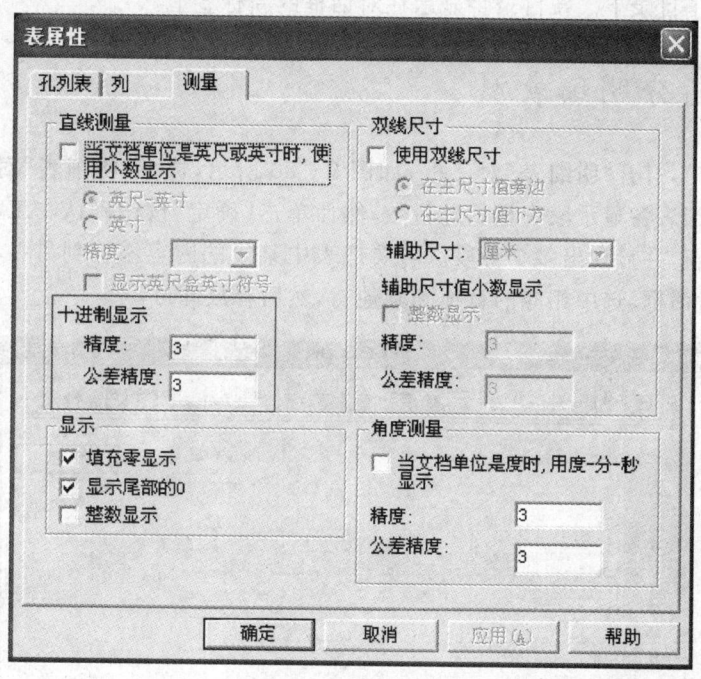

图 9-79 "测量"选项卡

214 如何在图纸上改变孔列表的位置?

拖动"孔列表"到所需位置即可。

215 如何输出明细表?

右击"明细表",在快捷菜单中选择"输出到 Excel"或"输出为文本文件"菜单项,即可将明细表输出。

216 如何将当前明细表保存为模板?

右击"明细表",在快捷菜单中选择"另存为模板"菜单项,将文件保存在CAXAsolid\Template文件夹下。如果要把模板保存在其他目录中,则应在模板目录下生成子目录,然后把模板文件保存在该子目录下。新目录将显示在对话框的新标签上。

217 如何拆分明细表?

双击"明细表",打开"明细表"对话框,如图9-80所示,选择"明细表"对话框底部的"多节"选项,输入明细表各显示段中显示的行数,然后单击"确定"按钮确认。工程图的明细表显示方式将立即更新,并显现出多个分段。若要把表中某段的内容添加到另一段中,双击"明细表"打开"编辑"对话框,选中相应的行拖到其他行,然后释放即可。

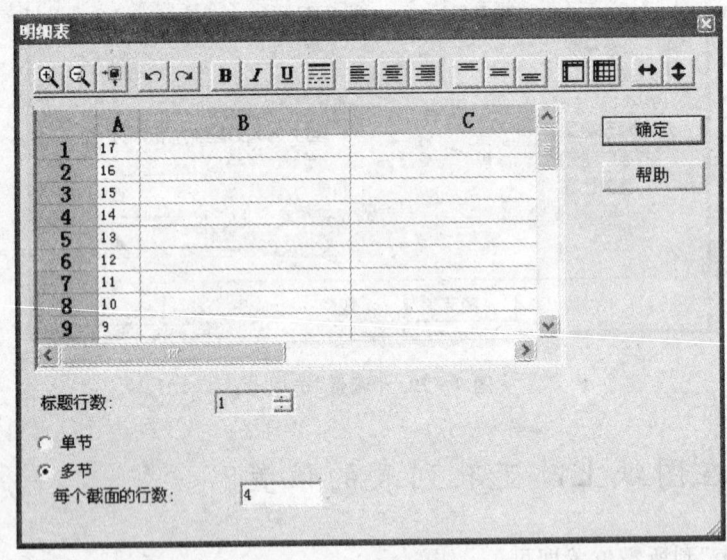

图9-80 "明细表"对话框

218 如何删除阵列后的实体?

选择要删除的阵列实体进入零件编辑状态即可删除。

219 如何改变明细表的显示方式？

右击"明细表"，在快捷菜单中选择"由底向上显示"菜单项，即可改变明细表的表头在表中的位置。

220 如何改变明细表在图纸中的位置？

拖动明细表到所需位置即可。

221 驱动尺寸与一般传递尺寸有何区别？

可以通过编辑视图上尺寸直接驱动三维设计的改变，称为驱动尺寸。在视图上不能编辑尺寸，只能被动地随三维设计的改变而改变，称为一般传递尺寸。

第10章 渲染设计

222 添加了材质渲染后没有显示效果,边界还是锯齿,是怎么回事?

选择"设置"|"渲染"菜单项,出现"设计环境性质"对话框,在"渲染"选项卡中选择"真实感图"及"光线跟踪"选项,其他选项根据需要选择,如图10-1所示,单击"确定"按钮退出对话框。等待系统渲染完成,即可看到渲染效果。

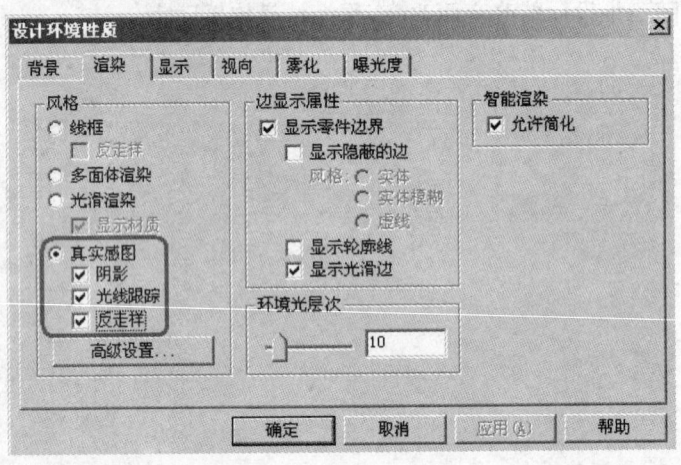

图10-1 "渲染"选项卡

223 如何对产品不同组件/部件或零件及其表面进行材质或颜色的渲染?

方法一 从设计元素库中拖动材质或颜色到装配上,会出现"装配智能渲染"对话框,如图10-2所示,通过选择不同选项可以对产品不同组件/部件或零件及其表面进行材质或颜色的渲染。

方法二 直接拾取渲染对象并右击,从快捷菜单中选择"智能渲染"菜单项,在相应的选项

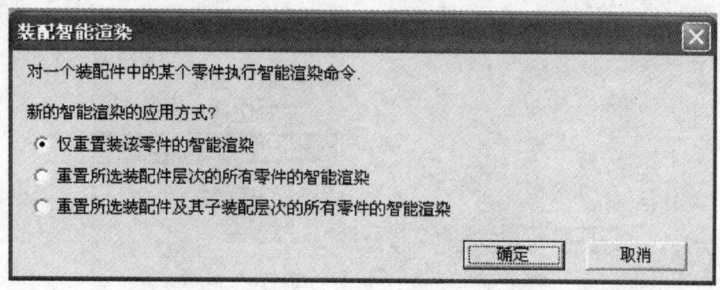

图10-2 "装配智能渲染"对话框

卡上选择要添加的图像文件,进行相应的设置。

224 如何对产品表面的某些区域进行颜色、贴图、材质、凸痕及纹理等的渲染?

方法一 分割表面,在所需区域面上进行材质或颜色的渲染。

方法二 用平面图像处理工具软件,如 Photoshop 将图像设置成所需大小再进行材质或颜色的渲染。

225 如何向零件表面添加颜色、贴图、材质、凸痕及纹理等渲染属性?

方法一 从"设计元素库"中拖放颜色、贴图、材质及凸痕到零件表面。

方法二 右击,在快捷菜单中选择"智能渲染"菜单项,在"智能渲染"工具栏中可以向零件表面添加颜色、贴图、材质及凸痕等渲染属性,如图10-3所示。

图10-3 "智能渲染"工具栏

方法三 选择"生成"|"智能渲染"菜单项,通过渲染向导向零件表面添加颜色、贴图、材质及凸痕等渲染属性。

方法四 利用智能渲染工具中的"提取效果",提取需要的渲染,使用"应用效果"添加到其他的零件表面。

226 如何根据零件表面尺寸大小进行精确的整面贴图?

零件表面的尺寸与贴图尺寸一致或者等比例,右击"移动贴图"工具按钮,在快捷菜单中选择"贴在整个零件"菜单项,如图10-4所示。

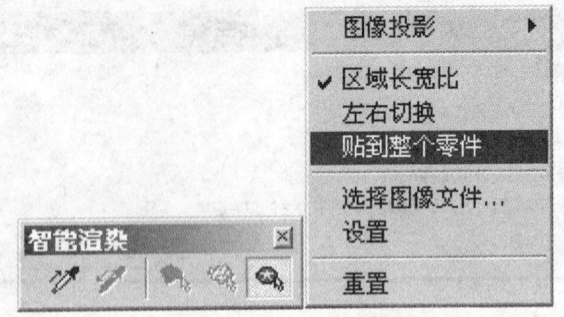

图 10-4　快捷菜单

227　如何快速将某个表面的渲染属性添加给其他表面？

利用"智能渲染"工具栏中的"提取效果"工具按钮 ，如图 10-5 所示，选择某个渲染表面，选中另外的表面后单击"应用效果"，再单击所选表面即可。

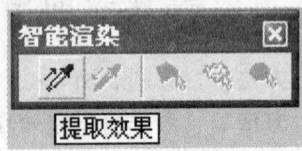

图 10-5　"提取效果"按钮

228　如何调整凸痕的深度或高度？

在零件状态下右击"零件"，在快捷菜单中选择"智能渲染"菜单项，在"智能渲染属性"对话框中的"凸痕"选项卡中即可调整凸痕的深度。

229　如何调整贴图的方向与大小？

方法一　在表面编辑状态右击，在快捷菜单中选择"智能渲染"菜单项，在"智能渲染属性"对话框中的"贴图"选项卡中选择图像贴图，单击"设置"即可调整材质贴图的方向和大小。

方法二　利用"智能渲染"工具，选择贴图的零件，然后在"智能渲染"工具栏中选择"移动贴图"选项，通过拖动可以改变贴图的大小，通过三维球可以改变方向。

230　如何调整视向（摄像机）的方向、位置和角度以获取满意的取景角度？

方法一　添加一个摄像机，利用三维球调整此视向的方向、位置和角度。

方法二　利用"任意视向"调整当前视向的方向、位置和角度。

231　如何调整照相机的视野、焦距、景深等参数以获取满意的取景效果？

单击"任意视向",滚动鼠标的滚轮进行调整。

232　如何调整零件的透明显示？

在零件状态下右击"零件",在快捷菜单中选择"智能渲染"菜单项,在出现的"智能渲染属性"对话框中选择"透明度"选项卡,通过"透明度"选项可以调整,"0"→"100"表示由不透明到透明,如图10-6所示。

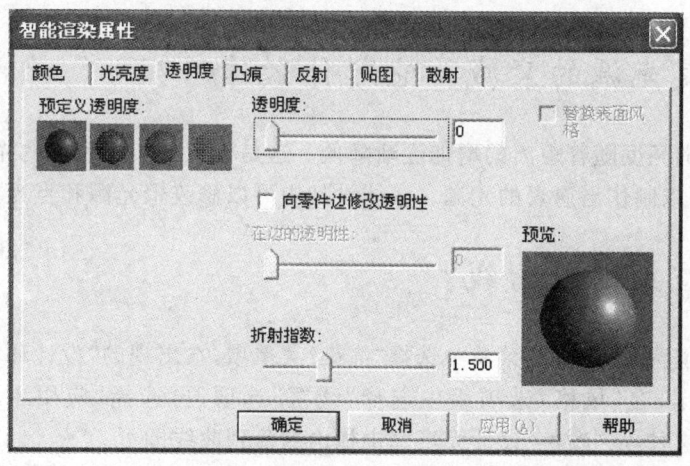

图10-6　"透明度"选项卡

233　如何调整零件的反射显示？

在零件状态下右击"零件",在快捷菜单中选择"智能渲染"菜单项,在出现的"智能渲染属性"对话框中选择"反射"选项卡可以调整强度和模糊度,如图10-7所示。

234　如何使多余的光源不起作用？

方法一　删除:选择多余的光源,按下Delete键,或者在快捷菜单中选择"删除"菜单项。
方法二　关闭:在光源的快捷菜单中单击"光源开",取消对此项的选择,如图10-8所示。

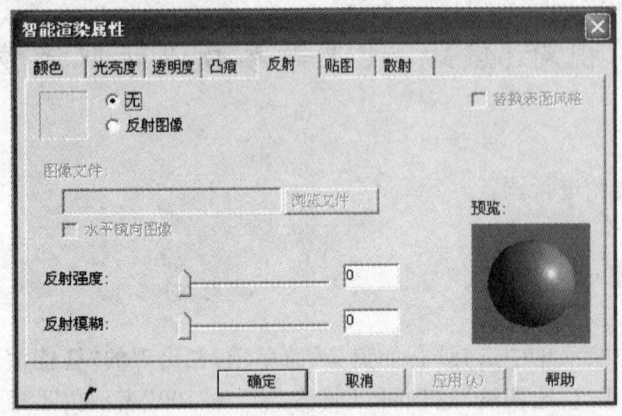
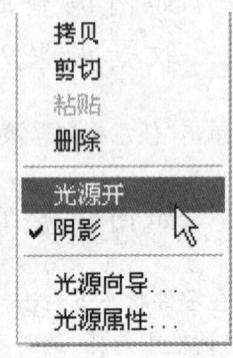

图 10-7 "反射"选项卡　　　　　图 10-8 右键菜单

235　什么是光源的衰减？它起什么作用？

衰减指光源的亮度随着距离的增加逐渐降低。这是模拟真实环境中的光源特性。对衰减值进行修改，就可以制作出逼真的光源。实体设计中可以修改聚光源和点光源的衰减属性。

236　如何渲染三维曲线？

右击设计环境背景，在快捷菜单中选择"渲染"菜单项，在出现的"设计环境属性"对话框中选择"渲染"选项卡，在"风格"选项组中选择"线框"选项，再选择"应用零件颜色"选项，如图 10-9 所示。这时，从"颜色"设计元素库中拖出颜色到曲线即可。

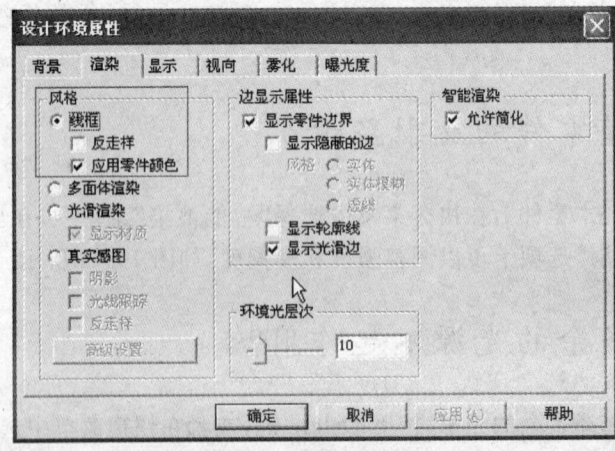

图 10-9 "渲染"选项卡

第11章 动画设计与运动仿真

237 如何精确设置关键帧的方向和位置？

因为三维球可以附着在关键帧上，所以可通过调整三维球来精确设置。

238 如何调整动画对象沿着动画路径的切矢方向运动？

在"动画路径属性"对话框中的"常规"选项卡中，选择"平面方向类"下拉列表中的"沿路径"选项即可，如图11-1所示。

239 CAXA实体设计中是否只能做匀速运动的动画？

实体设计可以做多种形式的动画，右击"动画路径"，在快捷菜单中选择"动画路径属性"菜单项，出现"动画路径属性"对话框，在"时间效果"选项卡中的"类"下拉选择列表中，提供了多种形式的动画，如图11-2所示。

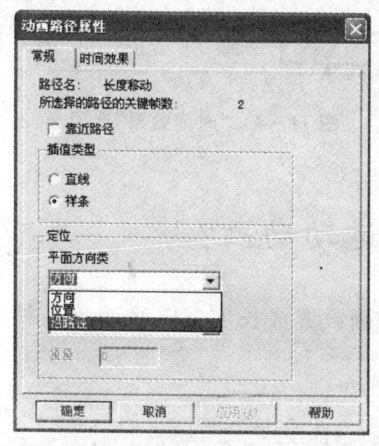

图11-1 "动画路径属性"对话框

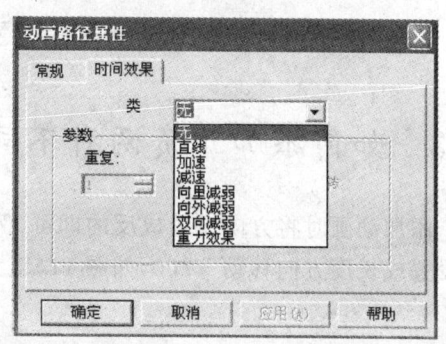

图11-2 "类"下拉列表

240 如何删除一个动画或动画片段？

右击菜单栏的空白处，在快捷菜单中选择"智能动画编辑器"菜单项，在出现的对话框中删除一个动画活动画片段即可。

241 如何转换装配动画与爆炸动画？

在"动画路径属性"对话框中的"时间效果"选项卡中选择"反转"选项，即可实现装配与爆炸动画的切换，如图11-3所示，即装配反转就是爆炸，爆炸反转就是装配，所以只须生成装配动画或爆炸动画中的一种即可。

242 如何制作往复动画？

在"动画路径属性"对话框中的"时间效果"选项卡中选择"重叠"选项即可实现往复动画，如图11-4所示。

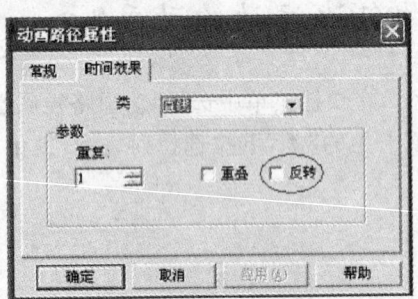
图11-3 "动画路径属性"对话框

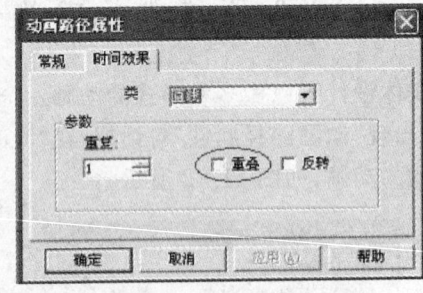
图11-4 "时间效果"选项卡

243 如何添加正负两种不同方向的运动动画？

添加动画时将方向设置成反的即可，例如第一个动画设置成长度方向移动200，第二个动画设置成长度方向移动-200，如图11-5所示。

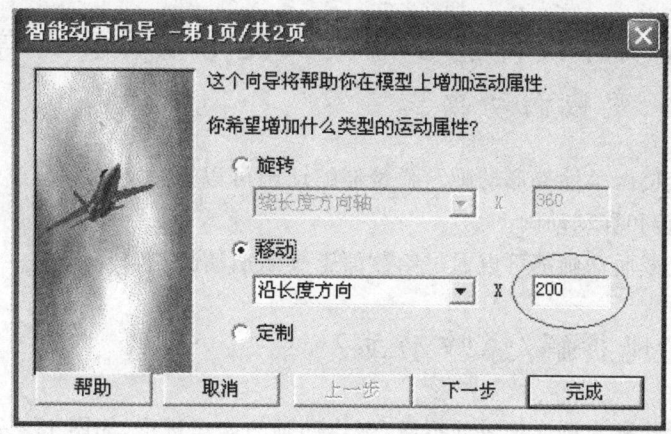

图 11-5　设置长度移动方向

244　如何将正负两种不同方向运动的动画在时间上错开？

打开动画编辑器,双击动画将其展开,在"智能动画编辑器"对话框中将第二段动画起点的时间设为第一段动画的终点时间,两段动画的时间总合为对象动画的时间即可,如图 11-6 所示。

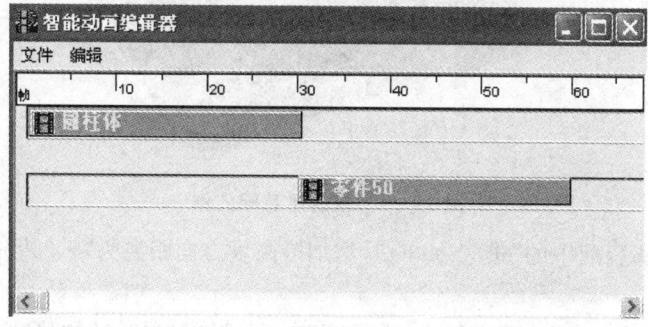

图 11-6　"智能动画编辑器"对话框

245　如何实现缩放动画？

在实体上添加一个移动或定制的动画,也就是需要有两个关键帧的动画。在其中一个关键点上右击,在"关键帧属性"|"高级"|"比例"选项中,设置缩放比例。

246 CAXA实体设计能否做柔性变形动画？如弹簧动画、飘动动画、变截面动画。

目前还不能直接做柔性变形动画。弹簧伸缩动画可以通过将弹簧分成若干段，之间添加约束，然后添加旋转和移动动画。

飘动动画和变截面动画都可以通过给截面工具添加动画来实现。

247 如何实现拆解/爆炸动画？

下面以减速器装配为例详细讲述拆解/爆炸动画的制作过程，如图 11-7 所示。

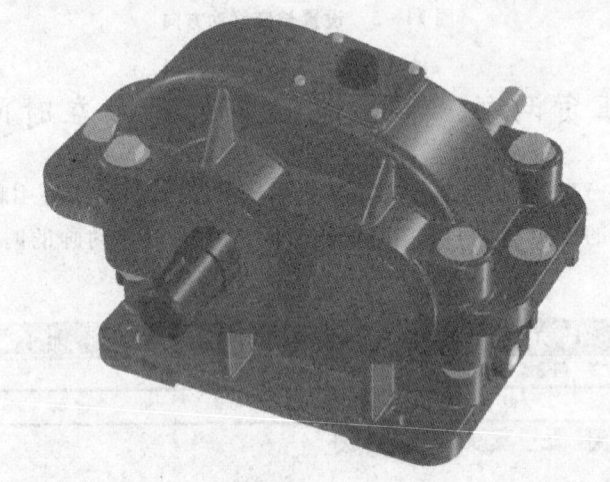

图 11-7 减速器装配实例

(1) 选择进气塞装配中的"进气塞(6)"，添加沿高度方向距离为"-200"的移动，如图 11-8 所示。

(2) 选择"视孔盖螺栓"装配，添加一个沿高度方向距离为"200"的移动，如图 11-9 所示。

(3) 给六个螺栓装配中的螺栓添加沿高度方向距离为"200"的移动，其中之一如图 11-10 所示，其余的均与此相同。

(4) 利用"智能动画"工具栏控制播放动画，如图 11-11 所示，检查是否有失误。

(5) 给视孔盖添加沿高度方向距离为"180"的移动，如图 11-12 所示。

(6) 给箱盖添加沿高度方向距离为"150"的移动，如图 11-13 所示。

(7) 给进气塞装配中的螺母添加动画，同样是沿高度方向距离为"150"的移动。在这一次添加中要注意利用三维球将轨迹移动到与箱体垂直，如图 11-14 所示。

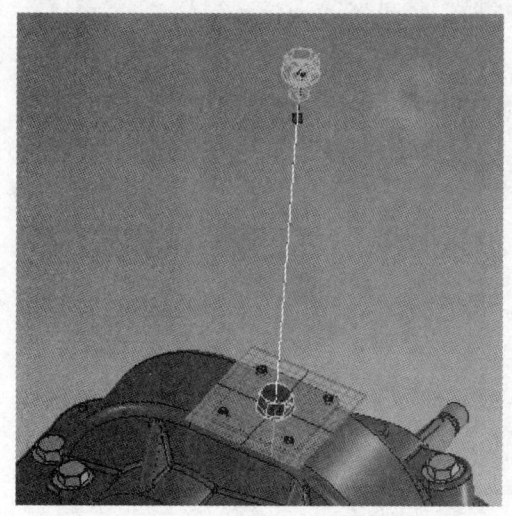

图 11-8 添加进气塞的动画

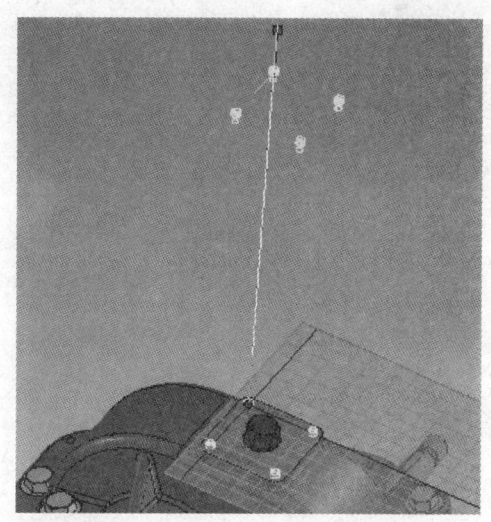

图 11-9 添加视孔盖的动画

图 11-10 添加螺栓的动画

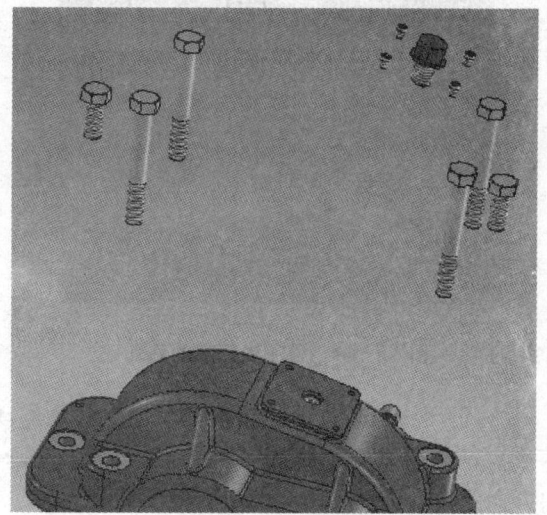

图 11-11 播放动画

（8）为了在时间上得到配合，必须在"智能动画编辑器"中修改起始时间。首先将视孔盖的起点时间设为"1"，然后将箱盖和进气塞装配中的螺母的起始时间设为"2"，修改完的"智能动画编辑器"对话框如图 11-15 所示。

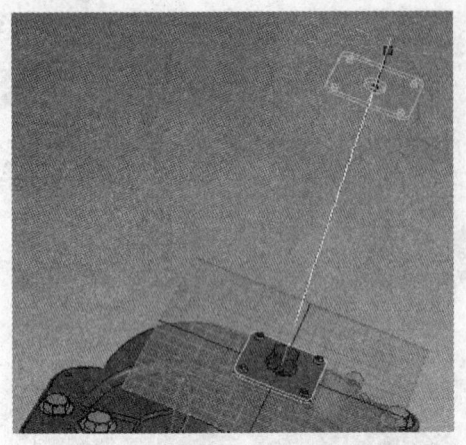 

图 11-12 添加视孔盖的移动　　　　　图 11-13 添加箱盖的移动

 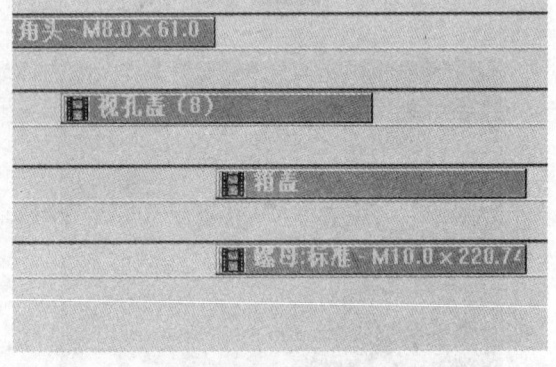

图 11-14 添加进气塞的移动　　　　　图 11-15 调整"智能动画编辑器"

（9）至此，减速器的箱盖部分向上移动的动画已经完成，播放动画如图 11-16 所示。

（10）为了便于操作，将所有已经完成动画添加的零件压缩。给圆形塑料油标添加沿高度方向距离为"50"的移动，如图 11-17 所示。

（11）给油塞添加沿高度方向距离为"50"的移动，结果如图 11-18 所示。

（12）给垫圈添加沿高度方向距离为"30"的移动，结果如图 11-19 所示。

（13）将圆形塑料油标和油塞的起始时间改为"4"，垫圈的起始时间改为"5"，修改完的"智能动画编辑器"对话框如图 11-20 所示。

（14）将输出轴压缩，给输入轴装配添加动画。它的动画向宽度方向移动距离为"80"，然后向长度方向的反方向移动"50"，将动画轨迹属性中的"插值类型"改为直线，最终动画轨迹如图 11-21 所示。

图 11-16 播放动画

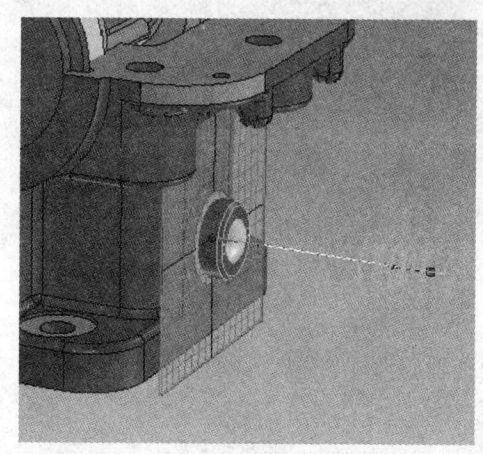

图 11-17 添加塑料油标的动画

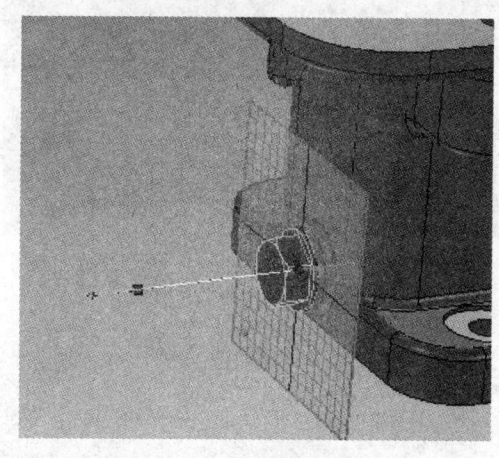

图 11-18 添加油塞的动画

(15) 将除主动轴外的所有零件压缩。给"嵌入端盖(24)"添加沿高度方向距离为"100"的移动,如图 11-22 所示。

(16) 给紧邻"嵌入端盖(24)"的"20BC-轴承"添加沿高度方向距离为"90"的移动,如图 11-23 所示。

(17) 同样给相邻的"挡油环(21)"添加沿高度方向的反向、距离为"80"的移动,如图 11-24 所示。

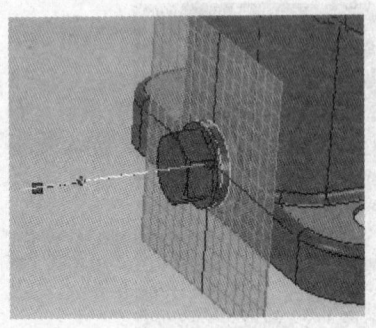
图 11-19 添加垫片的运动

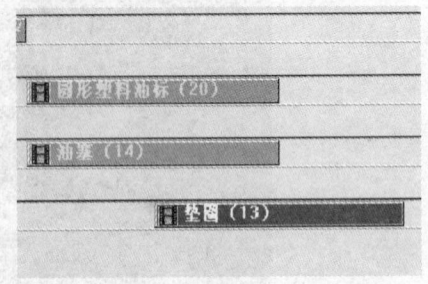
图 11-20 调整智能动画编辑器

图 11-21 添加主动轴的动画

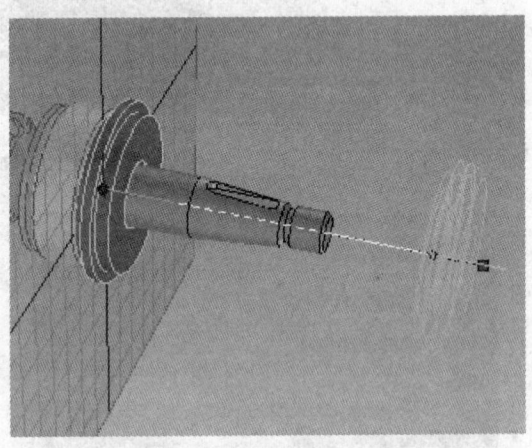
图 11-22 添加嵌入端盖的动画

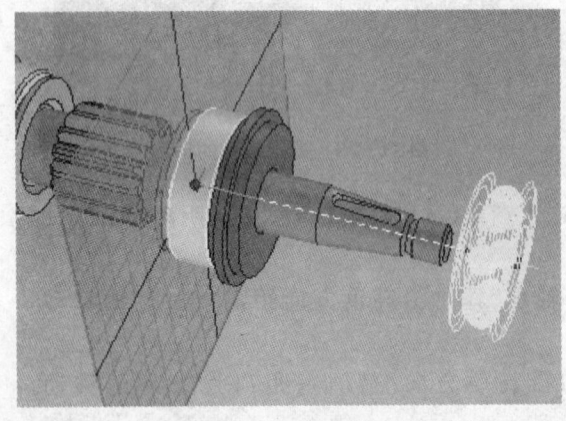
图 11-23 添加轴承的动画

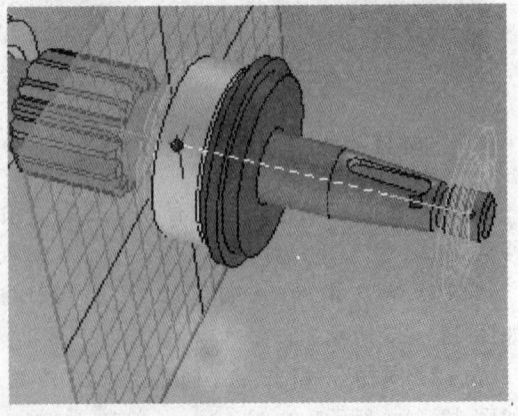
图 11-24 添加挡油环的动画

(18) 给嵌入端盖(19)添加沿高度方向距离为"60"的移动,如图 11-25 所示。

(19) 给调整环添加沿高度方向的反向距离为"50"的移动,如图 11-26 所示。

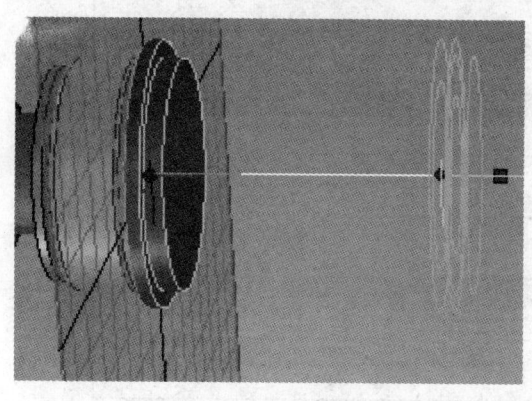
图 11-25 添加嵌入端盖的动画

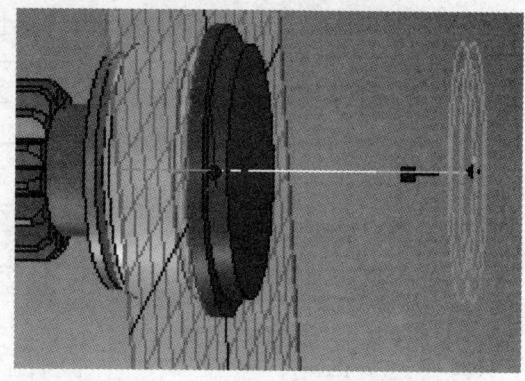
图 11-26 添加调整环的移动

(20) 给相邻的"20BC-轴承"添加沿高度方向距离为"40"的移动,如图 11-27 所示。

(21) 给相邻的"挡油环(21)"添加沿高度方向的反向距离为"30"的移动,如图 11-28 所示。

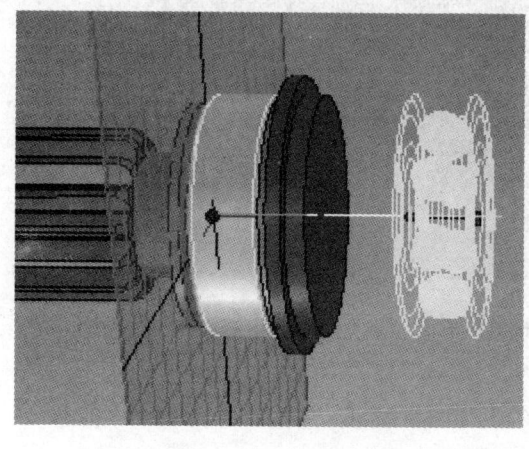
图 11-27 添加轴承的动画

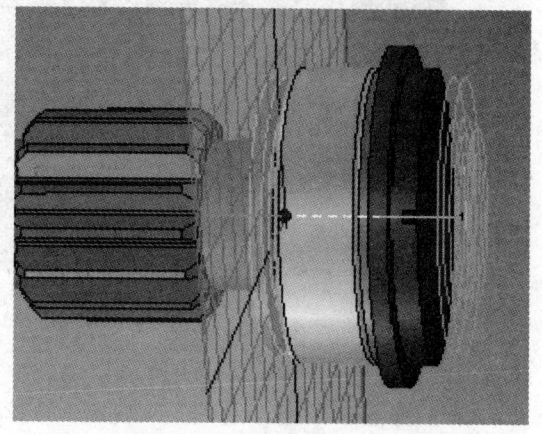
图 11-28 添加挡油环的动画

(22) 在"智能动画编辑器"对话框中调整起始时间,从"输入轴"开始依次将起始时间改为"4"、"6"、"7"、"8"、"6"、"7"、"8"、"9",如图 11-29 所示。

(23) 输入轴的动画设定全部完成。播放结果如图 11-30 所示。

(24) 将输入轴压缩,输出轴解除压缩,给输出轴装配添加动画。它的动画向宽度反向移动距离为"80",然后向长度方向的反方向移动"50",将动画轨迹属性中的"插值类型"改为"直

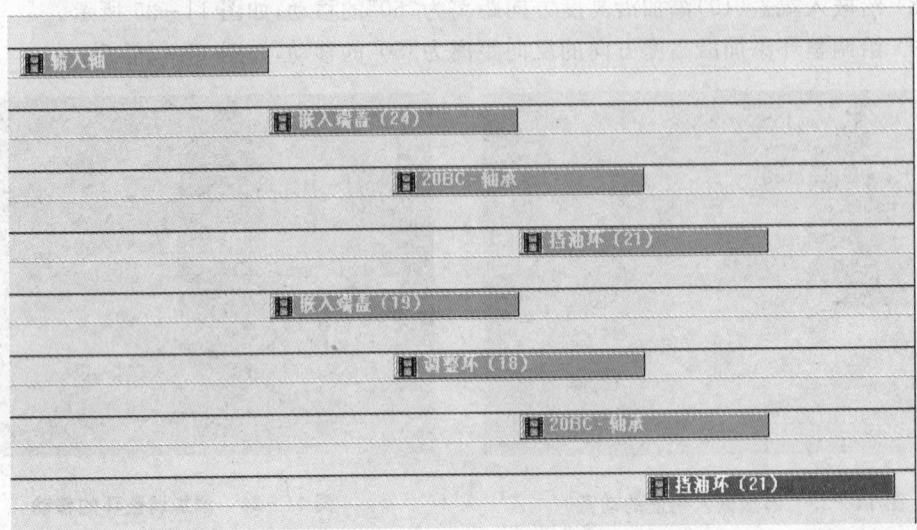

图 11-29 调整智能动画编辑器

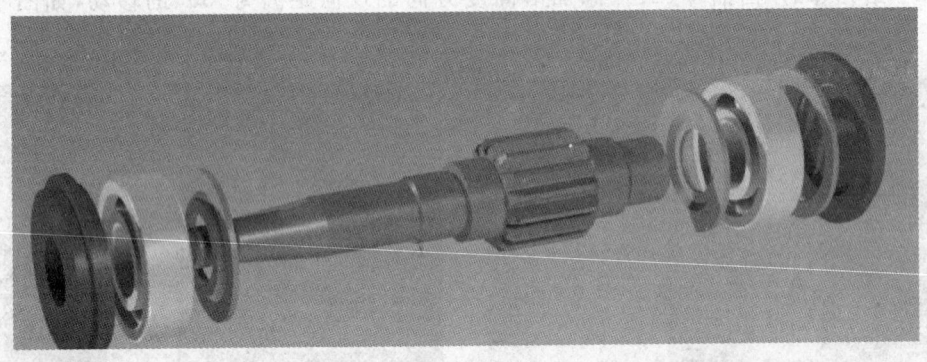

图 11-30 播放动画

线",最终动画轨迹如图 11-31 所示。

(25) 将箱体压缩。给"嵌入端盖(尼龙 66)"添加沿高度方向距离为"100"的移动,如图 11-32 所示。

(26) 给"调整环(26)"添加沿高度方向的反向距离为"90"的移动,如图 11-33 所示。

(27) 给相邻的"30BC-轴承"添加沿高度方向距离为"80"的移动,如图 11-34 所示。

(28) 给相邻的"支承环(29)"添加沿高度方向距离为"70"的移动,如图 11-35 所示。

(29) 给"齿轮(31)"添加沿高度方向的反向距离为"60"的移动,如图 11-36 所示。

图 11-31 添加输出轴的动画

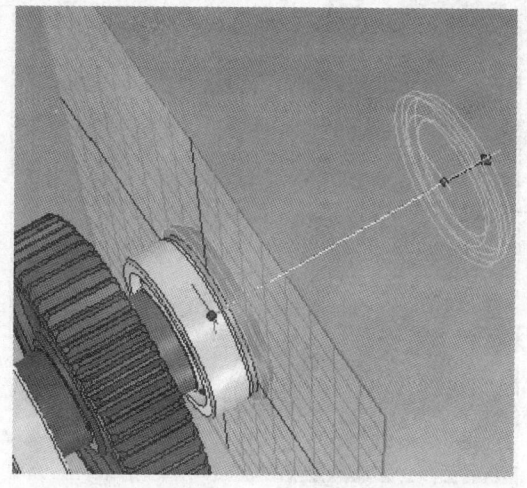

图 11-32 添加嵌入端盖的动画

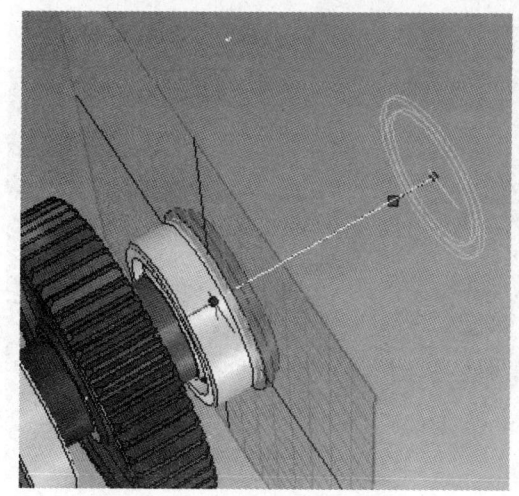

图 11-33 添加调整环的动画

图 11-34 添加轴承的动画

（30）给"嵌入端盖（16）"添加沿高度方向距离为"90"的移动，如图 11-37 所示。

（31）给相邻的"30BC-轴承"添加沿高度方向距离为"80"的移动，如图 11-38 所示。

（32）在"智能动画编辑器"对话框中调整起始时间，从"输出轴"开始依次将起始时间改为"4"、"6"、"7"、"8"、"9"、"10"、"6"、"7"，如图 11-39 所示。

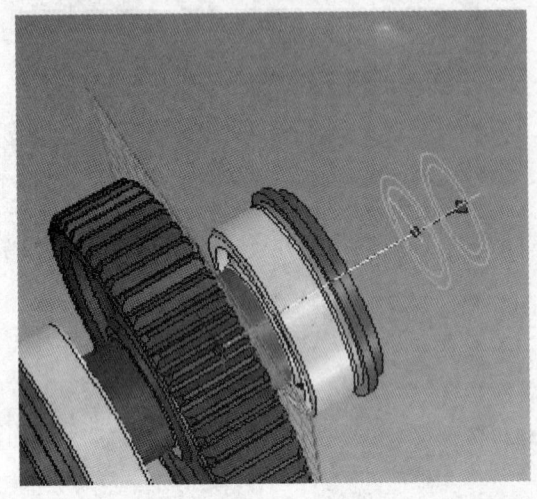

图11-35 添加支承环的动画

图11-36 添加齿轮的动画

图11-37 添加嵌入端盖的动画

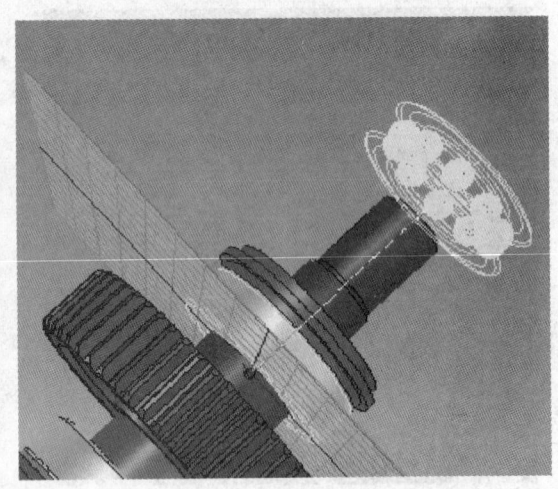

图11-38 添加轴承的动画

(33) 输出轴的动画添加完成。播放结果如图11-40所示。

(34) 减速器的爆炸动画制作完成,将所有压缩文件解压缩。播放结果如图11-41所示。

(35) 同理,也可以将刚才所作的爆炸拆解动画"反转",得到反向的爆炸拆解动画——装配动画。

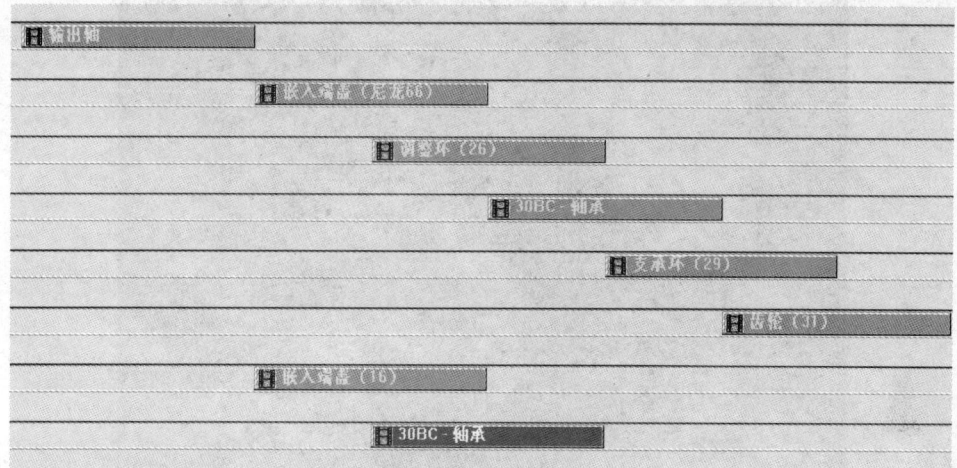

图 11-39 调整智能动画编辑器

图 11-40 播放动画

图 11-41　播放动画

248　如何创建定制轨迹动画？

利用"智能动画向导"及路径设置工具，可以自行创建和修改特定的动画路径，实现非常复杂的动画。这些工具位于"智能动画"工具条的右侧，依次为"智能动画"工具按钮 、"延长路径"工具按钮 、"插入关键点"工具按钮 、"下一个关键点"工具按钮 、"下一个路径"工具按钮 。

下面以一个简单的长方体为例，介绍这些工具的使用步骤：

(1) 创建一个新的设计环境。

(2) 从设计元素库"图素"中选择长方体，将其拖到设计窗口。

(3) 单击长方体，使其处于编辑状态（具有蓝色边线框）。

(4) 单击"智能动画"工具条上的"智能动画"工具按钮 ，在出现的"智能动画向导"对话框的第 1 页上选择运动属性"定制"，单击"下一步"按钮。

(5) 在"智能动画向导"对话框的第 2 页上的"运动持续时间"文本框中输入 5，单击"完成"

按钮。屏幕上显示带有删格的路径设计参考面,如图 11-42 所示。

(6) 这时的长方体是没有动画的,要为其定制动画路径。单击"延长路径"工具按钮。在设计参考面上,单击控制长方体移动的定位点,出现一个用蓝色边线框表示的长方体,以及一个位于参考面上的关键帧,如图 11-43 所示。

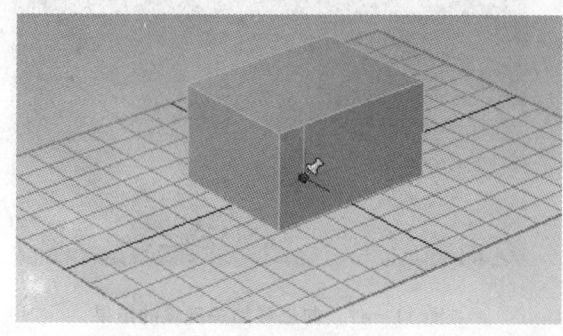

图 11-42 添加智能动画

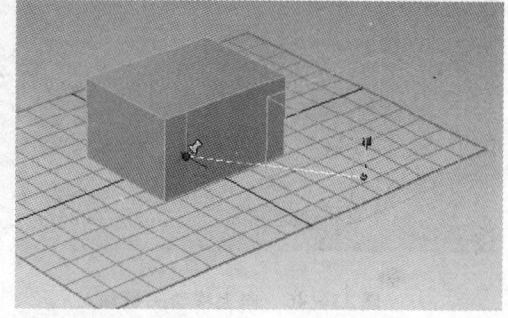

图 11-43 增加一个关键帧

(7) 依次任意单击若干个关键帧,结果如图 11-44 所示。

(8) 播放动画,就可以看见长方体沿着所设计的路线移动了。

(9) 如动画路径不符合设计要求,可以调整关键帧的位置。单击设计对象,显示白色的动画路径。单击此路径,显示设计参考面。将光标移近红色关键帧,光标变成手的形状,关键帧变成黄色,如图 11-45 所示。单击关键帧,并将其拖到正确的位置。

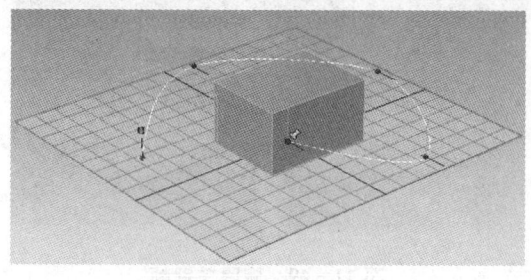

图 11-44 任意增加几个关键帧

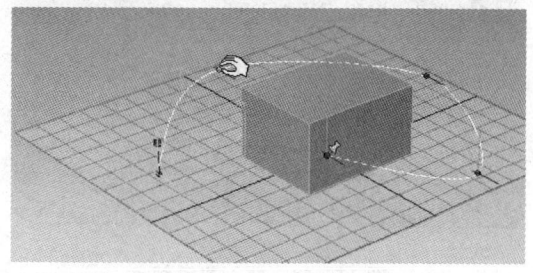

图 11-45 移动关键帧

(10) 可以将一个关键帧向上方移动。在路径设计参考面上,单击关键帧,出现一个用蓝色线框表示的长方体,中心处有一个红色方形手柄。将光标移近手柄,光标变成手形,手柄的颜色由红变黄,如图 11-46 所示。单击此手柄,以参考面为基准,向上拖到指定的位置,如图 11-47 所示。

(11) 同样,可以添加或删除关键帧。添加关键帧时,单击动画路径,显示设计参考面。在"智能动画"工具条上单击"插入关键帧"工具按钮。将光标移近红色关键帧,光标变成手形,单击插入关键帧的位置,如图 11-48 所示。

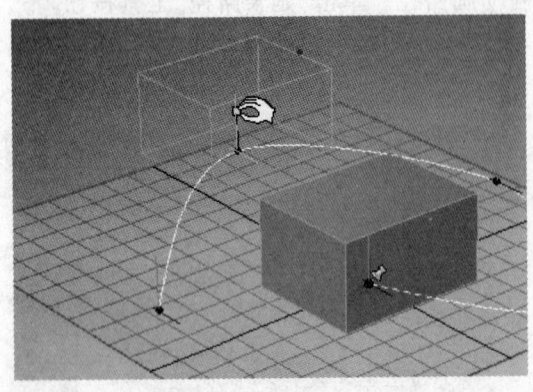

图 11-46 向上移动关键帧

图 11-47 向上移动关键帧的结果

（12）删除关键帧时,将光标移近红色关键帧,光标变成手形,关键帧变成黄色。右击需要删除的关键帧,在快捷菜单中选择"删除"菜单项,如图 11-49 所示。

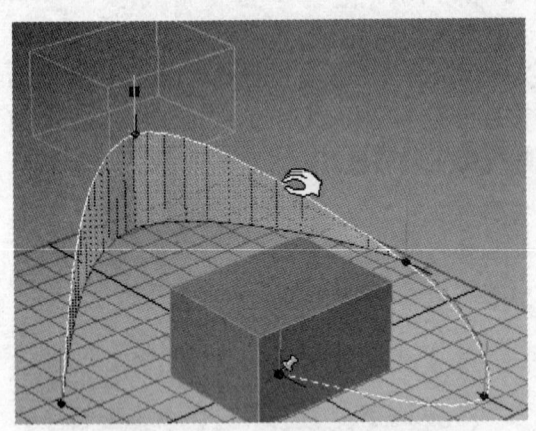

图 11-48 插入关键帧

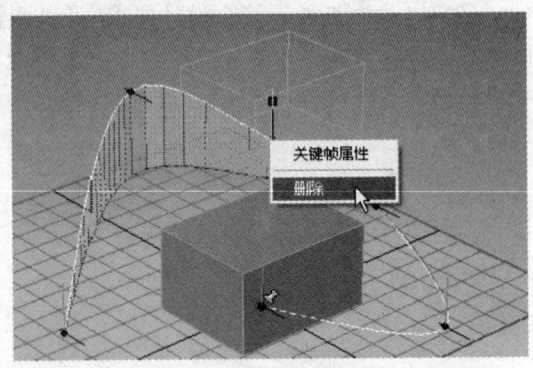

图 11-49 删除关键帧

249 如何创建自由轨迹动画?

所谓自由轨迹动画,是让运动物体以所勾画的路线运动,就像马儿在地上跑,鸟儿在天上飞,鱼儿在水中游。下面用实例详细讲述自由轨迹动画的创建。

（1）创建图 11-50 所示的盒子和盒子中的一个小球。

（2）在零件状态下选择小球,单击"智能动画"工具按钮 ,出现"智能动画"对话框,单击

图 11-50　创建盒子及其中一个小球

"下一步"按钮,将运动持续时间改为"12",单击"完成"按钮,结果如图 11-51 所示,出现了蓝色的运动参考平面。

(3) 这个动画的设计是让小球在四周撞击并最终由唯一的出口出去。为了便于观察,利用"视向"工具将视图调整到如图 11-52 所示的位置。

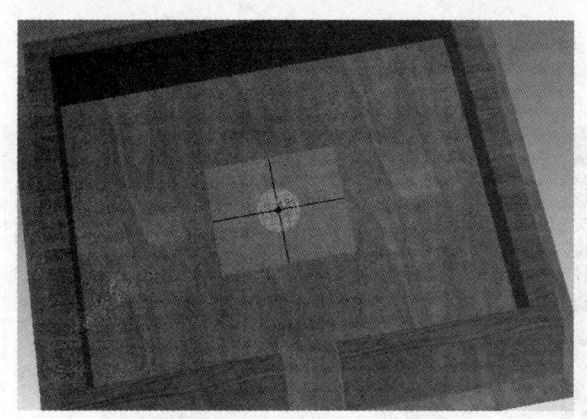

图 11-51　添加自定义动画

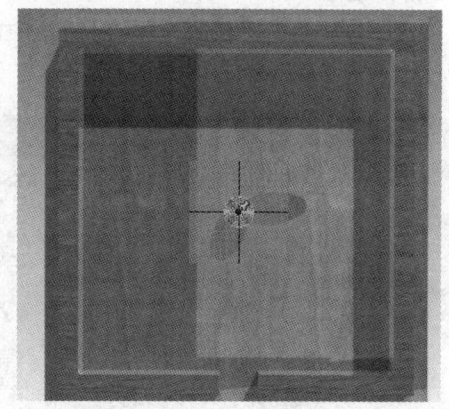

图 11-52　调整视图

(4) 下面为小球添加运动。首先单击"延长路径"工具按钮 ,然后在小球有可能撞击的地方单击,添加下一个关键帧,结果如图 11-53 所示。

注　意　在这个动画中对位置的要求不是很严格,只要基本符合小球的运动规律即可。

(5) 可以根据自己的设计让小球在四周撞击,添加多个关键帧,结果如图 11-54 所示。

(6) 关闭延长路径的工具,播放动画,可以看到小球的运动是沿弧线的,并不符合所理解的运动轨迹。

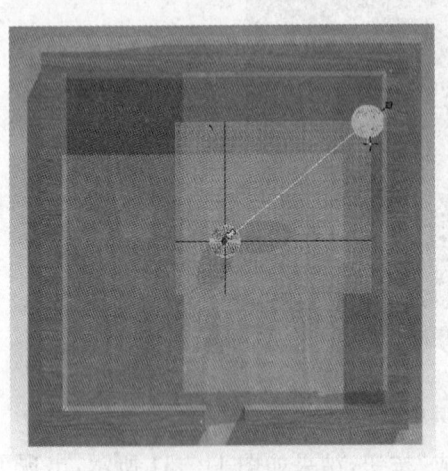

图 11-53 添加关键帧

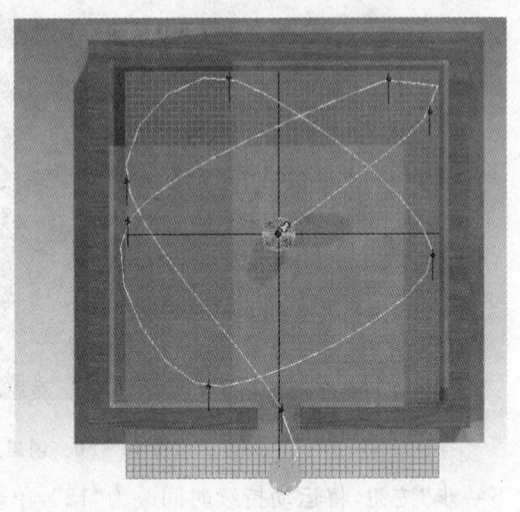

图 11-54 添加多个关键帧

(7) 单击白色路径线,路径线变为黄色,在上面右击,在快捷菜单中选择"动画路径属性"菜单项,如图 11-55 所示。

(8) 在"动画路径属性质"对话框中的"插值类型"选项组中选择"直线"选项,如图 11-56 所示,然后单击"确定"按钮。

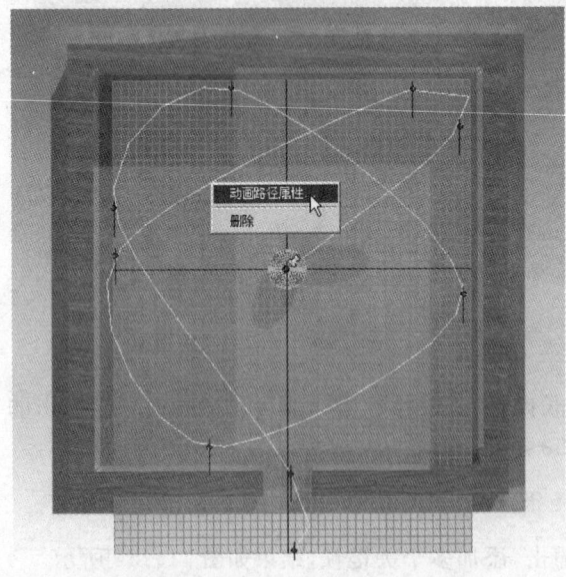

图 11-55 选择"动画路径属性"菜单项

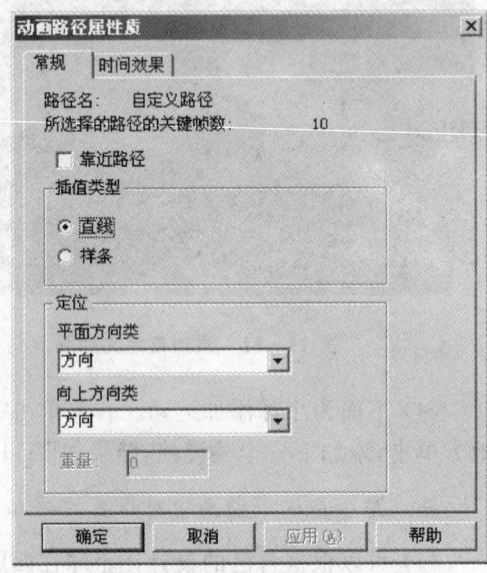

图 11-56 更改插值类型

(9) 经过修改的路径如图 11-57 所示,可以看见小球的运动轨迹沿直线行动,并与四周撞击最后出走。

(10) 观看小球的运动。单击"打开"工具按钮 ,进入动画播放状态。单击"播放"工具按钮 ,小球开始按照所设定的轨迹开始运动,如图 11-58 所示。

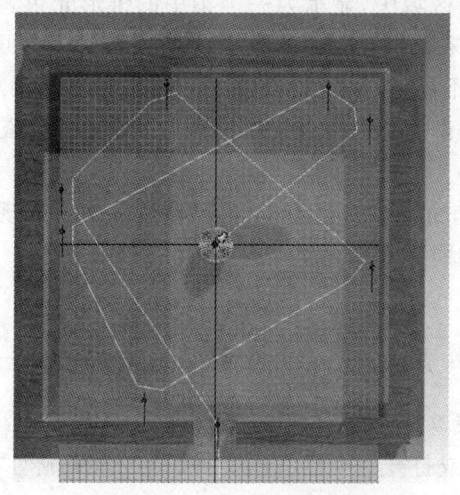

图 11-57 修改后的路径

图 11-58 播放效果

250 什么是光源?

光束是二维和三维世界之间最重要的差别之一。在表现三维世界时,光的主题是不可避免的。任何一个观看过日落景象的人,都会意识到光对场景外观所产生的影响。当旋转三维物体和/或移动它的光源时,光照方面的问题就会进一步突显出来。

作为一个传统机械加工零件的工程师或金属预制件的厂商,是不操心光照问题的。他们优先考虑的问题是精确的尺寸限定和抽象的表面粗糙度。不过,当需要偏重于审美,尤其是到了今天,形象、生动地表达和沟通成为人们普遍关注的重点,产品和零件的表面需要逼真地表现出来时,光影就变得尤为重要。举例来说,几乎所有用于展示的建筑效果图和产品广告都使用光影。

在具体应用 CAXA 实体设计时,会考虑是否使用光影技巧。考虑在设计环境光照时,应该遵守人们从经验中总结出来的这些规则:如果要在零件表面上安排颜色或其他修饰,应该考虑光照的问题,毕竟颜色是光的反射和吸收的结果;如果设计不需要颜色和其他的表面装饰,就不需要操心光照的问题。

在 CAXA 实体设计中共有三种光源来修改三维设计环境的外观和情调:

（1）平行光。使用这类光在单一的方向上进行光线的投射和平行照明。平行光可以照亮它在设计环境中所对准的所有组件。尽管平行光在设计环境中同对象的距离是固定的,你还是可以拖动它在设计环境中的图标,来改变它的位置和角度。平行光存在于所有预定义的 CAXA 实体设计的设计环境模板中。

（2）聚光源。聚光源在设计环境或零件的特定区域中,显示为一个集中的锥形光束。就像在剧场中一样,CAXA 实体设计的聚光源可以用来制作戏剧性的效果。在一个设计中可以用它来表现实际的光源,如汽车的大灯。与平行光不同,可以拖动或使用三维球工具移动/旋转聚光源,可以自由改变它们的位置,而没有任何约束。也可以选择将聚光源固定在一个图素或零件上。

（3）点光源。点光源是球状光线,均匀地向所有方向发光。例如,可以使用点光源表现办公室平面图中的光源。它们的定位方法与聚光源相同。

251 如何添加光源？

CAXA 实体设计的插入光源向导可以引导完成整个光源添加的过程。这个过程如下:

（1）在 CAXA 实体设计中新建一个设计环境,或打开一个已有的文件。单击"生成"|"光源"菜单项,可以看到光标已经发生了变化,在光标右下角有一个灯的符号。

（2）此时,在设计环境中单击需要添加光源的点,确定新光源的位置。当然,也可以在后面利用三维球工具将光源任意移动。单击后弹出"插入光源"对话框,如图 11-59 所示。

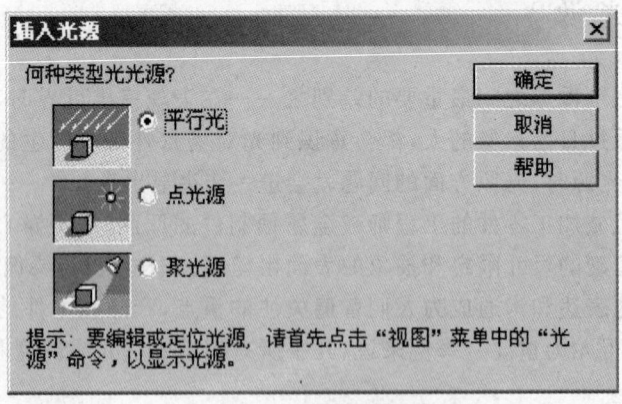

图 11-59 "插入光源"对话框

（3）在"插入光源"对话框中可以选择需要的光源种类。选择"聚光源",然后单击"确定"按钮。此时,系统出现如图 11-60 所示的对话框,询问是否需要在设计环境中显示光源,单击"是"按钮。

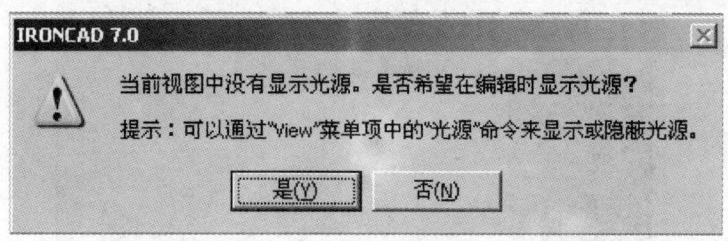

图 11-60　提示显示光源对话框

（4）此时可以看到如图 11-61 所示的"光源向导-第 1 页"对话框，在这里可以选择光源的亮度和颜色。使用滑尺可以设置光源的相对亮度，或在亮度文本框中输入一个数值。可以输入大于 1 的数值，来创建一个特别明亮的光源。在下面可以编辑光源的颜色，单击"选择颜色"按钮，在出现的对话框中，双击所需要的颜色即可。

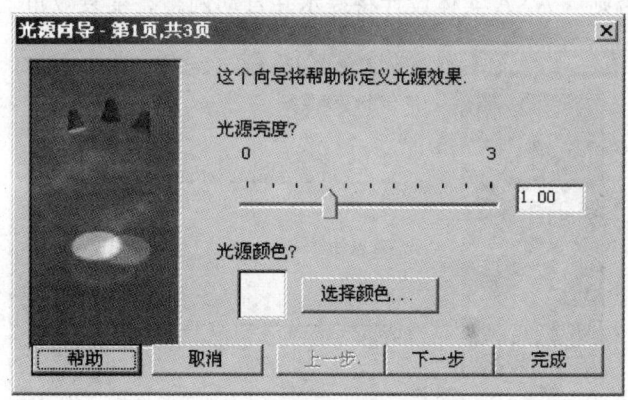

图 11-61　"光源向导-第 1 页"对话框

（5）单击"下一步"按钮，进入如图 11-62 所示的"光源向导-第 2 页"对话框，在这里选择"是"或"否"单选项来指定光源是否产生阴影。在大部分设计环境中，只有几种光源产生阴影，而这些光源的位置应该仔细地安排，以取得赏心悦目的效果。过多的阴影非但不会加强设计环境，反而会使你无法在工作时集中注意力。

（6）如果插入的是"平行光"或"点光源"，则可直接单击"完成"按钮。而此时单击"下一步"按钮，打开如图 11-63 所示的"光源向导-第 3 页"对话框，设置"聚光源光束角度"。在 CAXA 实体设计中显示的聚光源是两个相互对齐的光锥，一个是内侧的光锥，其亮度大小是不变的；另一个是在外侧的，是一个亮度不断降低的光锥。使用上部的滑尺选择内侧光锥的大小。数值越大，设计环境中的光线角度也就越宽。使用下部的滑尺，指定两个光锥的外侧边缘之间的角度，以决定外侧光线不断降低亮度的情况。从内侧光锥的边缘开始，光线的亮度均匀降低，最后在外侧光锥的边缘达到强度 0。内侧光锥和两个亮度衰减角（光锥每侧一个）的总

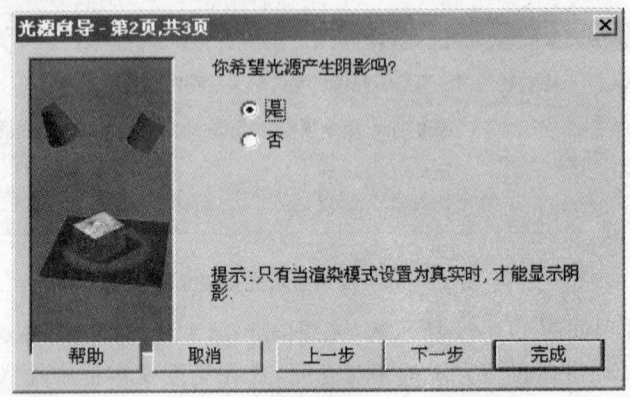

图 11-62 "光源向导-第 2 页"对话框

和,不能超过 160°;否则,CAXA 实体设计将提示并自动调整亮度衰减角。

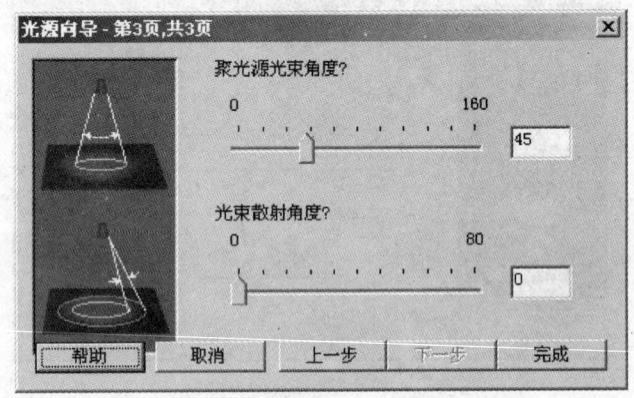

图 11-63 "光源向导-第 3 页"对话框

(7) 单击"完成"按钮,在设计环境中插入聚光源。设计环境中的 5 个默认的平行光和新添加的一个聚光源同时出现。结果如图 11-64 所示。

(8) 在设计环境中,平行光呈现圆柱形,聚光源呈现透明的锥体,而点光源则呈现球体。选择一个光源,将出现一条线或一个锥体,它表明这个光源在设计环境中的走向。如果设计环境中显示了光源,但却无法看到,可以使用调整设计环境工具或移动视向工具,将视点向后移动。如果光源被挡在零件的另一侧,可以使用动态旋转工具,直到光源出现在视野中。

(9) 当所有光源都处于视野中时,可以采用下面的方法,修改它们及其对设计环境的影响:

- 移动光源,并改变它的方向;
- 修改颜色和光源的强度;

第11章 动画设计与运动仿真

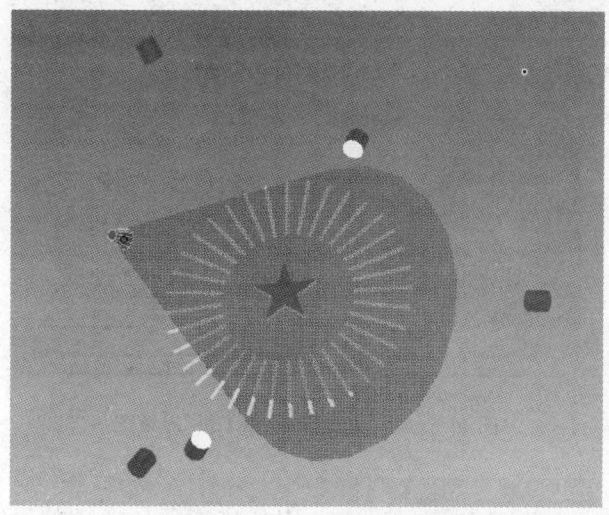

图 11-64 完成插入光源

- 调整当前向零件提供照明的光源的数目；
- 添加或修改光源投射的阴影；
- 修改衰减值，即光照的亮度随距离而降低的方式；
- 指定高级聚光源设置，如滤色片和光锥角。

252 如何制作光源动画？

光和影的动画是非常有趣且充满了表达力。这里先做一个在产品展示中非常简单的光的应用——让光逐渐地亮起来从而突出产品。制作过程如下：

（1）制作图 11-65 所示的泵体。

（2）单击"生成"|"光源"选项，在设计环境中任意位置单击，弹出"插入光源"对话框。

（3）选择"聚光源"后单击"完成"按钮，在系统询问是否显示光源中选择"是"。此时，弹出"光源向导-第 1 页"对话框。为了让效果更加明显，将光源亮度调整为"3"，颜色不做修改。结果如图 11-66 所示。

（4）单击"下一步"按钮，进入"光源向导-第 2 页"对话框，选择"否"单选项，即不添加阴影，具体如图 11-67 所示。

图 11-65 泵 体

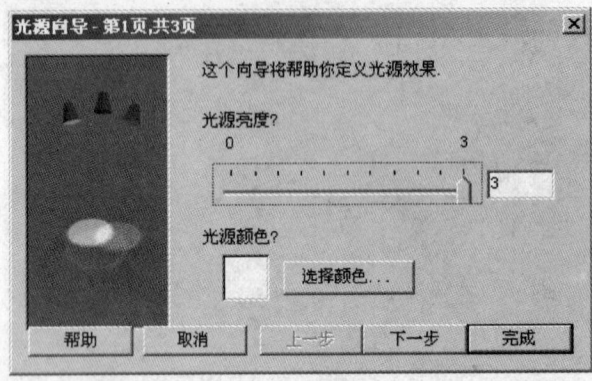

图 11-66 "光源向导-第 1 页"对话框

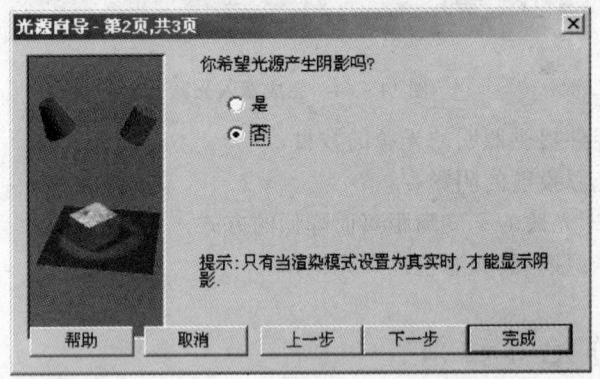

图 11-67 "光源向导-第 2 页"对话框

（5）单击"下一步"按钮，进入"光源向导-第 3 页"对话框，在"聚光源光束角度"文本框中输入"30"，在"光束散射角度"文本框中输入"5"，具体如图 11-68 所示。

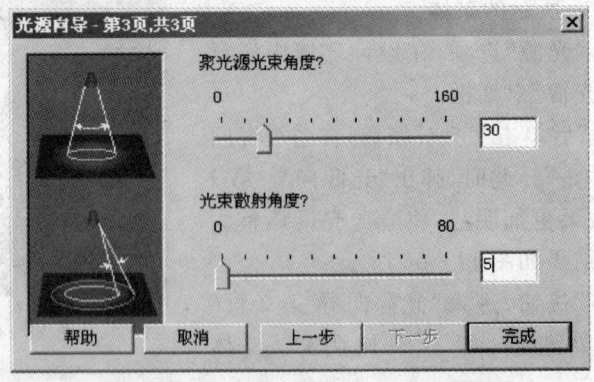

图 11-68 "光源向导-第 3 页"对话框

第 11 章 动画设计与运动仿真

(6) 单击"完成"按钮如图 11-69 所示。可以看到,在设计环境中新增加了一个聚光源,将零件的部分照亮。如果所添加的光源与图中所示位置不同,只要在以下的步骤调整到正确位置即可。

(7) 打开"三维球"工具,右击与光束同轴的短的定位手柄后选择"与面垂直"菜单项,然后选择内腔正面,再利用外侧长手柄将它向外拖动,结果如图 11-70 所示。

(8) 右击中心手柄,在快捷菜单中选择"到点"菜单项,然后选择如图 11-71 所示的内腔中点。

(9) 由于所做的动画是零件逐渐变亮的过程,所以在起始位置是没有一点灯光的,移动完成后的聚光灯位置如图 11-72 所示。

图 11-69　插入光源

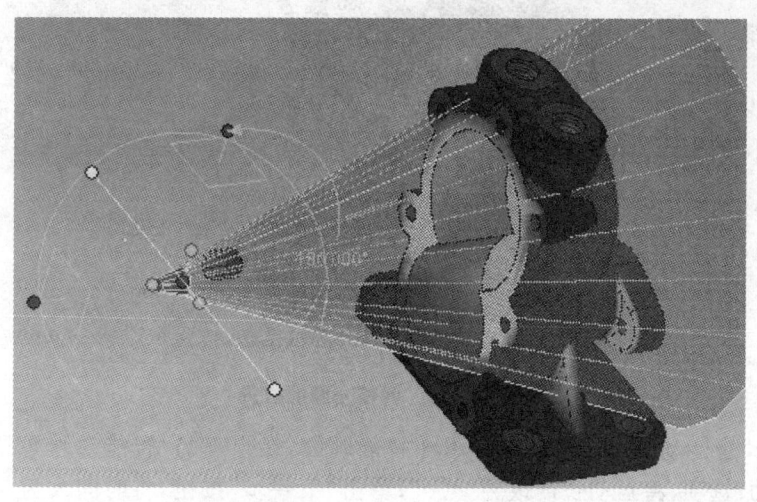

图 11-70　移动光源

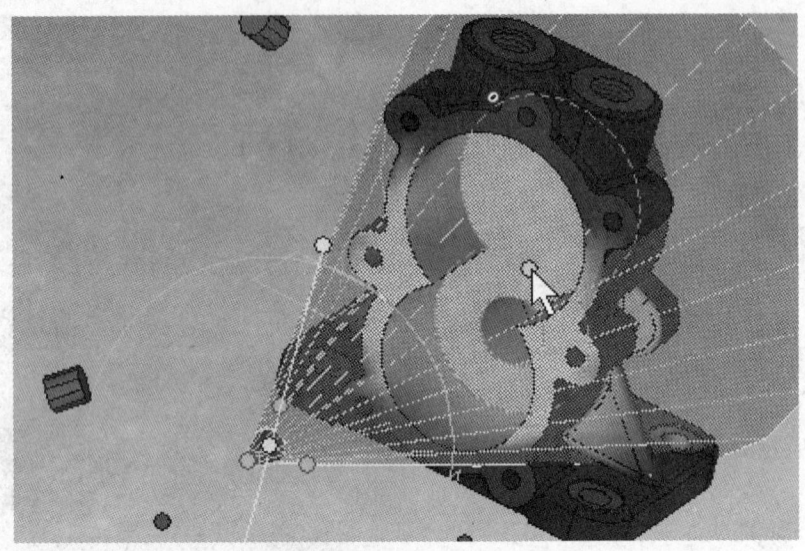

图 11-71 移动光源

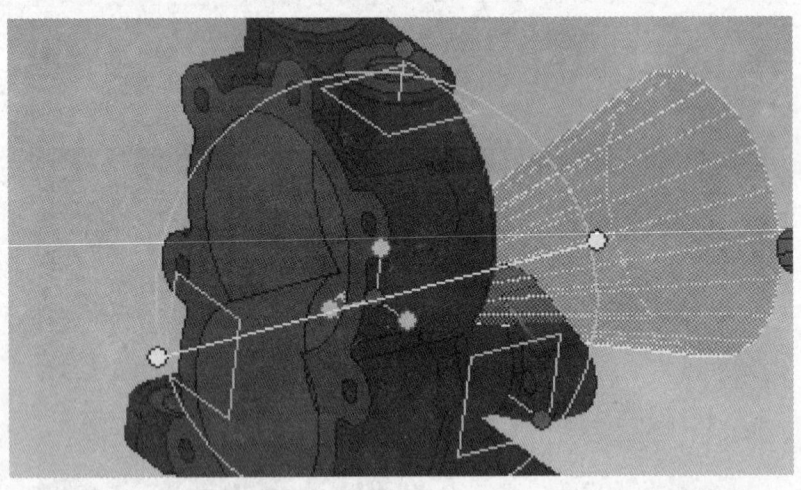

图 11-72 调整光源的位置

（10）单击"智能动画"工具按钮 添加智能动画，在出现的"智能动画向导"对话框中选择"高度向移动"选项，将运动长度改为"400"；单击"下一步"按钮，将时间改为"10"秒后，单击"完成"按钮。结果如图 11-73 所示。

（11）单击"打开"工具按钮 ，播放动画的最后一个画面如图 11-74 所示。

（12）将所有的光源隐藏，调整视图，此时的产品展示动画就完成了。播放动画过程如图 11-75 所示。

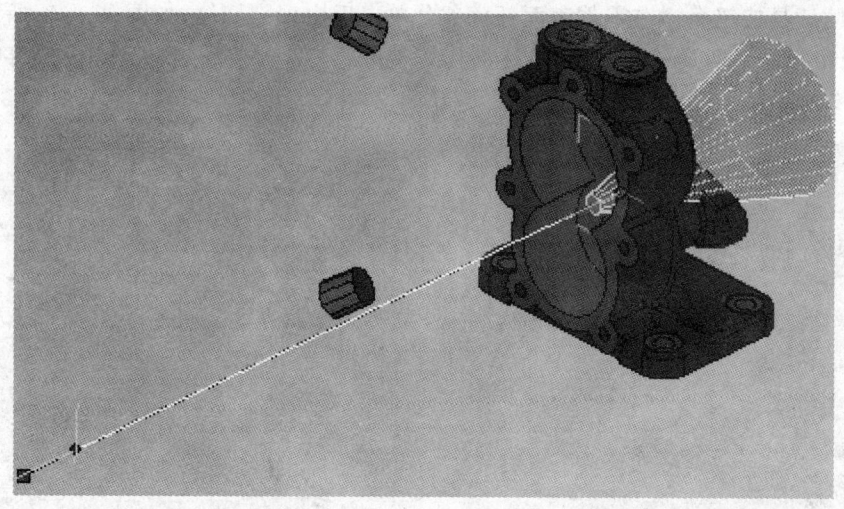

图 11-73 添加光源的动画

图 11-74 播放动画

图 11-75 播放动画

253 如何制作减速器装配的剖切动画？

下面以减速器为实例详细讲解剖切动画的制作方法。

(1) 选择"剖切部分"后单击"截面"工具按钮 ，将"剖面工具"设为 BLOCK 后单击"定义截面工具"工具按钮 ⊗ ,在零件表面任意部分单击后出现剖切体,如图 11-76 所示。

(2) 利用智能手柄及三维球工具,让剖切体恰好将"剖切部分"装配体的一半剖切。结果如图 11-77 所示。

图 11-76 添加剖切工具   图 11-77 调整剖切长方体

(3) 单击"完成"按钮,如图 11-78 所示,右击截面工具,在快捷菜单中选择"隐藏"菜单项,将剖面工具的阴影部分隐藏。

(4) 在剖切工具中,属于"剖切部分"的零件都被整齐地隐藏了,如图 11-79 所示。

图 11-78 隐藏剖切长方体   图 11-79 隐藏剖切长方体的结果

（5）为了让剖切部分逐渐消失，需要将剖切工具沿高度方向移动"233"，利用三维球就可以完成。结果如图 11-80 所示。

（6）添加剖切部分的动画，与给零件添加动画的过程是一样的。首先单击"智能动画"工具按钮 🔲 添加智能动画，设定为沿高度方向反向距离为"-233"的移动。单击"下一步"按钮，将时间改为"10"秒后单击"完成"按钮。结果如图 11-81 所示。

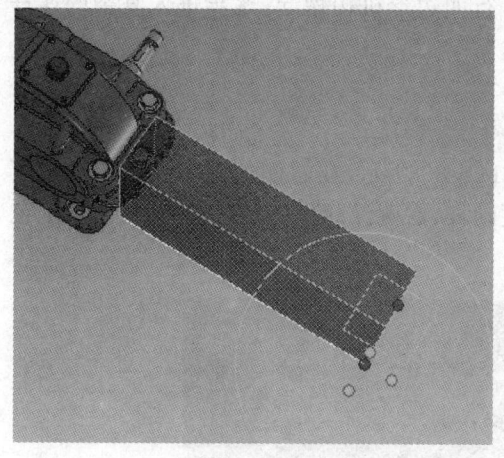
图 11-80 调整剖切长方体的位置

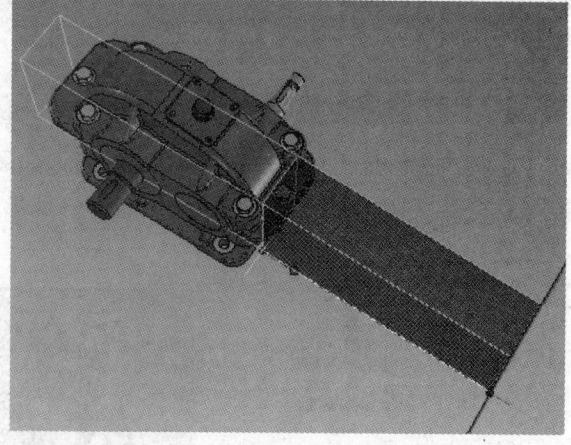
图 11-81 添加剖切长方体的移动动画

（7）将剖切工具隐藏后，使用"智能动画"工具栏控制动画播放，可以观察到剖切部分逐渐消失，在过程中截取，如图 11-82 所示。

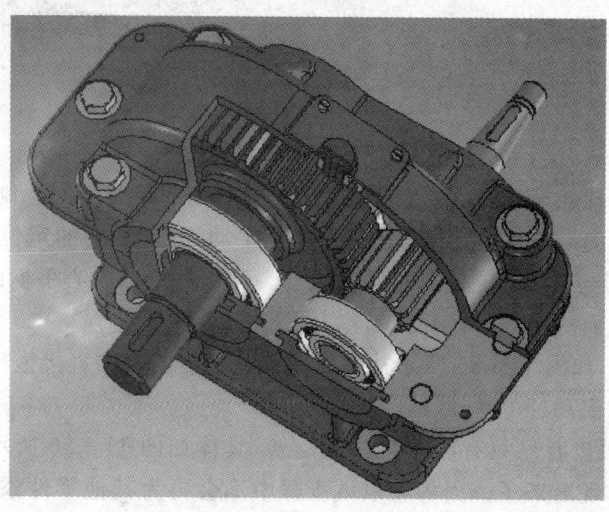
图 11-82 播放动画

254 如何制作连杆机构动画？

杆系机构是工业生产中常见的机构，能实现多种运动形式的变换，承载能力较高，可用于远距离的传动，一般制造较容易，成本较低。在CAXA实体设计中可以选用约束动画的添加轻松地模仿连杆机构的动画。下面先从最简单的平行四边形机构做起，逐步进入复杂的连杆机构。

1．平行四边形机构

平行四边形机构对应边长度相等且平行，如图11-83所示，在右侧的图中可以看到最下方黑色杆是支架，不参与运动，而左侧浅绿色杆是主动杆，右侧深绿色杆是从动杆，最上方红色杆是连杆。

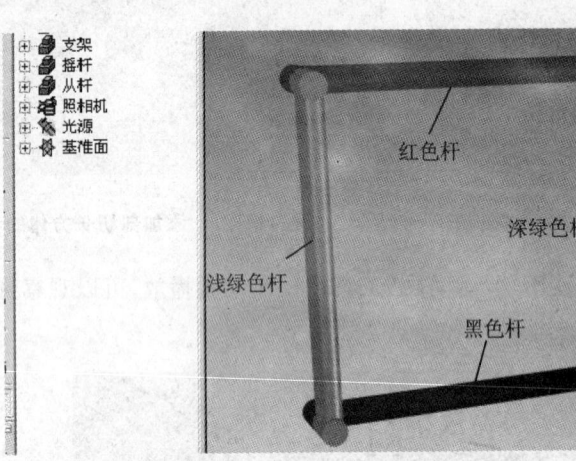

图11-83 平行四边形机构

平行四边形结构比较特殊，所以它的动画添加与后面的略有不同。制作方法如下：

（1）确定主动杆的定位锚，在零件状态下选择主动杆，发现它的定位锚在杆体中间，与所要求的位置不符，单击选择"定位锚"，打开三维球。利用三维球中心手柄的"到中心点"将定位锚移动到主动杆下底面的中心处，最终位置如图11-84所示。

（2）关闭三维球，如图11-85所示从右侧的动画智能图素中直接拖出一个"长度向旋转"智能图素到浅绿色的主动杆上。

（3）播放动画，可以看见只有浅绿色杆做旋转，具体如图11-86所示。而所谓约束动画的含义在下面就要体现出来了。因为在以下步骤中不会再为其他零件添加动画，只是通过约束来让它们动起来。

第11章 动画设计与运动仿真

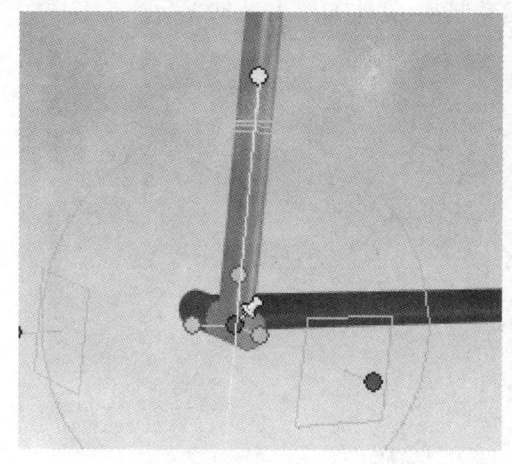

图 11-84 移动定位锚

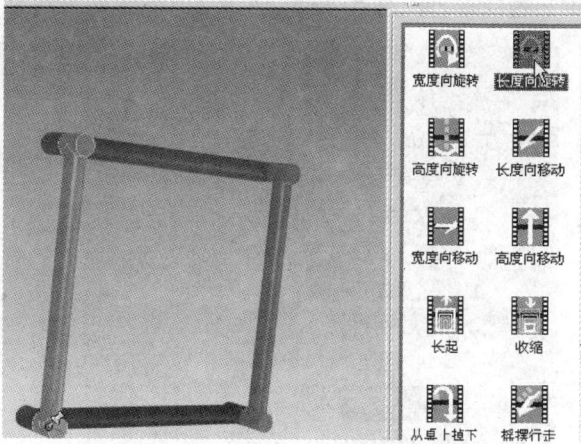

图 11-85 拖入智能图素

（4）添加第一个约束，将红色的连杆约束到浅绿色主动杆上。在零件状态下选择红色连杆，单击"约束装配"按钮后在与浅绿色主动杆同轴的一端单击，如图 11-87 所示。

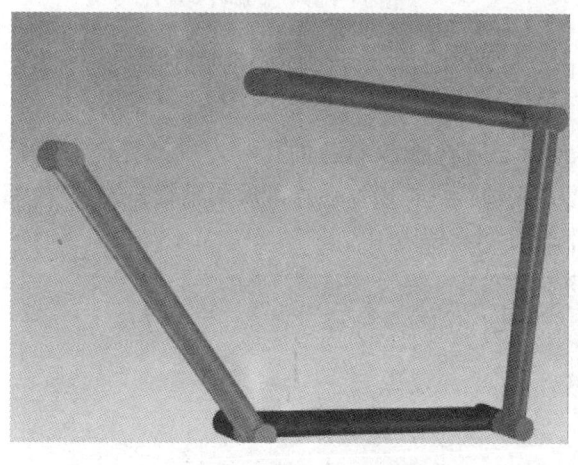

图 11-86 播放动画

图 11-87 添加第一个约束

（5）在设计环境任意处右击，在如图 11-88 所示的约束类型的快捷菜单中选择"共轴"菜单项。

（6）如图 11-89 所示在浅绿色主动杆上对应位置处单击，就完成了将连杆到主动杆上的约束。

（7）在添加约束的时候一定要注意将哪个零件约束到哪个零件上的问题，否则会发生意想不到的错误。在这里先播放一下当前的动画，可以看到红色连杆虽然没有添加动画，但是由于它与浅绿色主动杆之间约束的存在,因此也随着运动起来,具体如图 11-90 所示。

图 11-88　选择约束类型

图 11-89　添加约束装配

（8）添加深绿色从动杆的动画。深绿色的从动杆有两个端点,只要分别限制它两个端点的运动即可。

（9）限制与红色连杆同轴的一端。在零件状态下选择深绿色的长杆,然后单击"约束装配"工具按钮,选择约束端后将约束类型修改为"共轴",再单击红色连杆的同轴端。关闭"约束装配"后播放动画,深绿色杆也一起运动,具体如图 11-91 所示。

图 11-90　播放动画

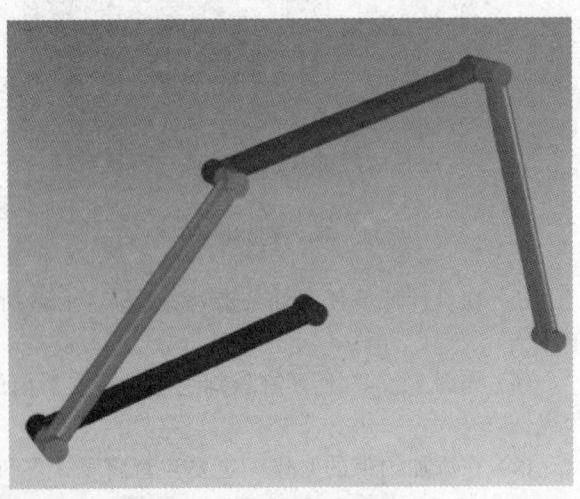

图 11-91　将第三个杆添加

（10）现在深绿色从动杆只约束了一端，它的运动还不能唯一确定。下面把它的另一端约束到黑色支架上。在零件状态下选择深绿色从动杆，单击"约束装配"按钮后单击它尚未约束的一端，将约束条件修改为"共轴"后单击支架上同轴的一端，最终从动杆的约束条件如图 11-92 所示，在杆件两端各有一个共轴的约束。

（11）此时播放动画，可以看到一个完整的平行四边形机构的动画，具体如图 11-93 所示。

图 11-92 添加深绿色杆的约束

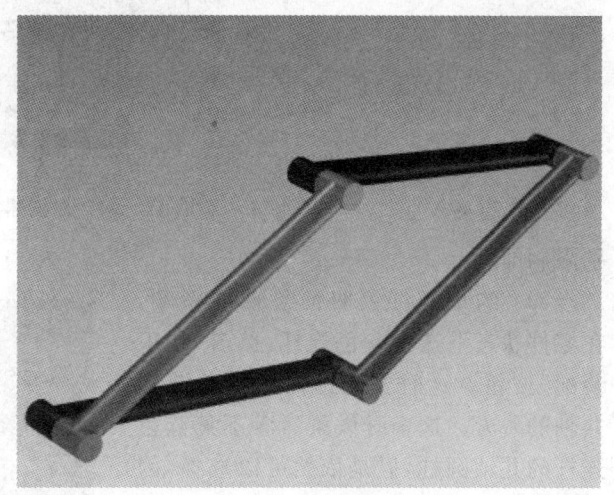
图 11-93 播放动画

由于平行四边形的机构比较特殊，所以只用几个共轴的约定就可以完成它的运动约束了。在以后的四连杆机构中将不会如此容易。由于这里做的是原理动画，所以对装配干涉没有考虑，下面的动画也是如此。

2．曲柄摇杆机构

在图 11-94 所示的曲柄摇杆机构中可以看见有四个零件，它们分别是下方支架对应黑色杆，左侧曲柄对应红色杆，右侧摇杆对应绿色杆，上方连杆对应蓝色杆。

在这一实例中要添加的是四连杆中最常见的曲柄摇杆机构。在这个机构中，最短杆与最长杆长度之和小于其余两杆长度之和，最短杆也就是红色曲柄。曲柄匀速回转，摇杆即绿色杆非匀速摆动（可获得急回性质）。

（1）给红色曲柄添加一个宽度向旋转运动。在零件状态下选择红色曲柄，然后从右侧动画智能图素中拖出一个"宽度向旋转"智能图素到红色曲柄上。

（2）在这个动画中只有红色曲柄需要添加运动，其他的运动都是由下面所添加的约束来完成的，所以在这里先给蓝色连杆添加约束。它有两个端点，只要将这两个端点的运动轨迹分

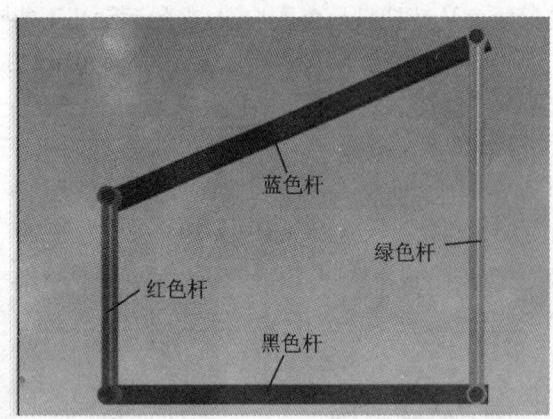

图 11-94 曲柄摇杆机构

别限制即可。

（3）约束与红色曲柄共轴的一端。在零件状态下选择蓝色连杆，单击"约束装配"按钮。这时要先选择与红色曲柄共轴的一方。这个时候虽然看不见蓝色连杆的共轴圆柱，但是依然可以选择，因为在当前状态下只有蓝色连杆处于激活状态。然后右击，在快捷菜单中选择"共轴"，再在红色曲柄的圆柱外表面单击。播放动画如图 11-95 所示，蓝色连杆已经与红色曲柄共同运动了。

（4）给蓝色连杆的另一端添加约束。这一端的约束添加是重点也是难点，如果出现问题会带来想不到的麻烦。先分析一下这一端的运动轨迹。它与支架上与绿色摇杆配合的端点有一个不变的距离，所以有必要为它添加一个距离的约束。在零件状态下选择蓝色连杆，单击"线性标注"工具

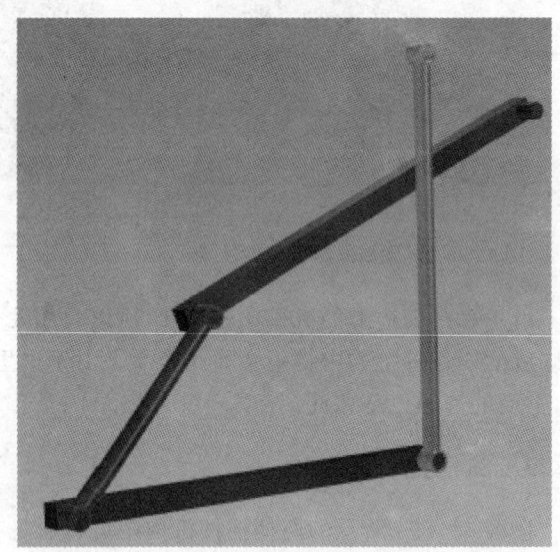

图 11-95 播放动画

按钮，在蓝色连杆与绿色摇杆相配合的一端单击圆面中心，再将光标移动到绿色摇杆与黑色支架配合的一端表面的中心处，如图 11-96 所示的设计环境中显示出一个尺寸标注，单击完成这个尺寸标注。

（5）在设计环境中出现的尺寸标注仅仅是一个标注，对它的运动没有任何影响，所以要先将它锁定。尺寸约束在设计环境中是蓝色的，如图 11-97 所示。在所显示的数字上右击，在

快捷菜单中选择"锁定"菜单项,在尺寸的后面出现了一个小五角星的符号,表示这个尺寸已经添加了约束。

图 11-96 添加约束

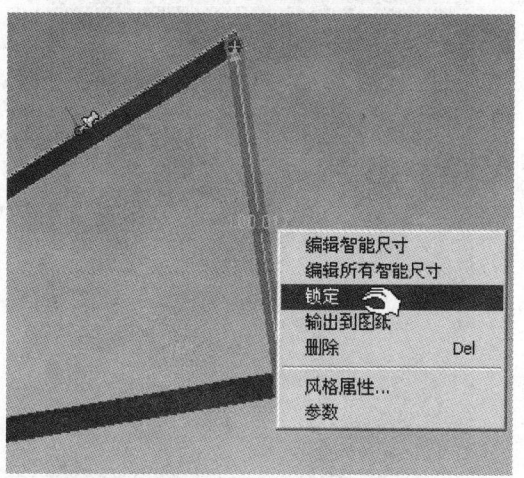

图 11-97 锁定尺寸约束

(6) 这个运动是否添加成功,可以通过播放动画来观看。如图 11-98 所示蓝色连杆已经脱离了它应有的轨道,向后面飞去,说明添加的约束还不能达到的要求。

(7) 下面再添加一个约束,这个约束是一个蓝色连杆上表面与黑色支架上表面距离的约束。这个约束是让蓝色连杆只能在一个平面内运动。在零件状态下选择蓝色连杆,单击"线性标注"工具按钮,注意,这里添加的是面与面的距离约束,所以选择时一定要选择面,如图 11-99 所示。首先选择蓝色连杆上表面,再将光标移动到黑色支架的上表面,仔细观察会发现光标处有一个小的平行四边形,它表示的选择对象是面。此

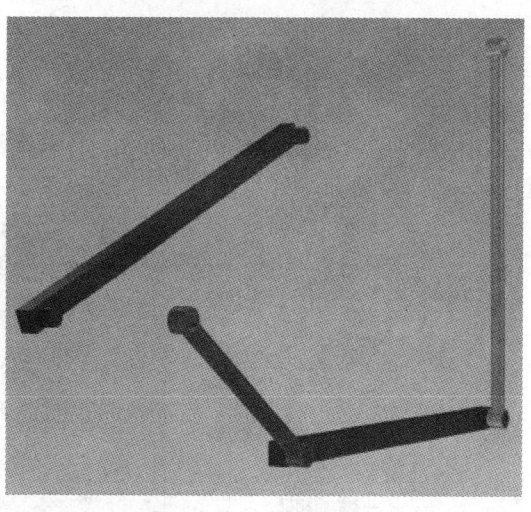

图 11-98 播放动画

时,在设计环境中显示出一个尺寸标注,单击完成这个尺寸标注。

(8) 同样,对这个尺寸约束要先将它锁定。在尺寸约束所显示的数字上右击,在快捷菜单中选择"锁定"菜单项,在尺寸的后面出现了一个小五角星符号,表示这个尺寸已经添加了约束。

153

(9) 播放动画,在理论上可以执行的约束到实际环境中又如何呢?如图 11 - 100 所示,连杆并未按照所设定的路线运动。

图 11 - 99　添加面面约束

图 11 - 100　播放动画

(10) 结束动画播放,再来观察。首先在零件状态下选择蓝色连杆,在面与面的约束上单击,如图 11 - 101 所示,发现面与面约束的锁定没有了,在运动过程中它的约束不成立。打开设计树,将约束展开,可以看见在约束里面多了一个"解锁",而且其中有一个"尺寸",这就是所

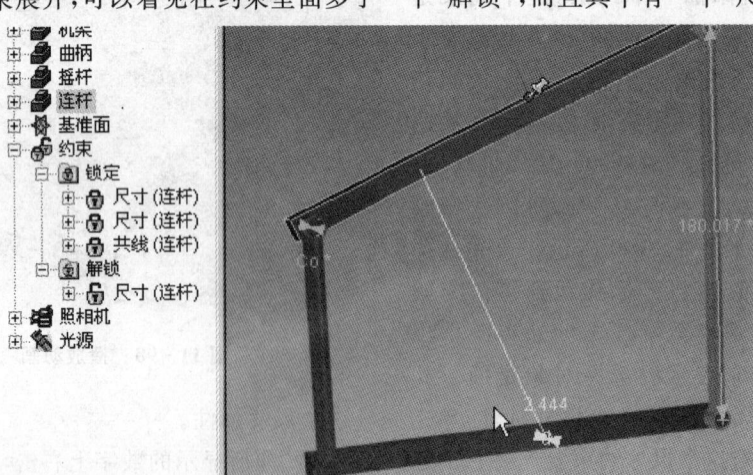

图 11 - 101　观察设计树

添加的面与面的约束。

（11）所添加的约束失效了,这又是为什么呢?因为在CAXA实体设计中,对这种理论上成立的约束是不承认的。它只能从多维约束到少维约束。就目前这个问题来说,面与面的约束是二维约束,而点与点的约束是一维约束。系统在识别的时候先认同了点与点的一维约束,而对后来的面与面的二维约束不予理睬。

（12）为了解决这个问题,只要将添加的顺序做一修改即可。首先将已经添加的约束删除,在两个尺寸约束的数字上右击,在快捷菜单中选择"删除"菜单项。设计环境如图11-102所示,在左侧的设计树仅剩下了一个同轴的约束。

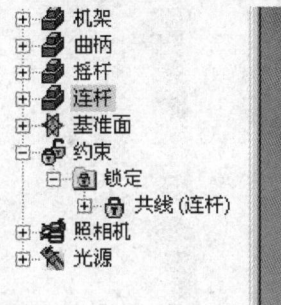

图11-102　重新添加约束

（13）再次添加两个尺寸约束,添加的方法与前面一样,只是将顺序颠倒,先添加面与面之间的尺寸约束,再添加点与点之间的约束。添加后一定要将尺寸约束锁定,只有锁定的约束才会对将来的运动加以影响,否则是没有作用的。最终设计环境如图11-103所示。

（14）再播放动画,连杆的两端都有了唯一的路线,具体运动如图11-104所示。

图11-103　添加结果　　　　　　　　图11-104　播放动画

(15) 此时对这个动画依然不能满意,因为绿色摇杆尚未运动。分析绿色摇杆的运动,它的一端是固定在黑色支架上的,而另一端是与蓝色连杆配合随着做唯一的轨迹运动。这两个端点都是一个共轴的约束。

(16) 在零件状态下选择绿色摇杆,利用"约束装配"工具给两端分别添加一个共轴的约束,添加完成后,结果如图 11-105 所示。

(17) 播放动画,结果如图 11-106 所示,在红色曲柄的带动下,蓝色连杆和绿色摇杆都开始按唯一的路径运动。

图 11-105 添加摆杆动画

图 11-106 播放动画

(18) 这里是限制蓝色连杆的运动。下面介绍另外一种方法,就是将绿色摇杆的运动两端限制,再将蓝色连杆约束到上面。首先将已经添加的所有约束删除,再来约束绿色连杆。先将绿色连杆与黑色支架配合的一端利用"约束装配"工具添加一个"共轴"的约束,然后再利用"线性标注"工具将它的上表面与黑色支架的上表面尺寸标注出来并锁定,再将它的另一端与红色曲柄运动端的距离标注出来并锁定。在这个过程中可能需要将蓝色连杆先行锁定。最终设计环境及设计树如图 11-107 所示。

(19) 播放动画,结果如图 11-108 所示。绿色摇杆的运动轨迹唯一确定下来。

(20) 将蓝色连杆的压缩解除,将它的两端分别通过"约束装配"工具约束到红色曲柄与绿色摇杆的配合端。播放动画,可以看见与先前装配完全一样的动画,如图 11-109 所示。

在这个实例中介绍了两种方法,推荐前一种方法,因为在所做的动画中有可能是一个多杆机构,依照第一种方法"顺藤摸瓜",就可以为它们添加所有的动画了。

第11章 动画设计与运动仿真

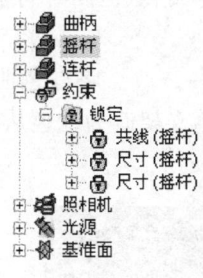
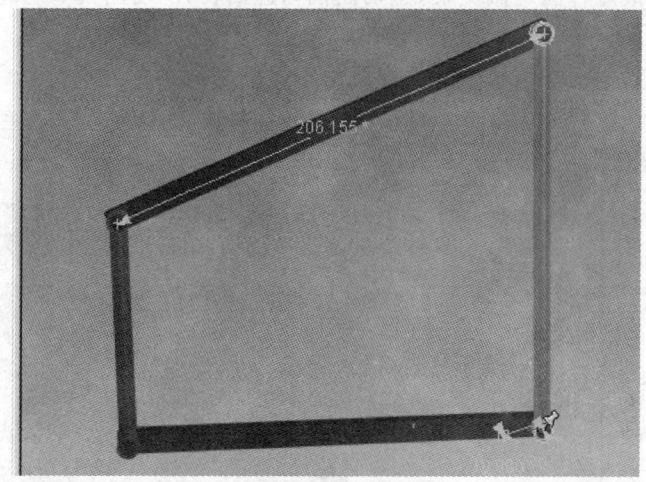

图 11-107 另一种添加约束的方法

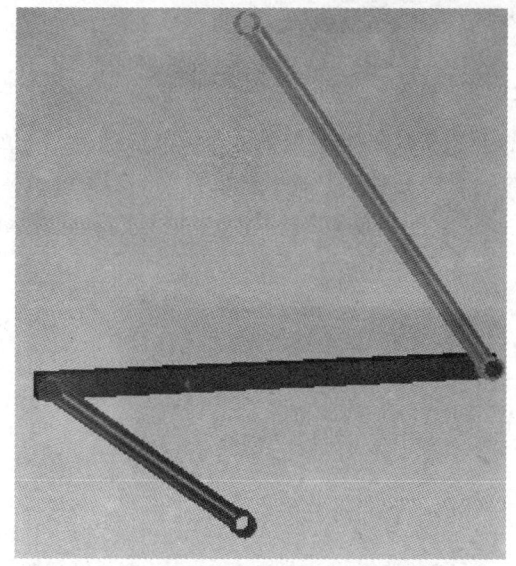

图 11-108 绿色摇杆动画

图 11-109 播放动画

由于源文件在以下章节中还要用到,所以建议将做好运动的文件另存。

3. 双曲柄机构

双曲柄机构是四连杆机构中另一种形式,要求最短杆与最长杆长度之和小于其余两杆长度之和,将最短杆固定做支架,主动曲柄匀速回转,从动曲柄非匀速回转(但同时间主从柄均转一周)。

对于图 11-94 所示的四连杆机构中各部分的颜色和名称做一修改。将红色曲柄改为黑色支架,蓝色连杆改为红色主动曲柄,绿色摇杆改为蓝色连杆,黑色支架改为绿色从动曲柄,最终结果如图 11-110 所示。

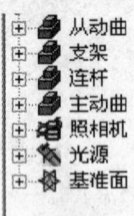
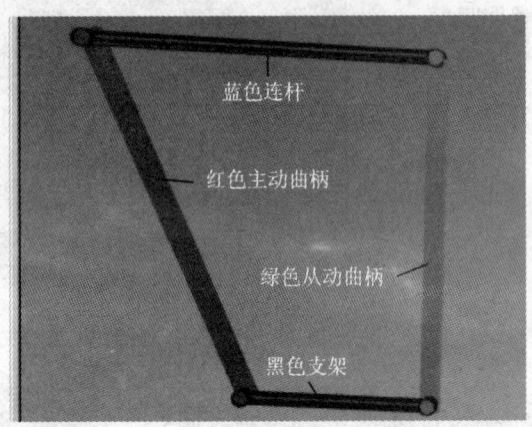

图 11-110　修改四连杆机构

(1) 在零件状态下选择红色主动曲柄,发现定位锚不在所想要的位置,单击选择"定位锚",打开三维球后,将它移动到与黑色支架配合的端点中心处,具体位置如图 11-111 所示。

(2) 关闭三维球,从右侧动画智能图素中将一个"宽度向旋转"智能因素拖放到红色主动曲柄上。播放动画,运动如图 11-112 所示。

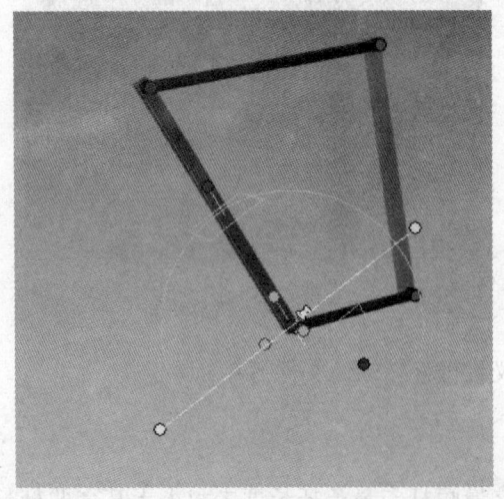
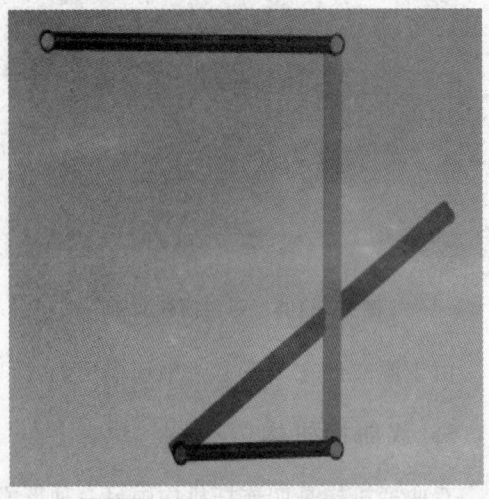

图 11-111　调整定位锚　　　　**图 11-112　播放曲柄动画**

(3) 在这个运动中同样只添加一个主运动,其他运动均由主运动而来。下面为蓝色连杆两端的运动添加约束。首先在零件状态下选择蓝色连杆,利用"约束装配"工具添加与红色主动曲柄相配合的一端共轴。关闭"约束装配"工具后,利用"线性标注"工具添加从端点上表面到红色主动曲柄上表面的尺寸标注,并将其锁定。具体结果如图 11-113 所示。

(4) 继续添加点到点的约束,如果需要可以将绿色从动曲柄压缩掉,再利用"线性标注"添加从与绿色从动曲柄配合一端到与红色主动曲柄相配合一端的上表面中心的距离,并将其锁定。最后结果如图 11-114 所示。

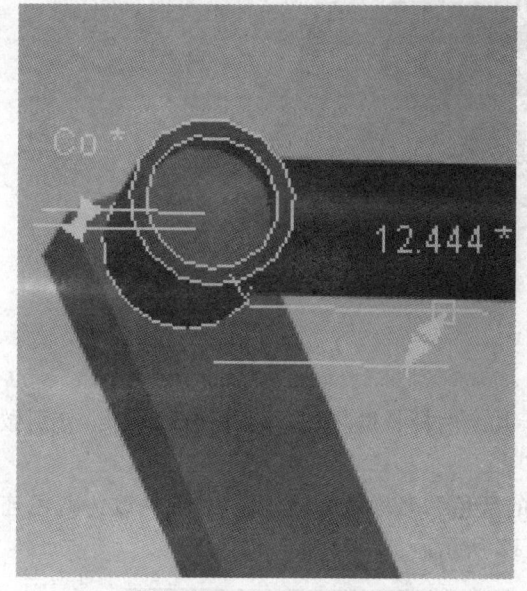 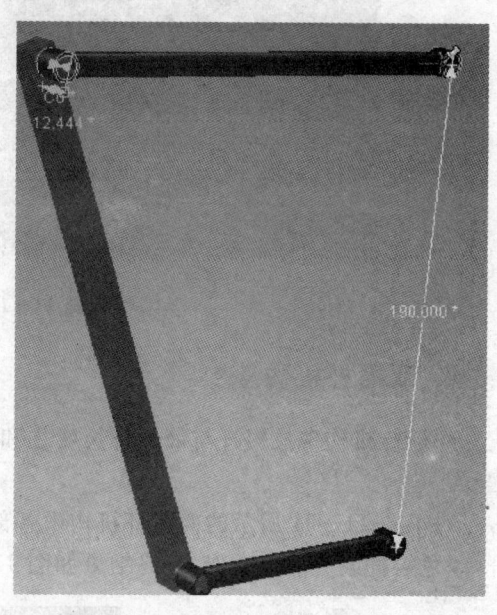

图 11-113　添加连杆一端的约束　　　　图 11-114　添加连杆另一端的约束

(5) 播放动画,蓝色连杆的两端轨迹已经唯一确定,具体如图 11-115 所示。

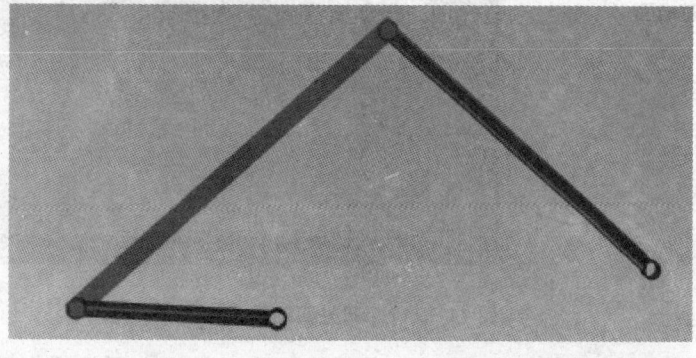

图 11-115　播放蓝色连杆两端轨迹的动画

(6) 将绿色从动曲柄解压缩,利用"约束装配"工具为其两端分别添加与黑色支架和蓝色连杆的共轴约束。此时播放动画如图 11-116 所示,机构运动符合要求。

图 11-116 播放动画

4. 双摇杆机构

双摇杆机构中最短杆与最长杆长度之和大于其余两杆长度之和,取任一杆为机构,分别做摆动。

对于图 11-94 所示的四连杆机构中各部分的颜色和名称做一修改,红色曲柄改为蓝色连杆,绿色摇杆改为黑色支架,最终结果如图 11-117 所示。

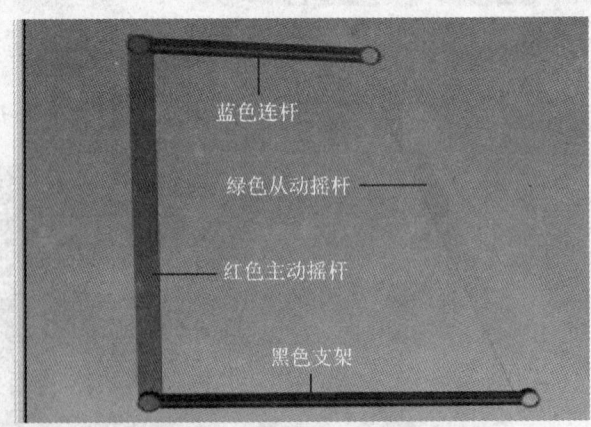

图 11-117 调整四连杆机构

(1) 在零件状态下选择红色主动摇杆,定位锚的位置并不在所想添加运动的位置,单击

"定位锚",打开三维球。利用三维球将定位锚移动到想添加旋转的位置,即图 11-118 所示的与黑色支架配合的中心轴处。

(2) 在双摇杆机构运动中,摆动是有一定的角度限制的。具体位置可以根据杆长计算,在这里只做它简单的原理动画,所以就不作计算了。利用"智能动画"按钮为红色主动摇杆添加一个以宽度方向为轴的 10°的摆动,运动结束后位置如图 11-119 所示。

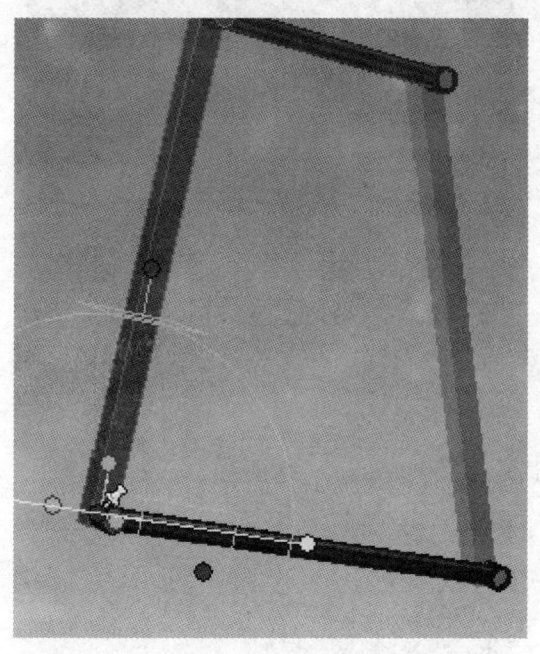

图 11-118 调整定位锚位置　　　　　　图 11-119 播放摇杆动画

(3) 在这个运动中同样只添加一个主运动,其他运动均由主运动而来。下面为蓝色连杆添加约束。首先在零件状态下选择蓝色连杆,利用"约束装配"工具添加与红色主动摇杆相配合一端的共轴。关闭"约束装配"工具后,利用"线性标注"工具添加从端点上表面到红色主动摇杆上表面的尺寸标注,并将其锁定。具体结果如图 11-120 所示。

(4) 继续添加点到点的约束。如果需要可以将绿色从动摇杆压缩掉,再利用"线性标注"添加从与绿色从动摇杆配合一端到与红色主动摇杆相配合一端的上表面中心的距离,并将其锁定。最后结果如图 11-121 所示。

(5) 播放动画,蓝色连杆的两端轨迹已经唯一确定,具体如图 11-122 所示。

(6) 将绿色从动摇杆解压缩,利用"约束装配"工具为其两端分别添加与黑色支架和蓝色连杆的共轴约束。此时播放动画如图 11-123 所示,机构运动符合要求。

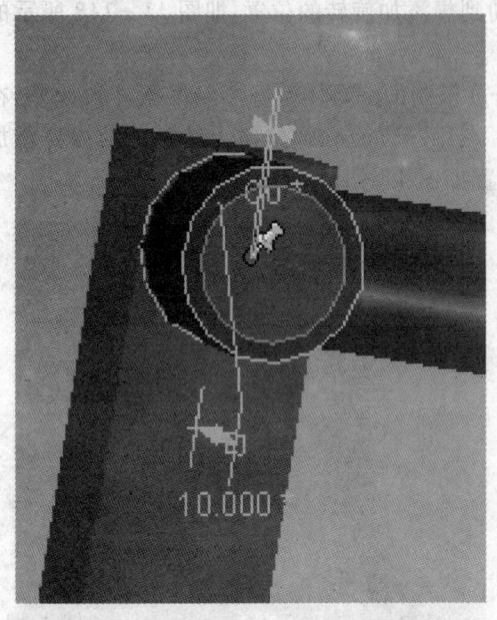

图 11-120 添加连杆约束

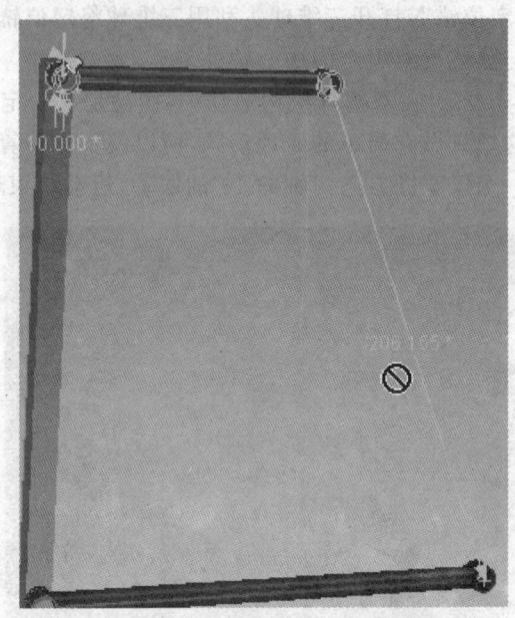

图 11-121 添加摇杆约束

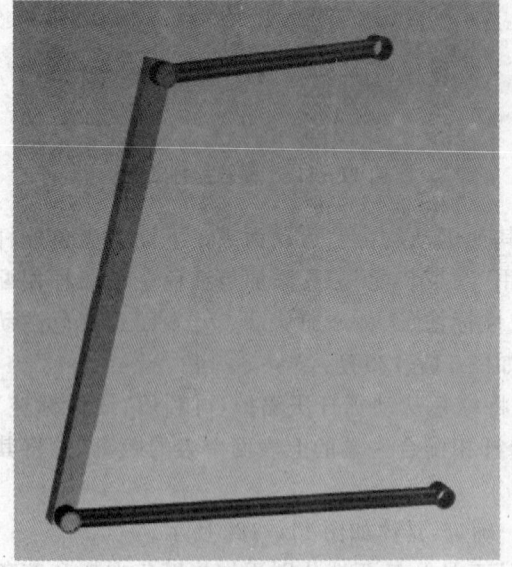

图 11-122 播放连杆动画

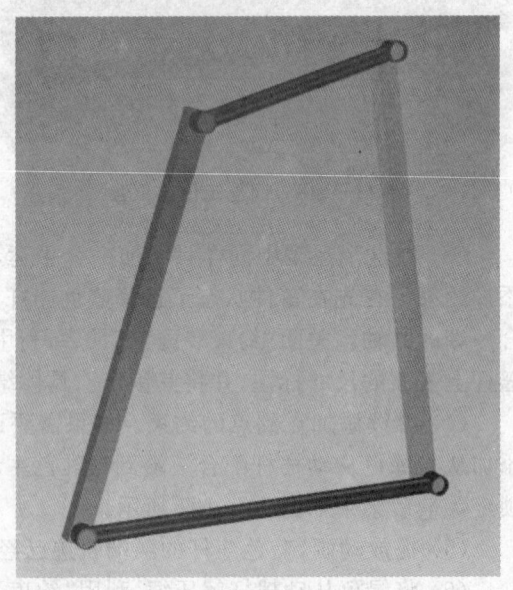

图 11-123 播放机构动画

5. 对心曲柄滑块机构

对心曲柄滑块机构要求曲柄长度小于或等于连杆长度,曲柄匀速回转,滑块非匀速往复移动。

对心曲柄滑块设计环境如图11-124所示。红色零件为曲柄,也就是运动的主动件,蓝色零件为连杆,绿色零件为滑块。

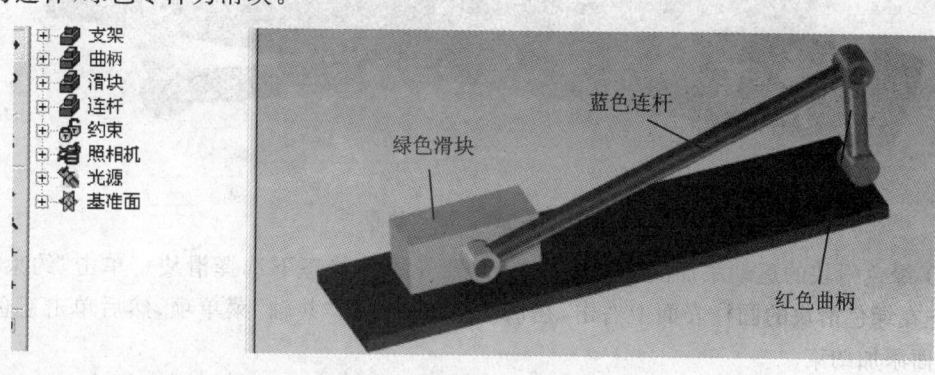

图11-124 对心曲柄滑块机构

(1) 在零件状态下选择红色曲柄,从右侧动画智能图素中向曲柄拖放一个"沿宽度向旋转"的智能图素。

(2) 为蓝色连杆添加约束。首先是添加与红色曲柄配合端的共轴约束。在零件状态下选择蓝色连杆,单击"约束装配"按钮,先在配合端圆周面上右击,在快捷菜单中选择"共轴"菜单项,然后在红色配合端表面单击添加共轴装配。

(3) 下面为蓝色连杆添加另一个端点的约束,这个约束是一个从端点中心到支架上表面的尺寸约束。同样,在零件状态下选择蓝色连杆,利用线性尺寸工具先单击端点中心,再单击支架上表面添加尺寸标注。右击标注尺寸,在快捷菜单中选择"锁定"菜单项。最终蓝色连杆约束如图11-125所示。

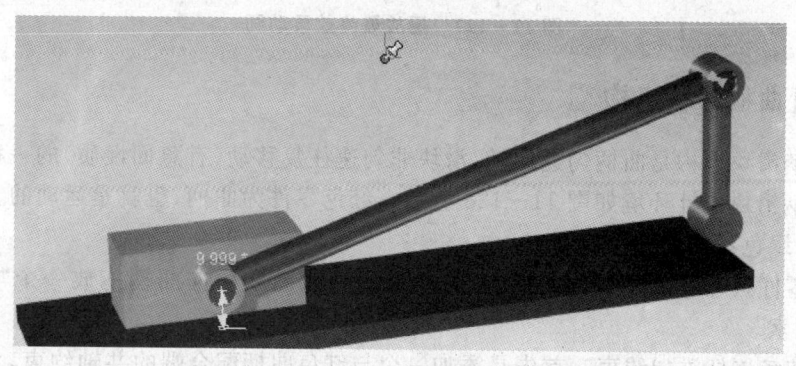

图11-125 添加连杆约束

(4) 播放动画，可以看见蓝色连杆的另一端与支架平面平行运动，具体如图 11 - 126 所示。

图 11 - 126　播放动画

(5) 绿色滑块的运动添加同样比较简单，只要在零件状态下选择滑块。单击"约束装配"工具，先在绿色滑块的圆柱表面上右击，在快捷菜单中选择"共轴"菜单项，然后单击蓝色连杆配合表面添加约束。

(6) 约束添加完成后再次播放动画，可以看到绿色滑块随着蓝色连杆开始运动。具体运动情况如图 11 - 127 所示。

图 11 - 127　播放最终效果动画

6．偏置曲柄滑块机构

偏置曲柄滑块机构是曲柄匀速回转，滑块非匀速往复移动（有急回性质）的一种机构。

偏置曲柄滑块设计环境如图 11 - 128 所示。红色零件为曲柄，也就是运动的主动件，蓝色零件为连杆，绿色零件为滑块。

(1) 在零件状态下选择红色曲柄，从右侧动画智能图素中向曲柄拖放一个"沿高度向旋转"的智能图素。

(2) 为蓝色连杆添加约束。首先是添加一个与红色曲柄配合端的共轴约束。在零件状态

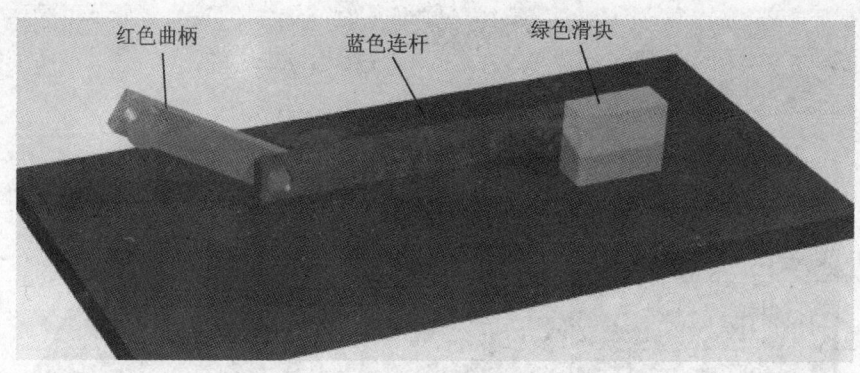

图 11-128 偏置曲柄滑块机构

下选择蓝色连杆,单击"约束装配"按钮,先在配合端圆周面上右击,在快捷菜单中选择"共轴"菜单项,然后在红色配合端表面单击添加共轴装配。

(3) 下面为蓝色连杆添加另一个约束。将视图旋转,这个约束是添加一个从端点中心到支架上表面的尺寸约束。同样,在零件状态下选择蓝色连杆,利用"线性尺寸"工具先单击端点中心,再单击支架上表面添加尺寸标注。右击标注尺寸,在快捷菜单中选择"锁定"菜单项。最终蓝色连杆约束如图 11-129 所示。

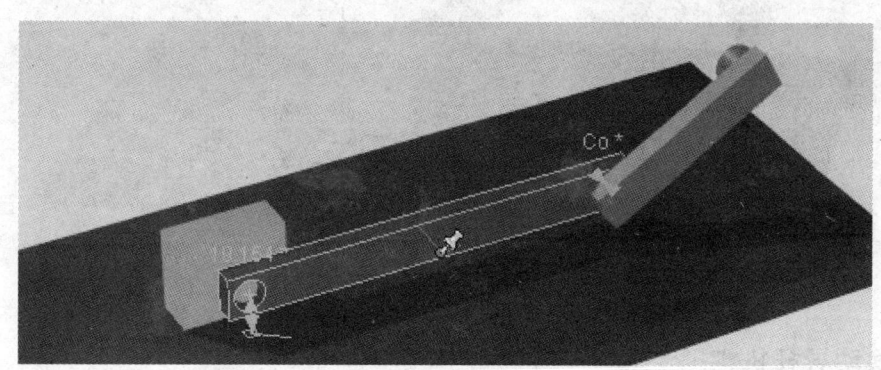

图 11-129 添加连杆的约束

(4) 播放动画,可以看见蓝色连杆的另一端与支架平面平行运动,具体如图 11-130 所示。

(5) 绿色滑块的运动添加同样比较简单。在零件状态下选择滑块。单击"约束装配"工具,在绿色滑块的圆柱表面上右击,在快捷菜单中选择"共轴"菜单项,然后单击蓝色连杆配合表面添加约束。

(6) 约束添加完成后再次播放动画,可以看到绿色滑块随着蓝色连杆开始运动。具体运

图 11-130 播放动画

动情况如图 11-131 所示。

图 11-131 最终效果动画

7. 摆动导杆机构

摆动导杆机构是曲柄匀速回转,导杆非匀速摆动(有急回性质)的一种机构。

摆动导杆机构设计环境如图 11-132 所示。红色零件为曲柄,也就是运动的主动件,蓝色零件为连接块,绿色零件为导杆。

(1) 添加主运动。在零件状态下选择红色曲柄,从右侧动画智能图素中向曲柄拖放一个"沿宽度向旋转"的智能图素,如图 11-133 所示。

(2) 这个动画的添加与以上动画有所不同,通过观察知道绿色导杆一端是与黑色支架约束到一起的,而另一端即决定摆动的一端则跟随曲柄运动。为了更容易理解这个动画的原理,

第 11 章 动画设计与运动仿真

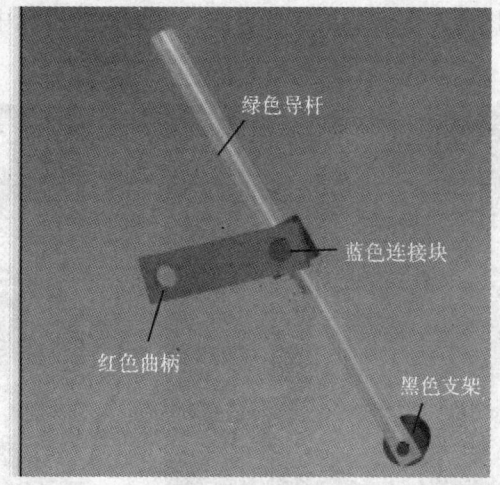

图 11-132 摆动导杆机构

首先将蓝色连接块隐藏,然后在零件状态下选择绿色导杆,利用"约束装配"工具将绿色导杆的一端约束到黑色支架上,具体结果如图 11-134 所示。

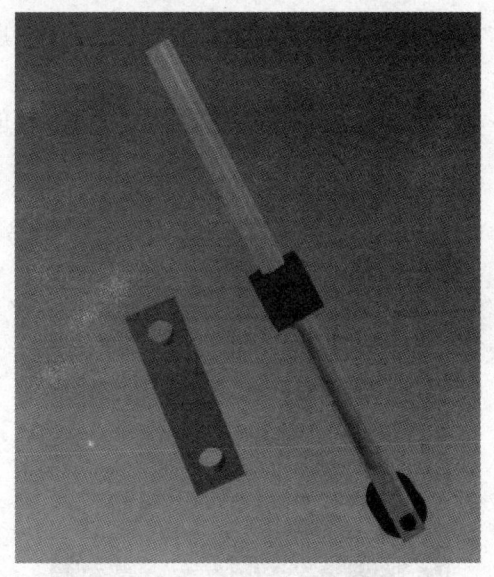

图 11-133 添加曲柄动画

图 11-134 添加导杆的共轴约束

(3) 由于曲柄做旋转运动,而导杆是一端固定另一端摆动,所以具体约束是添加一个从导杆侧面到曲柄一端中心点的距离约束。在零件状态下选择绿色导杆,单击"线性标注"工具按钮,然后在如图 11-135 所示的十字光标所在面上单击。

（4）在如图 11-136 所示的红色曲柄旋转端的圆孔中心处单击，显示一数值为"2.5"的尺寸标注。

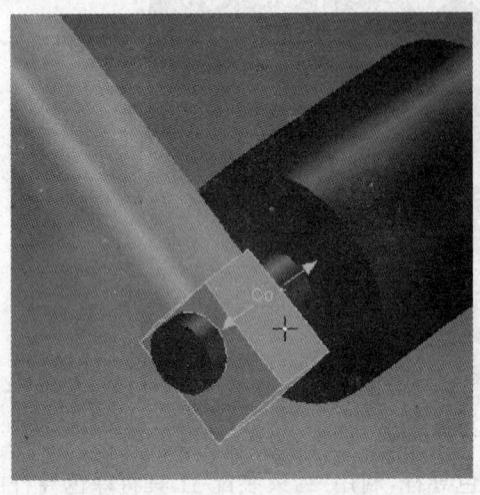

图 11-135 添加面与点的尺寸约束

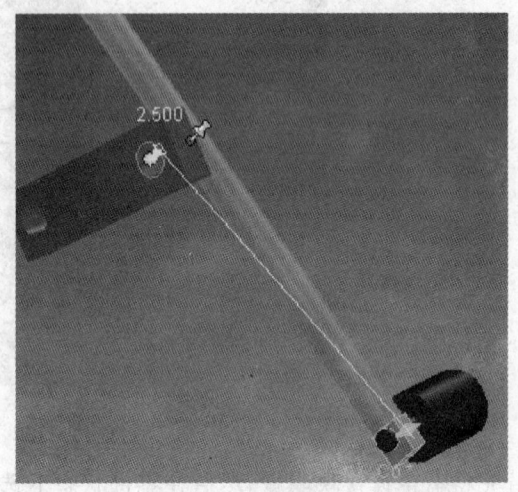

图 11-136 添加成功的尺寸约束

（5）在数字上右击，在快捷菜单中选择"锁定"菜单项。播放动画，结果如图 11-137 所示，可以看到导杆已经与红色曲柄一起摆动起来。

（6）将蓝色连接块解压缩，并为其添加约束。它的约束是分别与红色曲柄和绿色导杆的两个共轴约束，添加完成后如图 11-138 所示。

图 11-137 播放动画

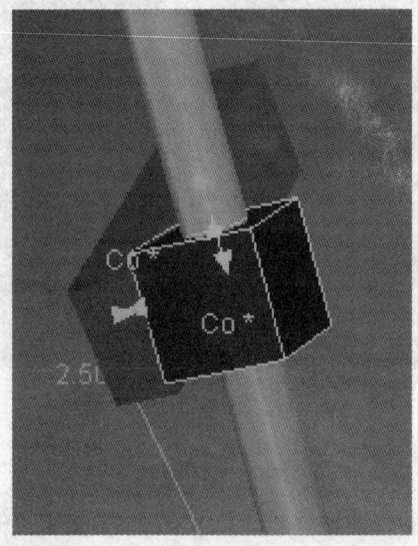

图 11-138 添加蓝色连接块的约束

（7）再次播放动画，结果如图 11-139 所示，在红色曲柄的带动下，蓝色连接块和绿色导杆一起运动起来。

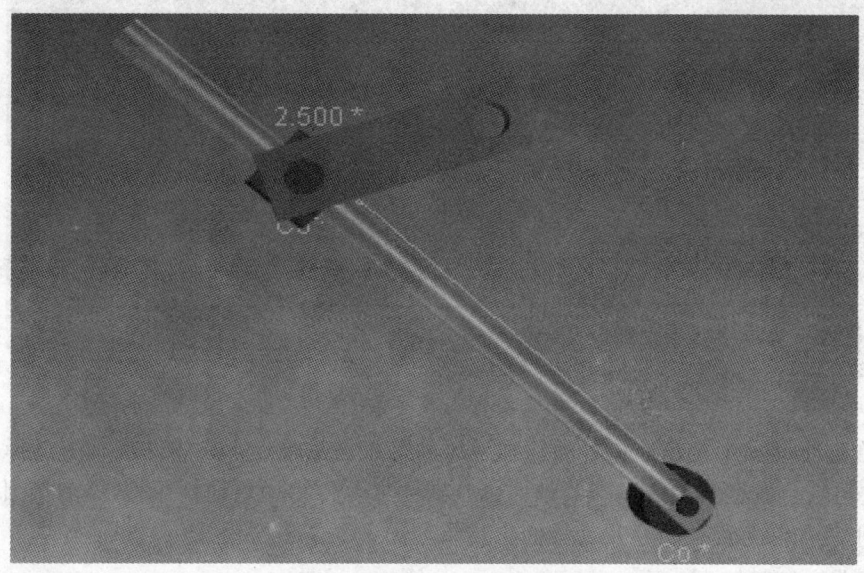

图 11-139　最终动画效果

8. 定块机构

定块机构共有两种：一种是摆缸机构，另一种是定缸机构。由于摆缸机构的约束原理与摆杆机构非常相似，在这里就不再介绍了。下面主要做一个定缸机构的动画。

定缸机构的设计环境如图 11-140 所示。其中有红色摆杆、蓝色连接杆、绿色导杆和黑色缸体四个零件。

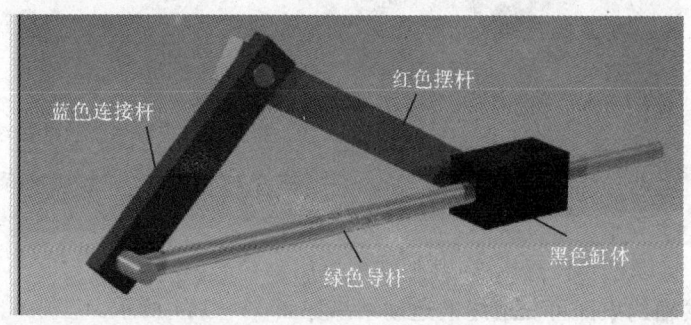

图 11-140　定缸机构

（1）在这个运动中红色摆杆是主动件，所以先添加它的动画。利用"智能动画向导"为红色摆杆添加一个以高度方向为轴的15°的旋转，运动结果如图11-141所示。

图11-141 添加摆杆运动

（2）在这个动画中蓝色连接杆的动画添加是重点也是难点。在零件状态下选择蓝色连接杆，先将它与红色曲柄共轴的一端添加一个共轴约束。再将绿色导杆压缩，添加从圆孔中心到黑色缸体上表面和正面的两个尺寸标注。结果如图11-142所示。

图11-142 添加蓝色连接杆约束和两个尺寸标注

（3）在两个尺寸标注上右击，在快捷菜单中选择"锁定"菜单项，播放动画结果如图11-143所示。

（4）将绿色导杆解压缩，其运动约束比较容易添加，只要将它与蓝色连接杆配合的一端添加一个共轴约束即可。最终的运动结果如图11-144所示。

图 11-143 播放动画

图 11-144 最终动画效果

255 如何制作轮系机构动画？

1. 齿轮传动机构

齿轮传动是一种应用非常广泛的机械传动，主要用于传递两轴之间的运动和动力。传动稳定,使用可靠,工作寿命长。

(1) 在CAXA实体设计中新建一个设计环境,从右侧智能图素中"工具"栏中拖放一个"齿轮"智能图素到设计环境中,出现如图11-145所示的"齿轮"对话框。在齿数文本框中输入"24",在"齿廓"下拉列表中选择"渐开线"选项,在"厚度"文本框中输入"20","孔半径"文本框中输入"10","分度圆半径"文本框中输入"25",然后单击"确定"按钮。

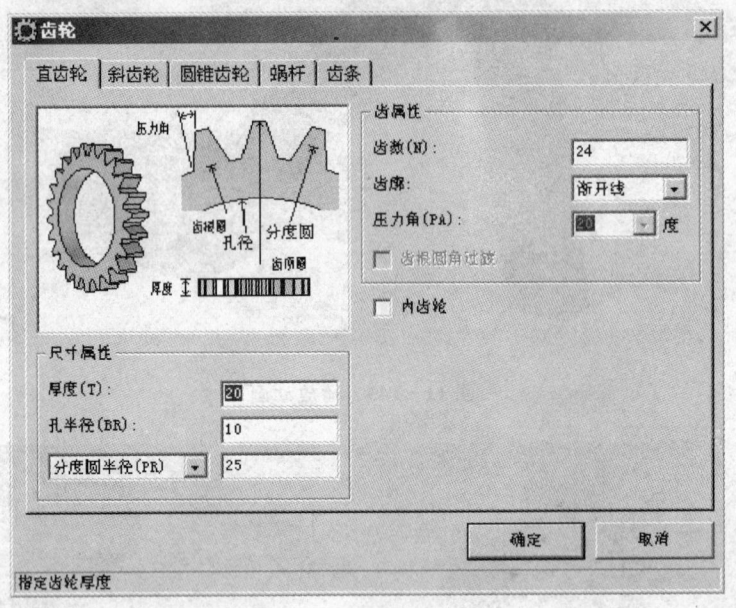

图11-145 "齿轮"对话框

(2) 在设计环境中已有一个齿轮,再从右侧智能图素的"工具"栏中拖放一个"齿轮"智能图素到设计环境中,在"齿数"文本框中输入"48","齿廓"下拉列表中选择"渐开线","厚度"文本框中输入"20","孔半径"文本框中输入"0","分度圆半径"文本框中输入"50",然后单击"确定"按钮。

(3) 此时,在左侧设计树中将第一个"直齿轮"重命名为"主齿轮",将第二个"直齿轮"重命名为"从齿轮",结果如图11-146所示。

(4) 为了让齿轮更加逼真,可对从齿轮做一定的修改。首先从右侧向从齿轮中心拖放一个"孔类圆柱体"智能图素,将"高度"修改为"5","长度"修改为"80",再向中心拖放一个"圆柱体"智能图素,将"高度"修改为"15","长度"修改为"40",结果如图11-147所示。

(5) 对从齿轮的另一侧做同样的操作,再向中心拖放一个高度为"50",长度为"20"的"孔类圆柱体"智能图素,并对相应的边进行半径为"2"的过渡,再从右侧智能图素中拖放一个"亮绿色"到从齿轮的表面,最终结果如图11-148所示。从齿轮的造型及渲染就完成了。

第11章 动画设计与运动仿真

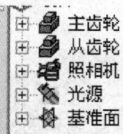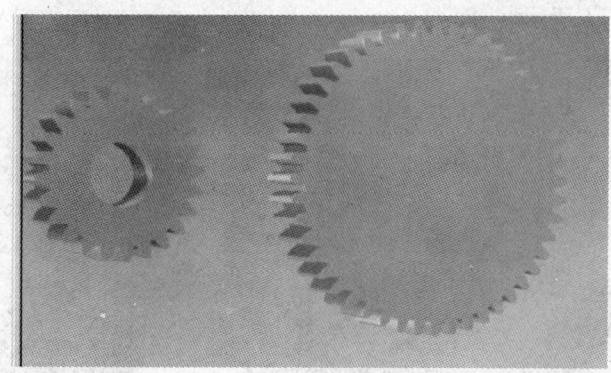

图 11-146 添加两个齿轮

图 11-147 修改齿轮外形

图 11-148 修改完成的齿轮

(6) 对主齿轮进行造型和渲染。主齿轮的造型比较简单,只要在中心孔两边各加一个"2"的"倒角"即可,同时从右侧"表面光泽"智能图素栏中向其表面拖放一个"亮红色"智能图素,最终设计环境如图 11-149 所示。

(7) 在这个动画中要添加的是两个齿轮的运动模拟动画。首先是将它们两个装配到位。装配共有两步,第一步将它们的中心距调整好,因为中心距是两个节度圆半径之和。所以每一步先选择主齿轮,打开三维球工具,利用中心手柄将红色主齿轮移动到绿色从齿轮的中心处,再向一侧移动"75",结果如图 11-150 所示。两个齿轮装配的第一步就完成了。

(8) 如果存在高度不一致的问题,则可利用三维球调整一致。然后进行第二步操作,就是调整轮齿的啮合状态,使它们在装配上不发生干涉。同样,利用三维球工具,先将它沿高度方向旋转一个较小的角度,然后再通过修改数字使它们之间的装配协调。最终的装配结果如图 11-151 所示。

图 11-149　修改完成的两个齿轮

图 11-150　装配两个齿轮

（9）关闭三维球工具，为齿轮添加动画。根据齿数知道它们的转速之比是"2∶1"，所以在添加时首先在零件状态下选择主齿轮，单击"智能动画"工具按钮 ，在"智能动画向导-第1页"对话框中添加一个"绕高度方向轴"的旋转，角度不变。为了让动画更加清楚，单击"下一步"按钮后将运动时间改为"60"，单击"完成"按钮。

（10）添加从齿轮的动画。在零件状态下选择从齿轮，单击"智能动画"工具按钮 ，在"智能动画向导-第1页"对话框中添加一个"绕高度方向轴"的旋转，角度修改为"180"。为了让动画更加清楚，单击"下一步"按钮后将运动时间改为"60"，单击"完成"按钮。此时播放动画如图 11-152 所示可以看见有很明显的干涉，因为在添加动画时没有仔细考虑旋转方向问题，所以主从齿轮的旋转都是顺时针的。

图 11-151　调整齿间间隙

图 11-152　干涉的动画

(11) 在零件状态下选择绿色从齿轮,单击"下一个路径"工具按钮 ,在出现的智能参考平面中心红色圆点处右击,打开"关键帧属性"对话框,在"关键帧属性"中的"位置"选项卡中将"显示平"的角度前添加一个负号,如图 11-153 所示。单击"确定"按钮。

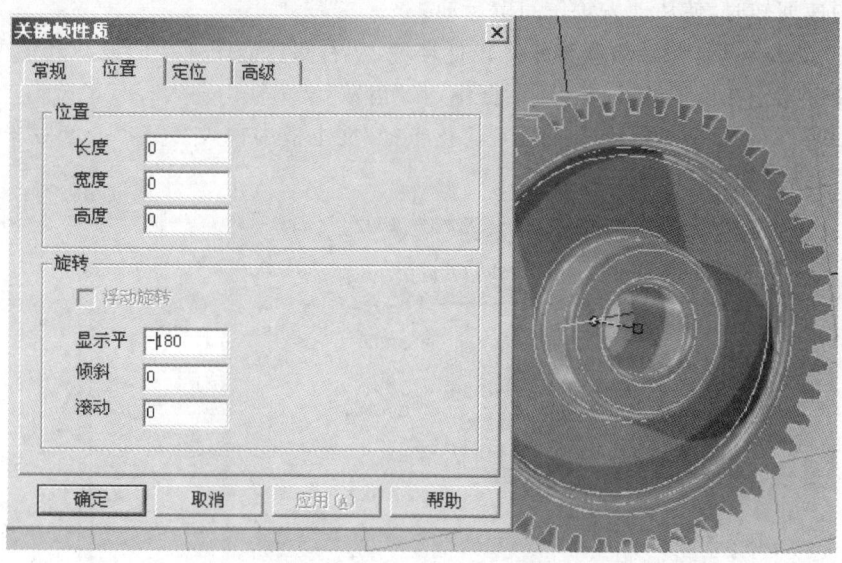

图 11-153 调整关键帧性质

(12) 播放动画,如图 11-154 所示,可以看到在红色主齿轮的带动下,绿色从齿轮做谐调的运动。

图 11-154 最终动画效果

2. 非完整齿轮机构

非完整齿轮机构是由齿轮机构演化而来的,主动齿轮上只制作出一个或几个轮齿,当主动齿轮连续匀速回转时,使从动齿轮作间歇运动。

(1) 在 CAXA 实体设计中新建一个设计环境,从右侧智能图素中向设计环境中拖放一个"齿轮"智能图素。在出现的"齿轮"对话框中,在"齿数"文本框中输入"24","齿廓"下拉列表中选择"渐开线","厚度"文本框中输入"10","孔半径"文本框中输入"10","分度圆半径"文本框中输入"25",结果如图 11-155 所示。

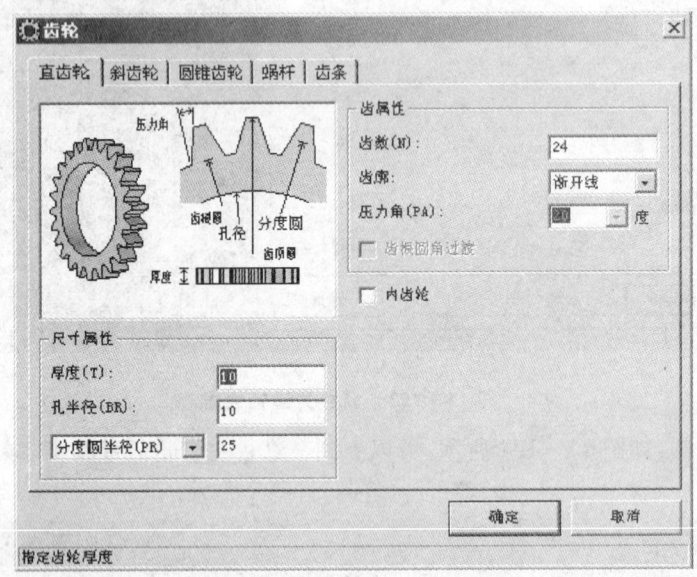

图 11-155 添加齿轮

(2) 单击"确定"按钮后生成一个齿轮。在零件状态下选择生成的齿轮,打开三维球,在水平方向上复制一个同样的齿轮,从右侧智能图素中向第一个齿轮拖放一个"亮红色"智能渲染图素,再向第二个齿轮拖放一个"亮绿色"智能渲染图素。打开设计树,将第一个齿轮重命名为"主动齿轮",将第二个齿轮重命名为"从动齿轮",最终结果如图 11-156 所示。

(3) 对齿轮的外形轮廓进行调整。在智能图素状态下右击主动齿轮,在快捷菜单中选择"编辑截面"菜单项,将齿轮截面修改为如图 11-157 所示的形状。具体操作方法是,先将多余齿的轮廓删除,再利用"圆弧:圆心和两端点"工具将删除部分连接起来。

(4) 单击"确定"按钮后再对从动齿轮进行修改。在智能图素状态下选择从动齿轮右击,在快捷菜单中选择"编辑截面"菜单项,将二维截面修改为如图 11-158 所示的图形。具体操作方法是,每隔四个齿删除两个齿形,共删除四次,然后用"圆弧:圆心和两端点"工具将所缺部分补齐。

图 11-156 添加完成的两个齿轮

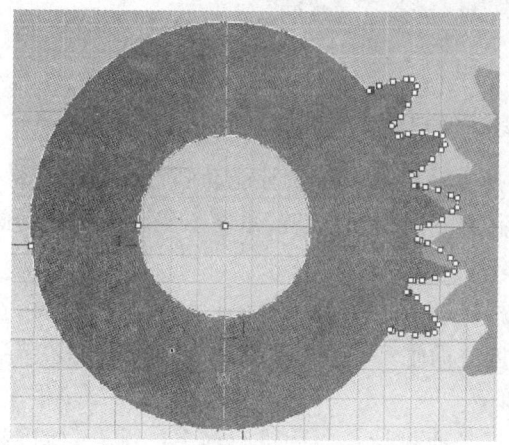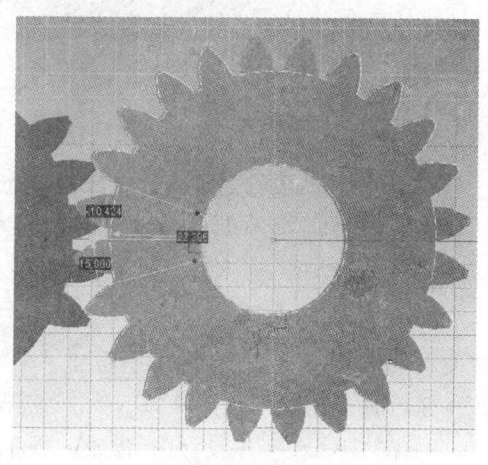

图 11-157 编辑主动齿轮的截面　　　　图 11-158 编辑从动齿轮的截面

（5）单击"完成"按钮后结果如图 11-159 所示，一个从动齿轮的运动机构就建立起来了。

图 11-159 编辑截面后的齿轮

(6) 为了添加合适的动画,首先要调整两个齿轮的起始位置。利用三维球工具,将两个齿轮调整到如图 11-160 所示的位置。

图 11-160　调整起始位置的齿轮

(7) 添加主动齿轮的动画。在零件状态下选择主动齿轮,单击"智能动画"工具按钮 ,在"智能动画向导-第 1 页"对话框中添加一个"绕高度方向轴"的旋转,角度不变。为了让动画更加清楚,单击"下一步"按钮后将运动时间改为"30",单击"完成"按钮。

(8) 添加从动齿轮的动画。在零件状态下选择从动齿轮,单击"智能动画"工具按钮 ,在"智能动画向导-第 1 页"对话框中添加一个"绕高度方向轴"的旋转,角度改为"80",单击"下一步"按钮后将运动时间改为"5.5",单击"完成"按钮。

(9) 在 CAXA 实体设计中,齿轮的模拟运动都是通过计算时间进行简单的配合,所以在运动上可能会有问题,这时要对运动参数进行调试。在本实例中,所用的数据都是调试出来的。播放动画,如图 11-161 所示。

图 11-161　最终动画效果

3. 偏心轮传动机构

偏心轮设计环境如图 11-162 所示。其中有红色偏心轮、绿色伸缩杆和黑色缸体三个零件。

(1) 在这个运动中,偏心轮是主动件。在零件状态下选择偏心轮,单击"智能动画"工具按钮 ,在"智能动画向导-第 1 页"对话框中添加一个"绕高度方向轴"的旋转,角度不变。为了让动画更加清楚,单击"下一步"按钮后将运动时间改为"5",单击"完成"按钮。

(2) 设计环境中出现了智能参考平面,但是这个旋转所绕轴并非想要的中轴。打开"三维球"工具,利用三维球将它移动到偏心轮上孔的中心,如图 11-163 所示。

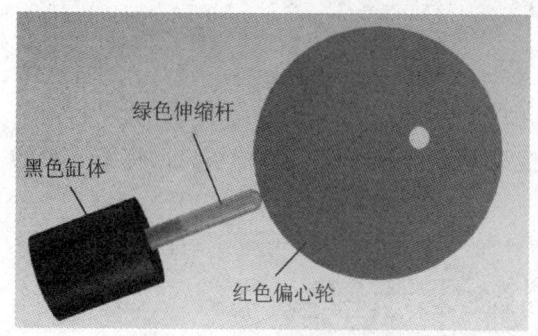

图 11-162 偏心轮传动机构

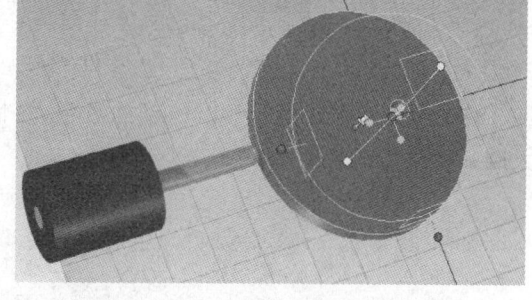

图 11-163 调整放置轴的位置

(3) 播放动画,偏心轮开始以它上面的孔为中轴旋转起来。

(4) 在零件状态下选择伸缩杆,利用"约束装配"工具添加一个与黑色缸体的共轴约束。

(5) 添加一个伸缩杆顶点与偏心轮大圆中心的尺寸约束。为了添加这个约束,先将偏心轮外部的圆柱体的长度改为"80",如图 11-164 所示。

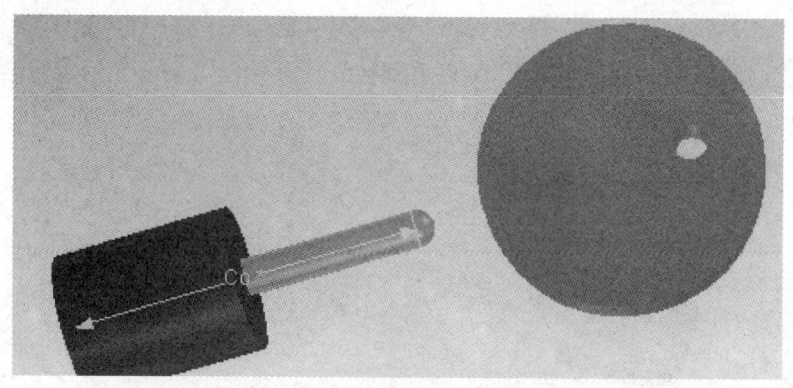

图 11-164 添加共轴约束

（6）在零件状态下选择伸缩杆，单击"线性约束"工具按钮，如图11-165所示，先单击伸缩杆的顶点，再单击偏心轮大圆中心。

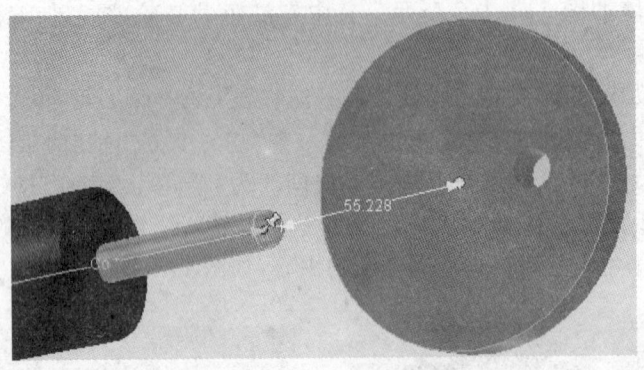

图 11-165　添加尺寸标注

（7）右击刚添加的"尺寸约束"的数字，在快捷菜单上选择"锁定"菜单项。再将偏心轮的大圆弧度改为"110"，如图11-166所示。

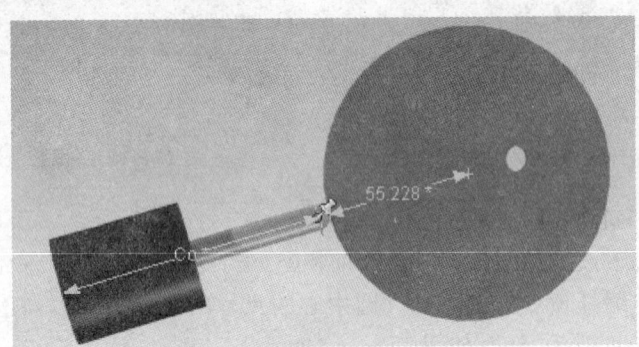

图 11-166　将尺寸标注锁定

（8）播放动画，如图11-167所示，可以看到伸缩杆开始随着偏心轮的旋转运动起来。

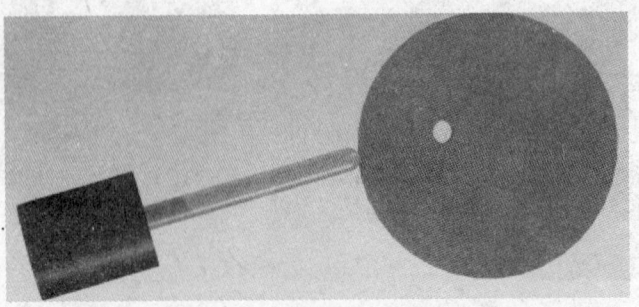

图 11-167　最终动画效果

4. 外啮合槽轮机构

外啮合槽轮机构以拨盘为主动件,当拨盘连续匀速回转时,槽轮做间歇转动。

(1) 外啮合槽轮机构设计环境如图 11-168 所示。其中有拨盘、槽轮和参考件三个零件。

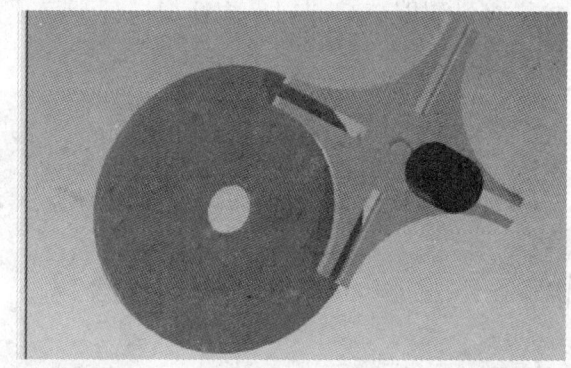

图 11-168　外啮合槽轮机构

(2) 在零件状态下选择拨盘,单击"智能动画"工具按钮 ,在"智能动画向导-第 1 页"对话框中添加一个"绕高度方向轴"的旋转,角度改为"90"。为了让动画更加清楚,单击"下一步"按钮后将运动时间改为"5",单击"完成"按钮。

(3) 播放动画,注意到此次运动的主角拨盘上的蓝色小圆柱开始旋转,如图 11-169 所示。

(4) 添加一个槽轮与参考件的共轴约束。在零件状态下选择槽轮,然后单击"约束装配"工具按钮,先选择槽轮中心处圆柱体的轴线并右击,在快捷菜单中选择"共轴"菜单项,最后单击参考件的轴线,如图 11-170 所示。

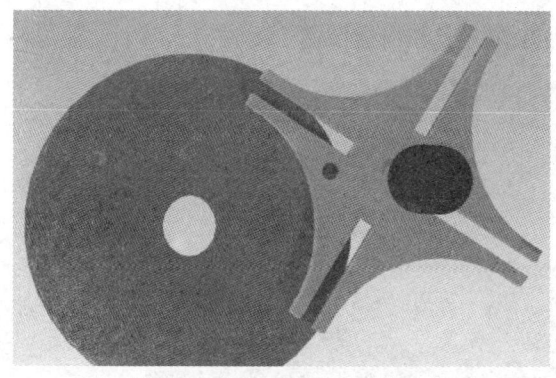

图 11-169　播放动画

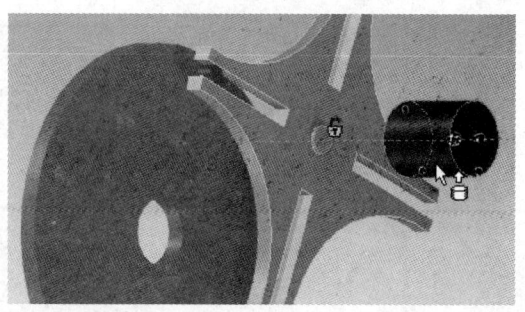

图 11-170　添加共轴约束

(5) 在零件状态下选择槽轮,添加一个从槽内侧面到拨盘圆柱上表面中心点的尺寸约束。单击打开"线性标注"工具,单击与拨盘圆柱贴合的内表现面,然后再单击拨盘圆柱上表面中心点,添加一个"4.803"的尺寸标注,在数字上右击,在快捷菜单中选择"锁定"菜单项,最终约束结果如图11-171所示。

(6) 外啮合槽轮机构的运动和约束条件均已添加完成。播放动画,最终动画效果如图11-172所示。

图11-171 添加尺寸约束

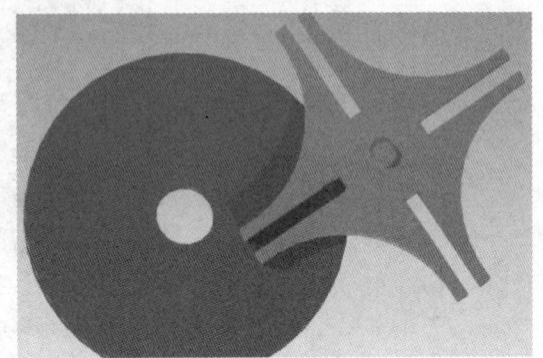
图11-172 最终动画效果

5. 链传动

链传动通过链轮与链条之间的啮合传递运动,而链轮之间有挠性链条,兼有啮合传动和挠性传动的特点。因此,可在不宜采用带传动和齿轮传动的场合考虑采用链传动。

链传动动画在CAXA实体设计中是相对比较复杂的一个动画,而且它对链节的装配要求也较高,参考实体数目也较多。所以,在本实例动画中不是简单地从已经给定的实体开始,而是从一对链节开始做起。

(1) 链节设计环境如图11-173所示。其中有外链节和内链节两个零件。

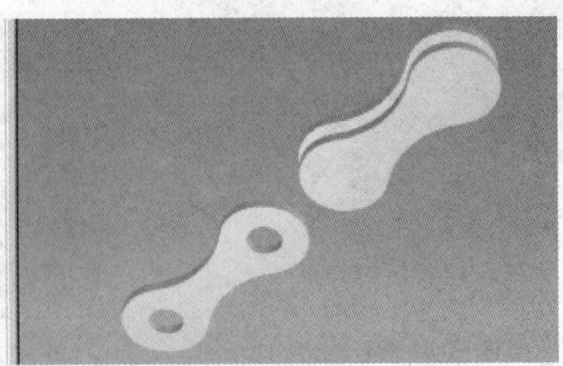
图11-173 链传动

(2) 先添加一个参考零件。从右侧智能图素库向设计环境中拖放一个"圆柱体"智能图素,将它的长度改为"20",高度改为"2",再向这个圆柱体的中心拖放一个"长方体"智能图素,将它的高度拖至与圆柱体上下表面平行,并将另外两侧拖到圆柱体中心点。结果如图 11-174 所示。

(3) 在链条机构的运动中,并不是一步到位的。分析一个完整的链条结构可知,在一个运动中共有四个发生约束的地方,而其中两两相同,在这里一个一个地来做。第一个是由直入圆。在设计链条运动时,考虑每个链节对应 20°。这样,先对第一个由圆入直进行装配,需要将外链节复制四个,内链节复制三个。在装配时,也不是将它们装配到最终位置,因为要做的是由直入圆的运动。所以在这里要将它们装配成没有运动之前的状态。

(4) 为了在添加动画时明确它们之间的关系,在这里将最上方的外链节渲染成绿色,最上方的内链节渲染成蓝色,其他七个链节渲染成红色,参考零件一渲染成黄色,如图 11-175 所示。

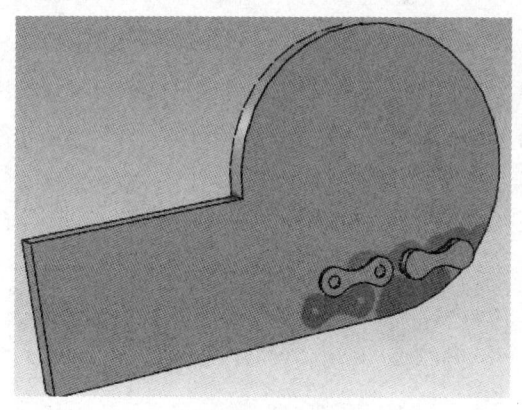

图 11-174　添加参考零件

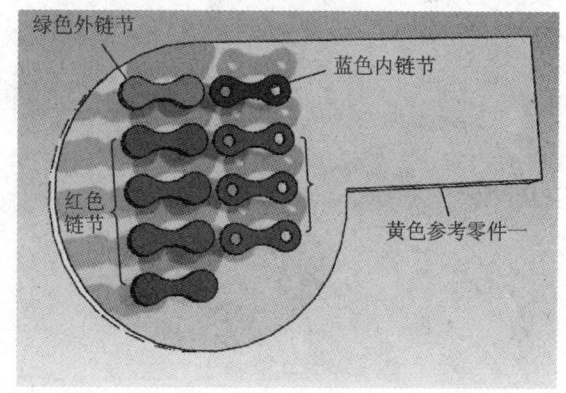

图 11-175　生成新的链节

(5) 先将蓝色的链节装配到位,为了更容易找到参考零件一中长方体的角点,可以将它向外移动一点。蓝色零件的位置就是一端圆周中心与长方体角点重合,同时与长方体长边平行。再来装配绿色零件,同样利用三维球,绿色零件的一端与蓝色零件重合,另外还与长方体平行。两个零件装配完成如图 11-176 所示。

(6) 添加第一个红色链节。这是非常重要的,因为这个链节的角度是特殊的。先将红色链节的一端与蓝色链节相连,再向内旋转 10°,如图 11-177 所示。

(7) 其他六个链节的装配就比较容易了。只要将它们的一端固定,然后旋转,旋转角度每次增加 20°,如图 11-178 所示。在这里先将蓝色链节拖放到圆中,再将绿色链节拖放到圆中。

(8) 将七个链节组合成一个装配,并将它们重命名为"主动件一"。在装配状态下选择主动件一,单击"智能动画"工具按钮,在"智能动画向导-第 1 页"对话框中添加一个"绕高度方向轴"的旋转,角度改为"-20",单击"完成"按钮,如图 11-179 所示。

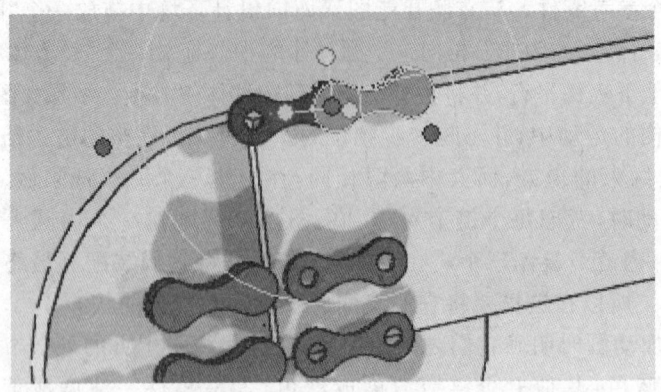

图 11-176 将从动链节定位

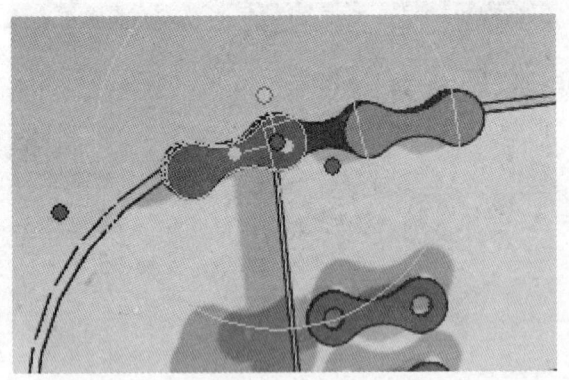

图 11-177 旋转链节

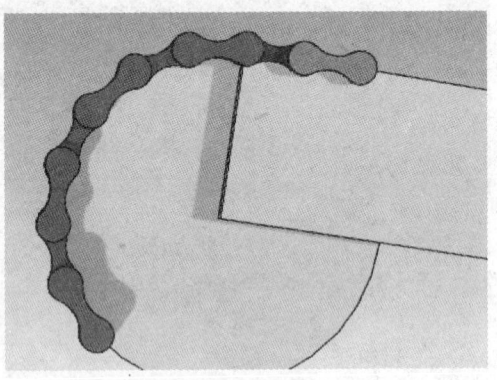

图 11-178 由直入圆装配成功图

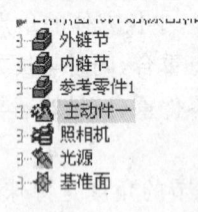
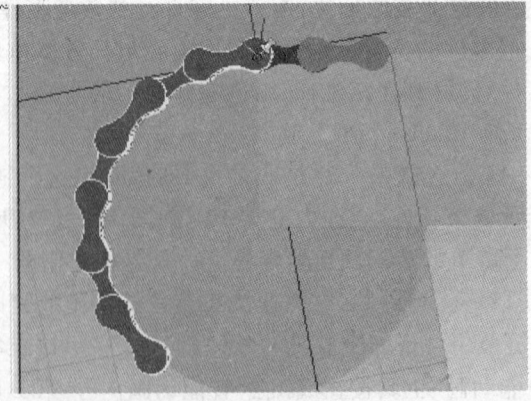

图 11-179 添加智能动画

(9) 利用三维球工具将放置中心轴移动到参考零件一的圆柱中心处。播放动画,结果如图 11-180 所示。

(10) 将绿色外链节压缩,为蓝色内链节添加动画约束。它共有两个约束：第一个是与红色主动件配合一端的共轴约束,第二个是另一端到长方体下表面的尺寸约束。将两个约束都添加完,如图 11-181 所示。

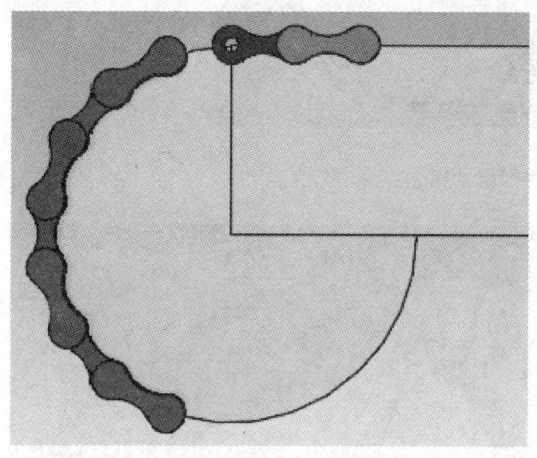

图 11-180 运动结果

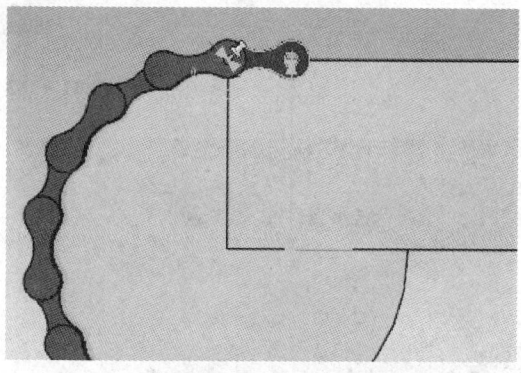

图 11-181 添加约束

(11) 播放动画,可以看到蓝色的链节已经可以跟随运动,如图 11-182 所示。

(12) 添加另外一个链节的动画,即绿色链节的动画。它是这个链传动动画的难点,也是学习重点。首先将红色主动件一、蓝色链节和参考零件一组合成一个装配,并将它重命名为"主动件二",再将绿色链节解压缩,如图 11-183 所示。

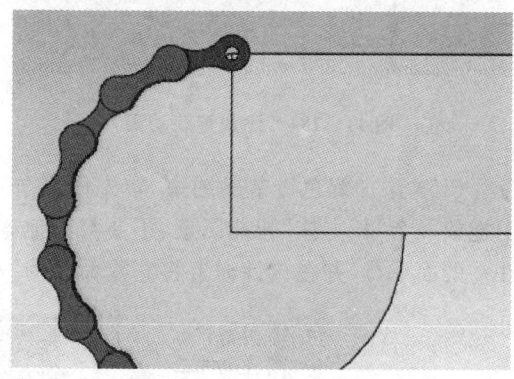

图 11-182 运动结果

(13) 在装配状态下选择主动件二,单击"智能动画"工具按钮 ,在"智能动画向导-第 1 页"对话框中添加一个"绕高度方向轴"的旋转,角度改为"-20",直接单击"完成"按钮,利用三维球工具将旋转参考轴移动到参考零件一的圆柱体中心处,如图 11-184 所示。

(14) 打开"智能动画编辑器",将主动件二的动画片段起始时间改为"2"。播放动画,如图 11-185 所示。

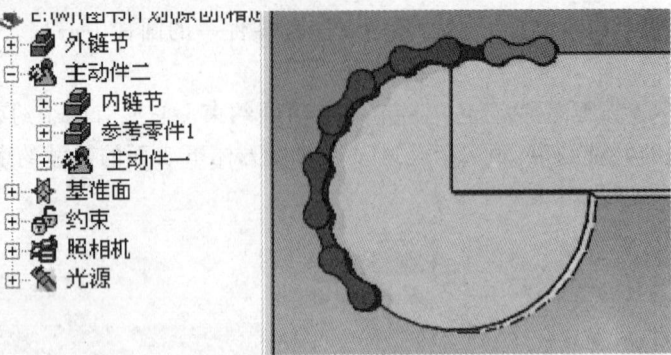

图 11-183　调整设计树

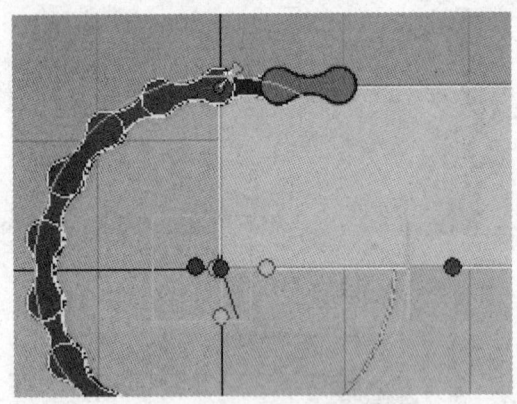

图 11-184　添加智能动画

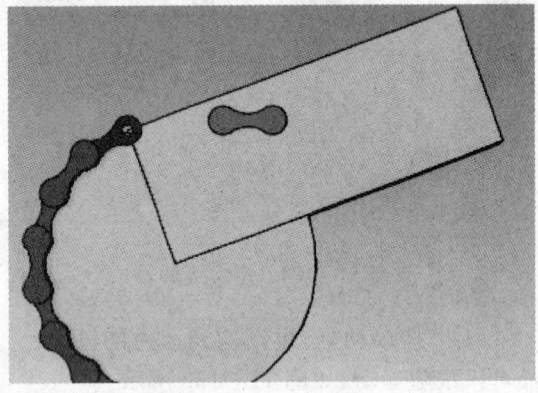

图 11-185　播放动画

(15) 添加绿色链节的约束，首先再建立一个参考零件。从右侧智能图素库中向设计环境中拖放一个"长方体"智能图素，不要与其他零件发生关联。将它的两个侧面调整到与参考零件一的面平行，并在设计树上将它重命名为"参考零件二"，如图 11-186 所示。

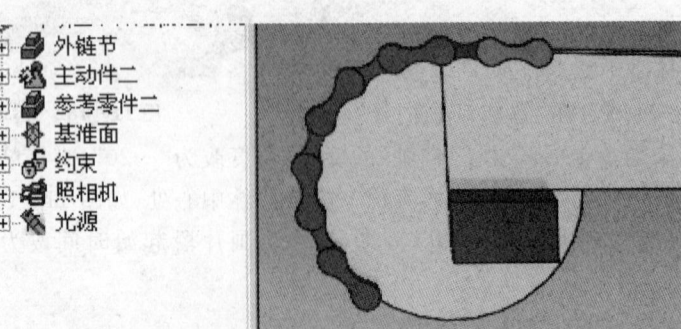

图 11-186　添加新的参考体

(16)绿色链节的约束同样也是两个。在零件状态下选择绿色链节,然后利用"约束装配"工具将它与蓝色链节相配合的一端添加一个共轴约束,再利用"线性标注"工具添加一个由它的另一端到参考零件二上表面的尺寸标注。将标注尺寸锁定后的结果如图11-187所示。

(17)再次播放动画,如图11-188所示,可以看到绿色外链节也正常地跟着旋转了。在本实例中,这种两层动画的添加是一个难点,同时也是学习中应该注意的地方,在以后牵涉到此类父子关系动画时,可以考虑使用。

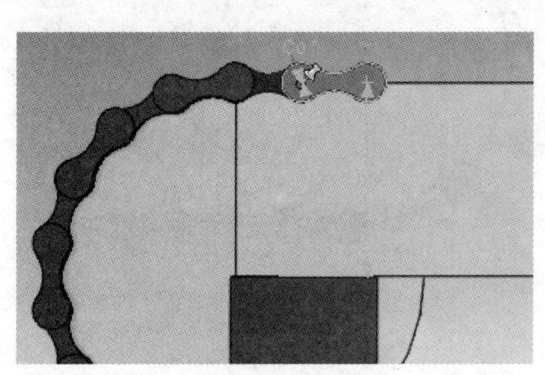

图11-187 添加约束

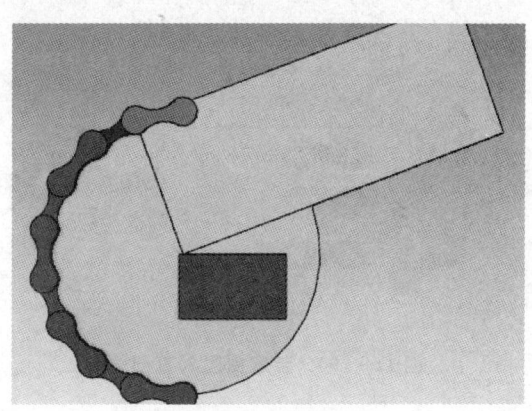

图11-188 播放动画

(18)第一个运动部分已经完成。将绿色外链节、主动件二、参考零件二组合成一个新的装配,并重命名为"由直入圆一",再将参考零件一、外链节和内链节复制一份,如图11-189所示。

注　意　复制时要将已经存在的约束和装配关系去掉。

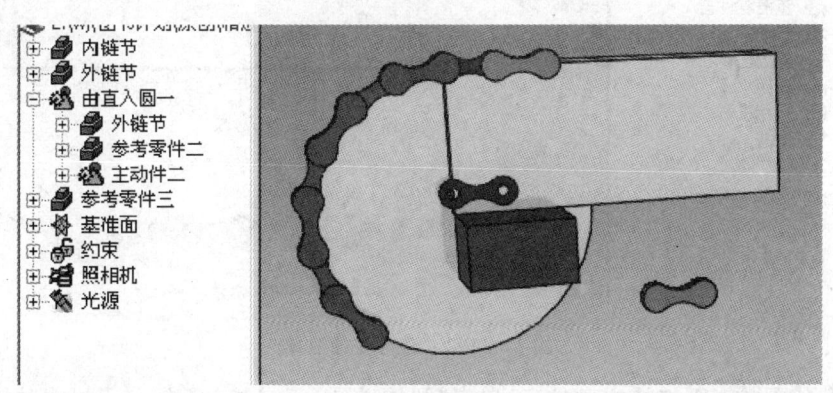

图11-189 生成新的链节

(19)第二部分的动画是"由圆入直"。首先要将它们装配起来。将外链节复制两个,内链节复制三个;再将一个内链节的一端移动到与红色主动件一端同轴,并旋转150°,如图 11-190 所示。

(20) 装配另外六个链节,只有第一个外链节有必要旋转10°,其他的都与长方体长边平行,如图 11-191 所示。

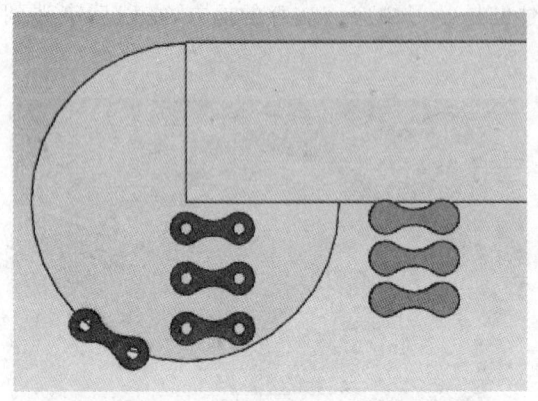

图 11-190 装配由圆入直部分　　　图 11-191 装配完毕

(21) 同样,这个动画也是由两层构成的,有必要将链节的颜色修改以便于区分。从左侧开始第一个修改成为绿色,第二个修改成为蓝色,其他五个修改成为红色,并将五个红色链节组成一个装配体,重命名为"主动件三",如图 11-192 所示。

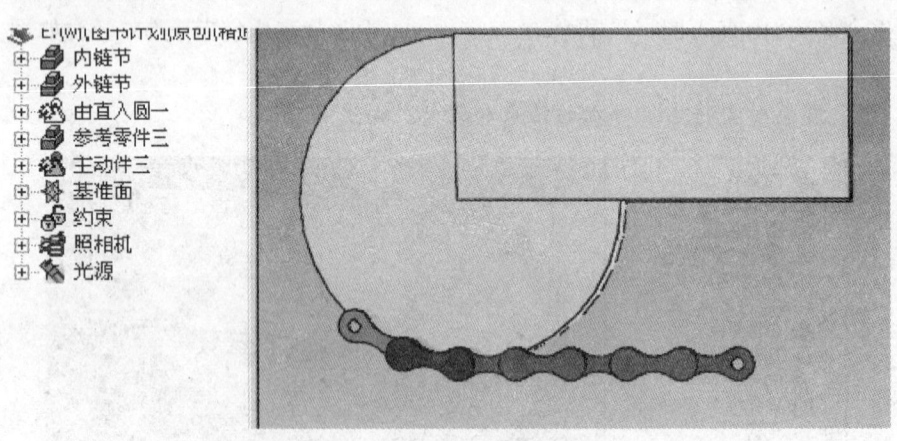

图 11-192 进行智能渲染

(22) 在装配状态下选择主动件三,单击"智能动画"工具按钮,在"智能动画向导-第1页"对话框中添加一个"沿长度方向"的移动,距离改为"-3.474",单击"完成"按钮。播放动画,如图 11-193 所示。

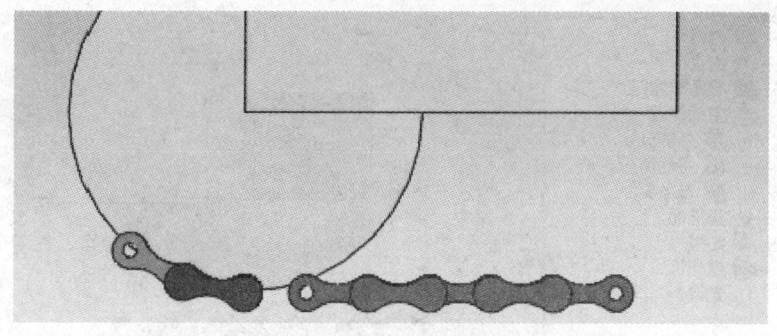

图 11-193　添加动画

(23) 为蓝色链节添加约束,其约束同样由两部分组成。首先利用"约束装配"工具添加一个与红色主动件相配合的同轴约束,然后为其另一端添加一个从端面中心到参考零件三中的圆柱体中轴即长主体与圆柱体轴重合的那条边的尺寸标注,并锁定,如图 11-194 所示。

(24) 播放动画,可以看到蓝色链节已经运动起来,如图 11-195 所示。

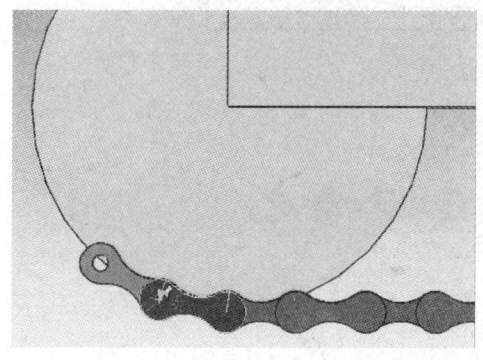
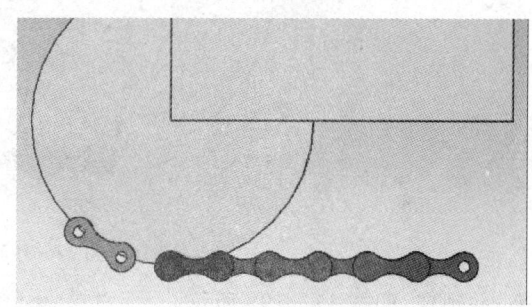

图 11-194　添加约束　　　　　　　　图 11-195　播放动画

(25) 将蓝色链节、主动件三和参考零件三组合成一个装配,并重命名为"主动件四"。从右侧智能图素库中向设计环境中拖放一个"长方体"智能图素,将它重命名为"参考零件四",在智能图素状态下拖放智能手柄,调整到与参考零件三的两条过圆心的边重合,即要调整出一条与圆柱体轴线重合的边,如图 11-196 所示。

(26) 在装配状态下选择主动件四,单击"智能动画"工具按钮 ,在"智能动画向导-第 1 页"对话框中添加一个"沿长度方向"的移动,距离改为"-3.474",单击"完成"按钮。

(27) 打开"智能动画编辑器",将主动件四的动画片段起始时间改为"2"。播放动画如图 11-197 所示。

(28) 添加绿色链节的约束。首先利用"约束装配"工具为其与蓝色链节相配合的一端添加一个共轴约束。再利用"线性标注"工具将其另一端的中心与参考零件四的轴线距离标注出

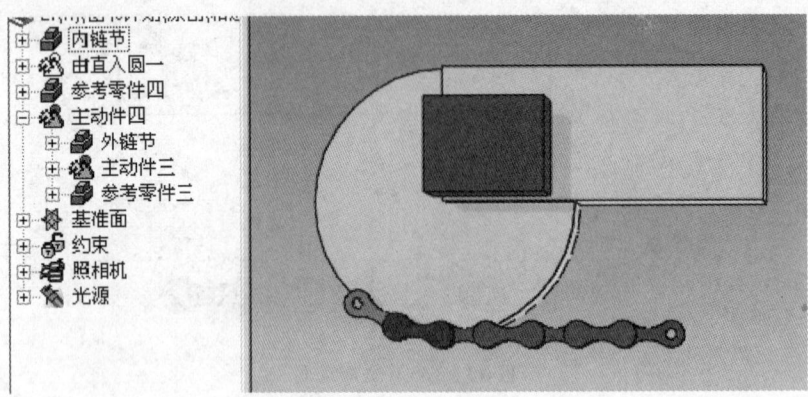

图 11-196 调整设计树

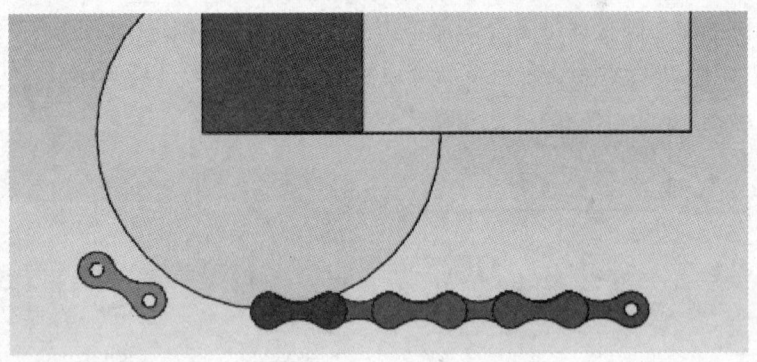

图 11-197 播放动画

来,并锁定,如图 11-198 所示。

(29)播放动画,绿色链节也一起开始由圆入直的运动,如图 11-199 所示。

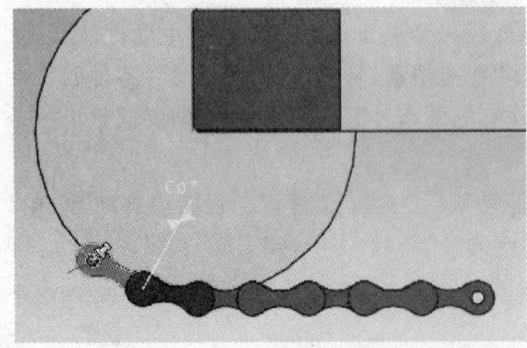

图 11-198 添加约束

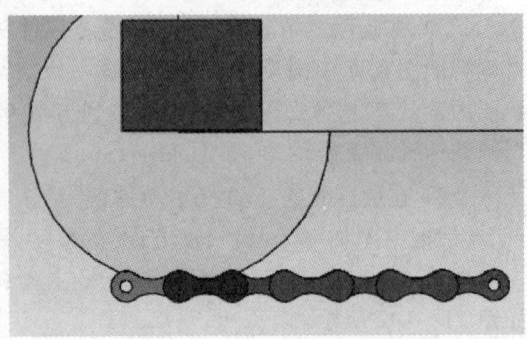

图 11-199 播放动画

(30)将"由直入圆一"装配解压缩,播放动画,如图 11-200 所示。可以看到,两个动画配合的非常紧密。链轮动画到此只能说完成了一半。

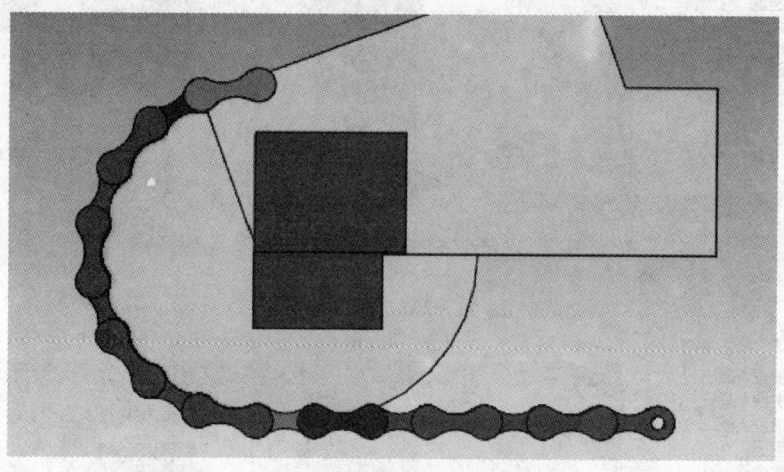

图 11-200 动画播放

(31)在装配状态下选择"由直入圆一",打开三维球工具,将它移动到长方体下表面中心点,如图 11-201 所示。

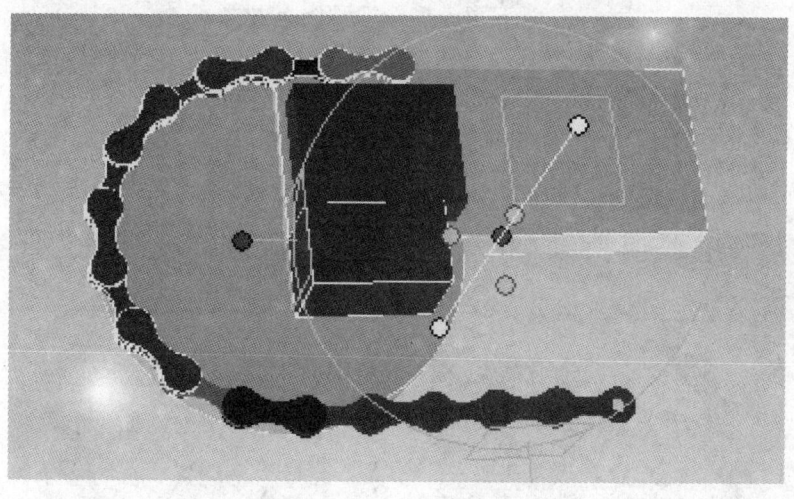

图 11-201 生成另一半

(32)利用中间轴旋转 180°,将"由直入圆一"复制一份,并重命名为"由直入圆二",如图 11-202 所示。

(33)同样,将"由圆入直一"也复制一份,并重命名为"由圆入直二",如图 11-203 所示。

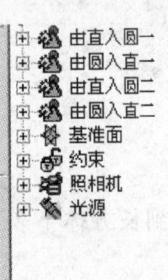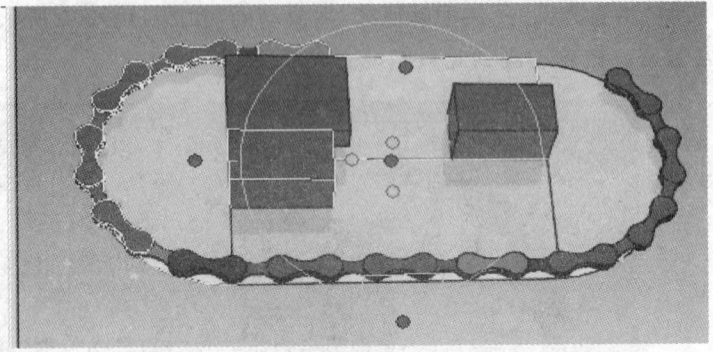

图 11-202 生成结果

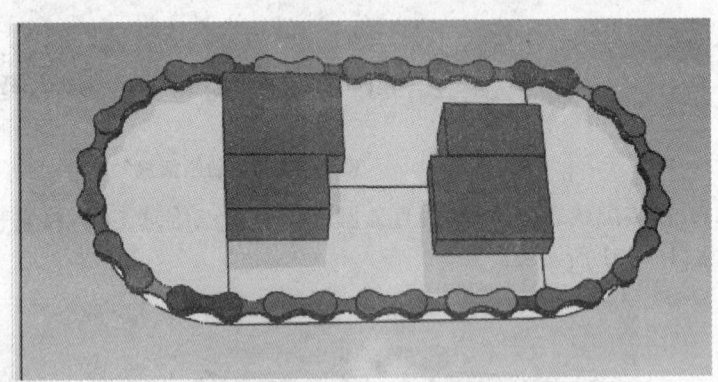

图 11-203 最终生成结果

（34）播放动画，可以看到复制过程中没有丢失动画设计，运动结果如图 11-204 所示。

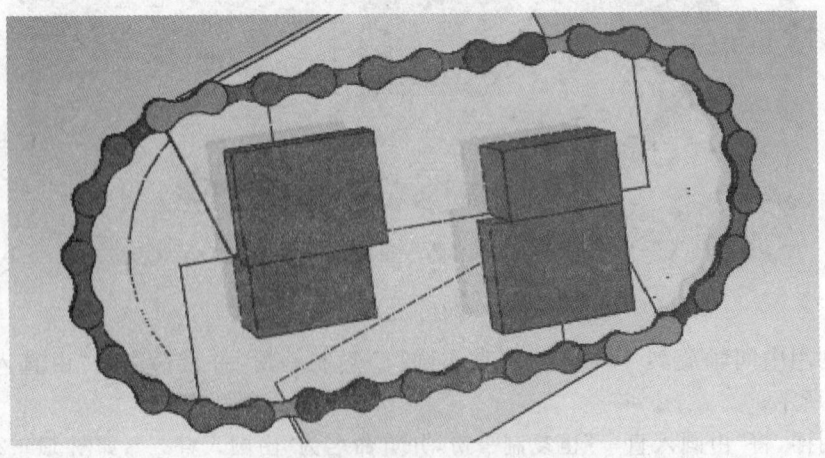

图 11-204 播放动画

(35) 由于参考零件的存在,画面显得过于凌乱,因此可将参考零件全部压缩。压缩后再次播放动画,如图 11-205 所示。

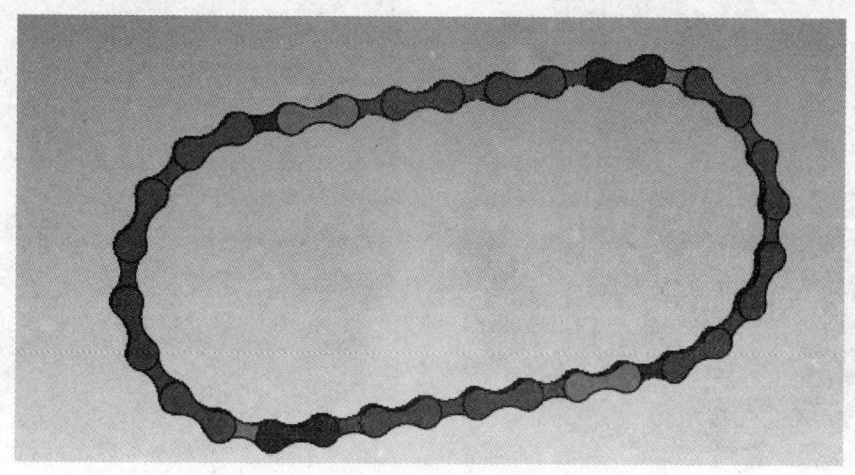

图 11-205 将参考零件隐藏的结果

256 如何制作接触动画?

在 CAXA 实体设计 2006 中,约束装配提供了两个新的约束条件,可以完成接触动画的制作。

打开 CAXA 实体设计 2006,单击"定位约束工具"工具按钮,出现一个新的对话框。单击"约束条件"的下三角按钮,可以看到有许多新增的约束条件,如图 11-206 所示。

实例:凸轮

(1) 凸轮实例环境如图 11-207 所示。

(2) 单击"定位约束"工具按钮,选择"相切"约束条件。先单击绿色零件的下表面,再单击红色椭圆体的侧面,如图 11-208 所示。

(3) 此时,给红色椭圆体添加了一个以椭圆轴为中心轴的旋转,添加完成后播放动画。可以看到,这个运动是以绿色实心体表面相切为条件做上下往复运动,其过程如图 11-209 所示。

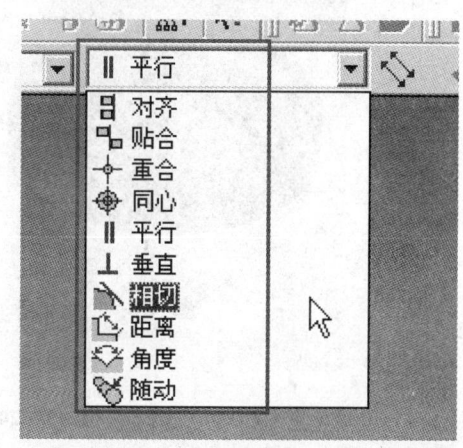

图 11-206 新增约束条件

图 11-207 凸 轮

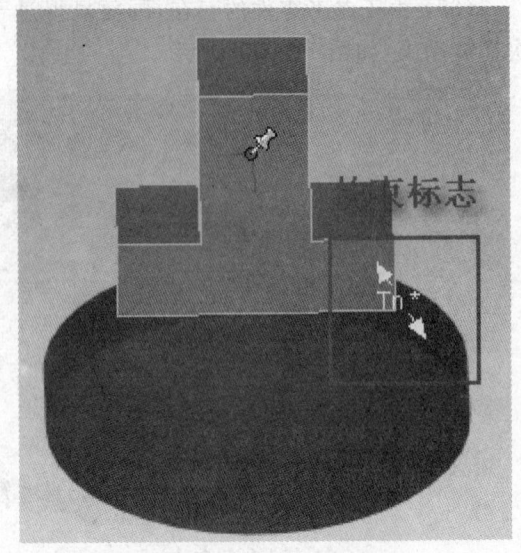
图 11-208 添加相切约束

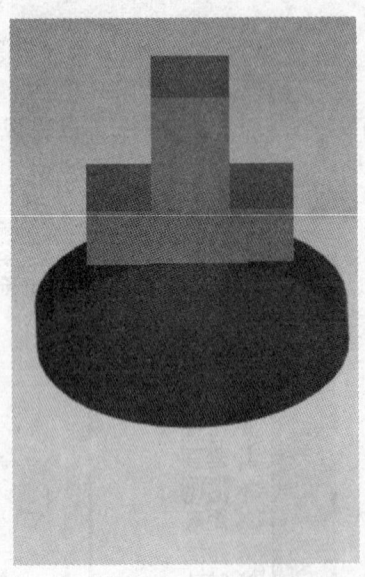
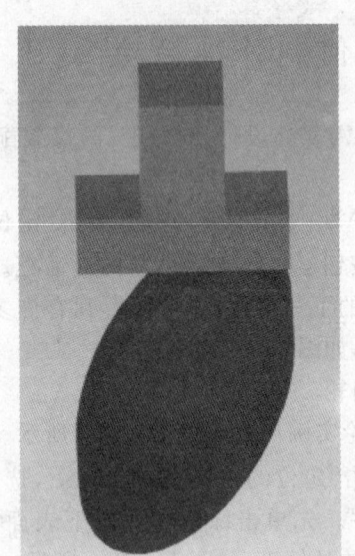
图 11-209 相切运动过程

257 如何设置动画输出的尺寸规格?

设置动画输出的尺寸规格的步骤如下:
(1) 选择菜单"文件"|"输出"|"动画",进行动画文件的输出。
(2) 在出现的"输出动画"对话框下方输入文件名及选择类型,如图 11-210 所示。

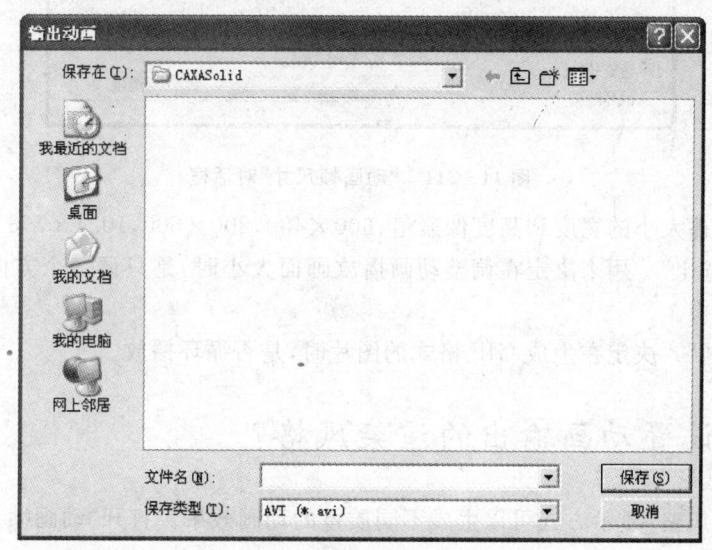

图 11-210 "输出动画"对话框

(3) 在"输出动画"对话框中单击"保存"按钮,如图 11-211 所示,系统出现"动画帧尺寸"对话框,通过对话框对要输出动画文件的质量、大小等参数进行具体设置,即可得到各种品质要求的动画文件。

尺寸规格即输出动画画面的尺寸大小及规格,默认为"定制大小",根据自己喜欢和用途来设定。具体的规格设定包括:

"每英寸点数" 输出动画画面的分辨率,也就是画面的品质及清晰度。一般画面要求选取 150 点及以下均可(如输出 GIF 格式文件),要求较高的可以选取 150~300 点,600 点就可达到专业级的照片画面效果了。注意,分辨率并不是越高越好,分辨率高,动画文件就越大,占用磁盘空间也越大,传递就困难;反之,分辨率较低时,文件也较小,便于存储和网上传递。一定要根据应用需要进行参数设置。

➢ "输出图像大小"

"单位"可以选取像素、厘米、毫米或者码;系统默认单位为"像素"。

"宽度"和"高度"值可以按要求大小进行设置。在系统默认像素为单位情况下,可以参照

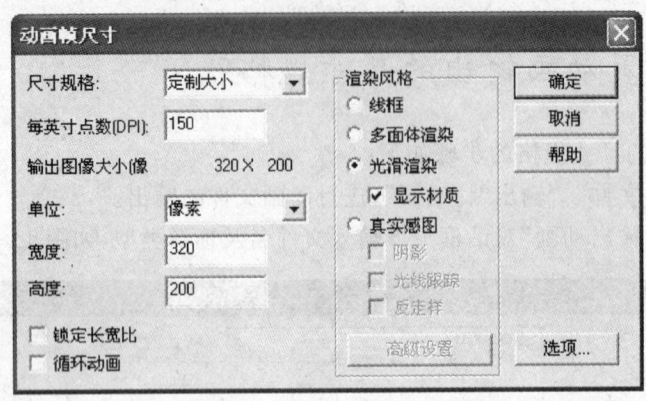

图 11-211 "动画帧尺寸"对话框

计算机屏幕大小的宽度和高度像素值：600×480，800×600，1024×768 等。
- "锁定长宽比"　用来决定在调整动画播放画面大小时，是只调一个方向还是两个方向的等比变换。
- "循环动画"　决定在生成 GIF 格式的图片时，是否循环播放。

258　如何设置动画输出的渲染风格？

不同的渲染风格/显示方式可以生成不同质量的动画效果。打开"动画帧尺寸"对话框，在其右侧的"渲染风格"区域中设定：
- "线框"　显示为网状几何图形组成的线骨架图形式，以线条组成的格子代表其表面。线骨架图渲染不显示表面元素，如颜色或纹理，如图 11-212 所示。
- "多面体渲染"　显示由所谓小平面组成的零件的实心近似值。每个小平面都是一个四边的二维图素，由更小的三角形表面沿零件的表面创建的，每个都显示一种单一的颜色。CAXA 实体设计通过向它的小平面分配越来越浅或越来越深的阴影，给零件添加深度，效果如图 11-213 所示。
- "光滑渲染"　可以将零件显示为具有平滑和连续阴影处理表面的实心体。光滑渲染处理比小多面体渲染处理更加逼真，而后者则比线骨架图逼真。在不选择"显示材质"的情况下如图 11-214 所示。选择"显示材质"选项，显示应用于零件的表面纹理。为了使这个选项对零件有效，至少有一种纹理应用于它的表面，如图 11-215 所示。系统一般默认的渲染风格为带材质显示的光滑渲染模式。
- "真实感图"　可以产生最为逼真的效果。使用这个选项，沿表面的阴影处理是连续的、细腻的。表面凸痕和真实的反射都会出现，而光照也更为准确，尤其是光谱强光。对下面三个选项先不选择，显示效果如图 11-216 所示。

图 11-212 线框显示

图 11-213 多面体显示

图 11-214 光滑渲染显示

图 11-215 光滑体渲染显示

在选择了"真实感图"时,下列几个选项可选:
- "阴影" 对象在光源照射下能够产生交叠的阴影。
- "光线跟踪" CAXA实体设计通过反复追踪来自设计环境光源的光束来提高渲染的质量。光线跟踪可以增强零件上光的反射和折射。
- "反走样" 这种高质量的渲染方法,可以使显示的零件带有光滑和明确的边缘。CAXA实体设计通过沿零件的边缘内插中间色像素来提高分辨率。选择此选项还可以启用真实的透明度和柔和的阴影。在地球仪中选择这三个选项的真实感图如图11-217所示。

图11-216 真实感渲染

图11-217 真实感渲染

在选择了"真实感图"之后还可以进行"高级设置"。单击"高级设置"按钮,打开"高级风格设置"对话框如图11-218所示。

➢ "反走样采样" 选项组中的"反走样附加渲染采样"选项进一步完善了反走样工艺,消除了图像中的锯齿形线。它可以增加CAXA实体设计用于每个像素的阴影处理采样的数量。增加下拉列表中的采样率,可以产生更加光滑的图像,并可以改善精细强光、光束追踪反射和光滤色片。要缩短渲染时间,请选择"使用适应性采样"选项。

➢ "反走样纹理过滤" 选项组中的选项可以控制CAXA实体设计在表面纹理图像上应用反走样的方式。"散射"选项可以加快纹理渲染的速度,避免混叠效果,例如在表面纹理上出现的波纹图案。"集合区域"选项可以产生比"散射"选项过滤更好的纹理,但是它对内存的需要大大增加。如果零件包含许多纹理,则应该选择"散射"选项。"模糊效果"可以拖动滑尺或输入一个数值,来修改表面纹理的模糊效果。为了避免在动画中出现闪动,需要加大纹理的模糊效果(1.1~1.5);而要使静像在打印时更加清晰,则需要

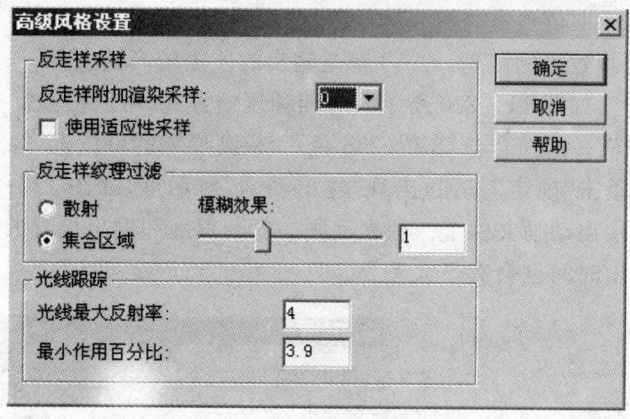

图 11-218 "高级风格设置"对话框

减少纹理的模糊效果(0.75~0.9)。如果出现了波纹图案,则说明模糊设置值太低了。
> "光线跟踪" 选项组中的选项影响借助光线跟踪取得逼真光照效果的图像的质量。
- "光线最大反射率"选项指定次数光线在设计环境中的物体上的反射。在正常情况下,一个光束仅仅需要在设计环境中有不多几次"弹射",就可以得到最高图像质量。对要求额外反射或折射的特殊情况,可以增加弹射的次数,也可以将数值设置在 1,从而快速地预览设计环境的外观,而不是等待完整光线跟踪的结果。
- "最小作用百分比"选项可以减少不能增强图像的渲染。在这个文本框中输入一个百分比值。CAXA 实体设计将计算一个光束在像素颜色上的会产生的变化百分比。如果这个百分比小于文本框中输入的数值,就不使用这个光束。要禁用这个选项,用以持续追踪光束来取得最大限度的渲染,请将百分比设置为 0。

> "选项" 单击"动画帧尺寸"对话框右下角的"选项"按钮,出现"输出 AVI"对话框,这是输出 AVI 格式的动画所特有的设置选项,如图 11-219 所示。

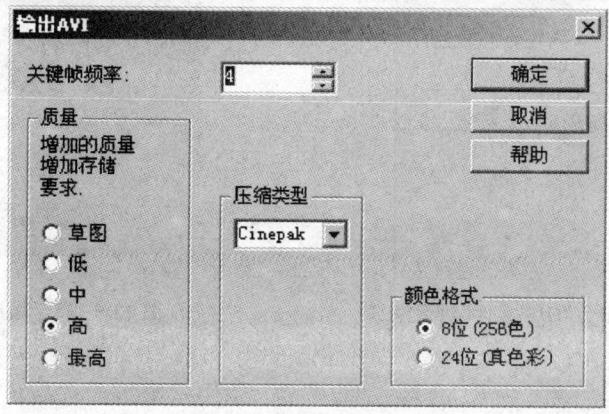

图 11-219 "输出 AVI"对话框

- "关键帧频率":值愈高,输出动画文件的质量愈差。
- "质量":动画效果的区别。AVI 都是输出的质量较高的文件。
- "压缩类型":如图 11-220 所示共有四种压缩方式,可以根据需要选择其中一种。
- "颜色格式":一般可以选"8 位(256 色)",较高要求的可以选"24 位(真彩色)"。

在设定完成后,单击"确定"按钮,出现"输出动画"对话框,如图 11-221 所示。单击"开始"按钮就可以开始输出动画文件了。根据动画的复杂程度和输出设置的精度要求,关键帧总数会有很大不同,输出时间也会有很大差异。

图 11-220 压缩类型

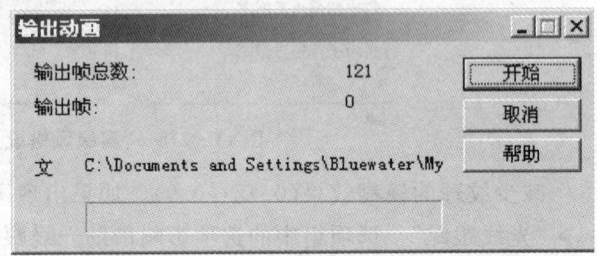

图 11-221 "输出动画"对话框

在输出动画的时候中间格式的输出只按每一帧输出一张,在这里不作研究。只是看一下直接生成动态图片的 GIF 格式。

在输出动画时,选择动画格式为 GIF。单击保存后出现的"动画帧尺寸"对话框同 AVI 格式的一模一样,单击左下角的选项按钮出现一个新的对话框,如图 11-222 所示,可以看见在这里与 AVI 是有所区别的。

不做任何修改将动画输出,最终效果如图 11-223 所示。

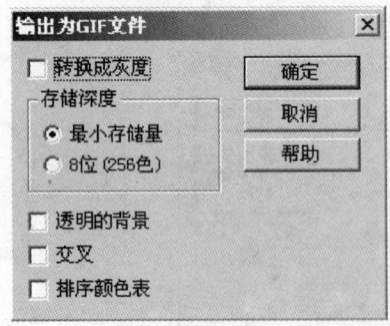

图 11-222 输出为"GIF 文件"对话框

图 11-223 输出的 GIF 图

第 12 章 系统设置与高级选项

259 旋转实体时有时显示不全或者金属渲染变成黑色,如何处理?

方法一 这是机器的显示问题。具体解决方法可以在 Windows 窗口下选择"开始"|"设置"|"控制面板"菜单项,在出现的"控制面板"对话框中双击"显示"选项,出现"显示属性"对话框,选择"设置"选项卡,单击"高级"按钮,在出现的对话框中选择"疑难解答"选项卡,调节"硬件加速"至无或省一格。Win NT 4.0 中没有"硬件加速"选项,一般将显示的颜色降为 256 色或 16 位增强色可解决该问题。

方法二 选择"工具"|"选项"|"渲染"|"OpenGL(仅用于视向工具)"菜单项即可。

260 实体设计保存文件时有时出错,如何处理?

这是由于系统找不到 fm20.dll 动态链接库造成的。解决方法是手动注册动态链接库。步骤如下:

(1) 单击"开始"|"运行"选项。
(2) 在出现的对话框中输入以下命令(x 为系统所在分区的盘符):

    WinXP 系统   regsvr32 x:\windows\system32\fm20.dll
    Win 2000 系统   regsvr32 x:\winnt\system32\fm20.dll
    Win 98 系统   regsvr32 x:\windows\system\fm20.dll

需要说明的是,导致保存出错的原因有很多,这只是其中的一种解决方法,大家可以根据系统提示来进行判断,并进行解决。

261 实体设计如何加载外部工具?

在实体设计中,单击"工具"下拉菜单中的"自定义"菜单项,在出现的"自定义"对话框中选择"工具"选项卡,单击"增加"按钮,分别按图 12-1~12-4 中的提示填写"对象"与"方法"或"执行文件",即可完成外部工具的加载。

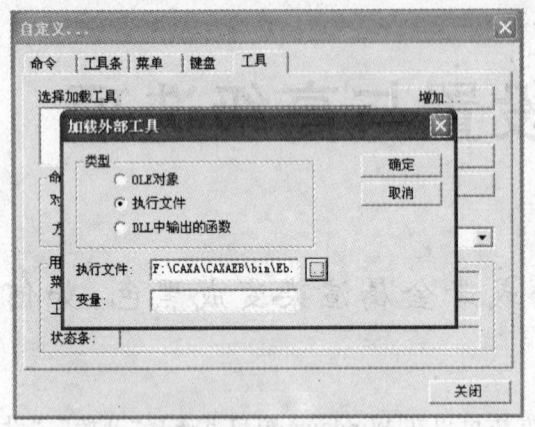

图 12-1　启动电子图版的添加（设计环境）

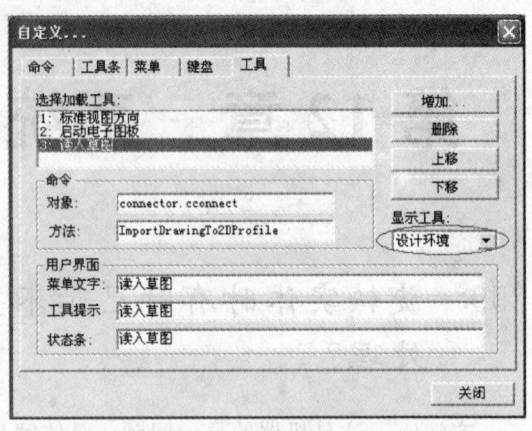

图 12-2　读入草图的添加

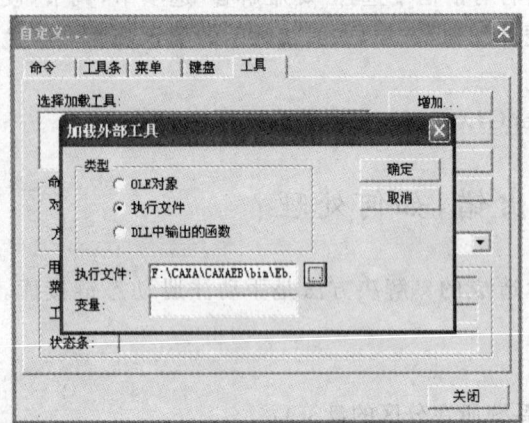

图 12-3　启动电子图版的添加（绘图）

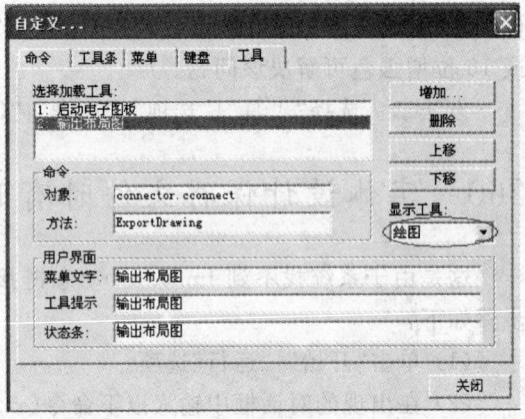

图 12-4　输出布局图的添加

262　如何设置线框显示、轮廓线显示和隐藏线显示？

右击设计环境，在快捷菜单中选择"渲染"菜单项，出现"设计环境属性"对话框，在此对话框中进行相应设置即可，如图 12-5 所示。

263　提高显示速度有哪些方法？

方法一　如图 12-6 所示在"选项"对话框中将"曲面光顺"设置为 23。

第12章 系统设置与高级选项

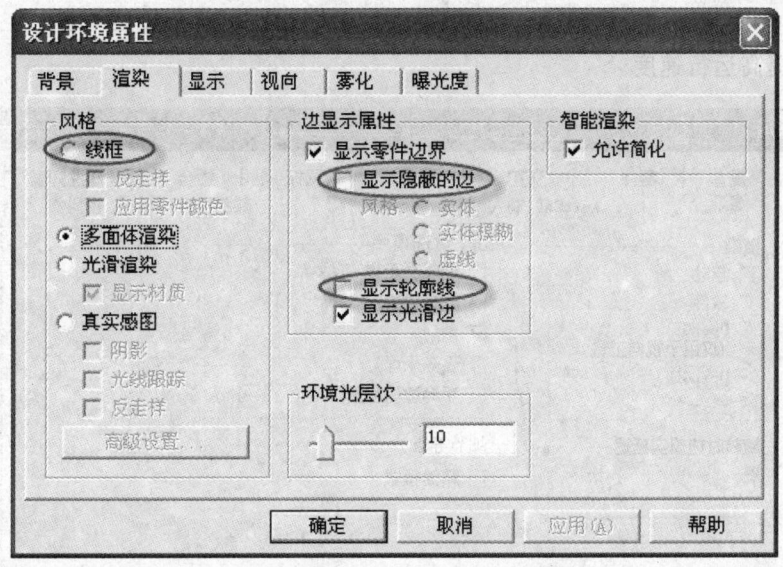

图12-5 "设计环境属性"对话框

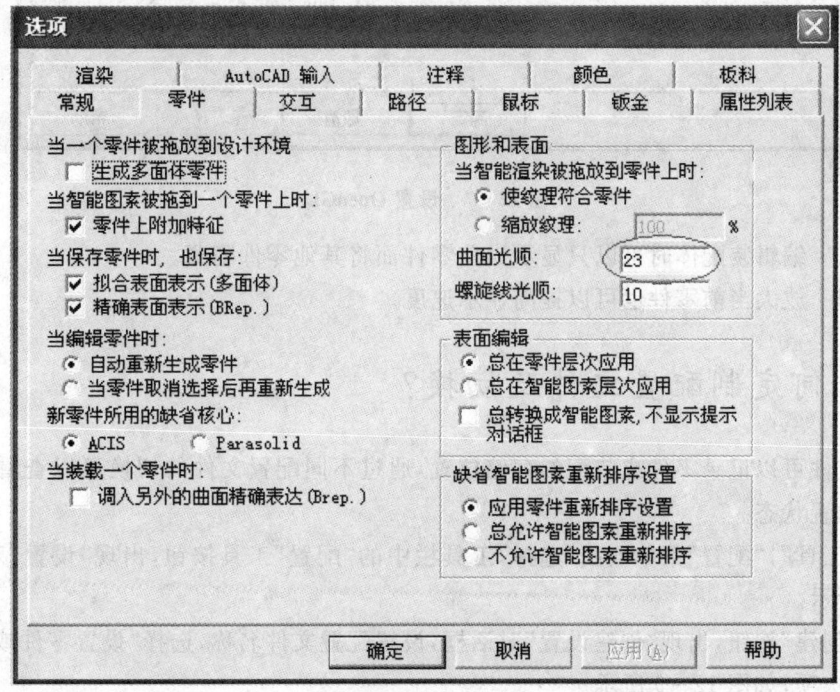

图12-6 设置"曲面光顺"

方法二 在电脑硬件比较强的情况下，可以按照图12-7所示设置OpenGL选项以发挥硬件的优势，提高运行速度。

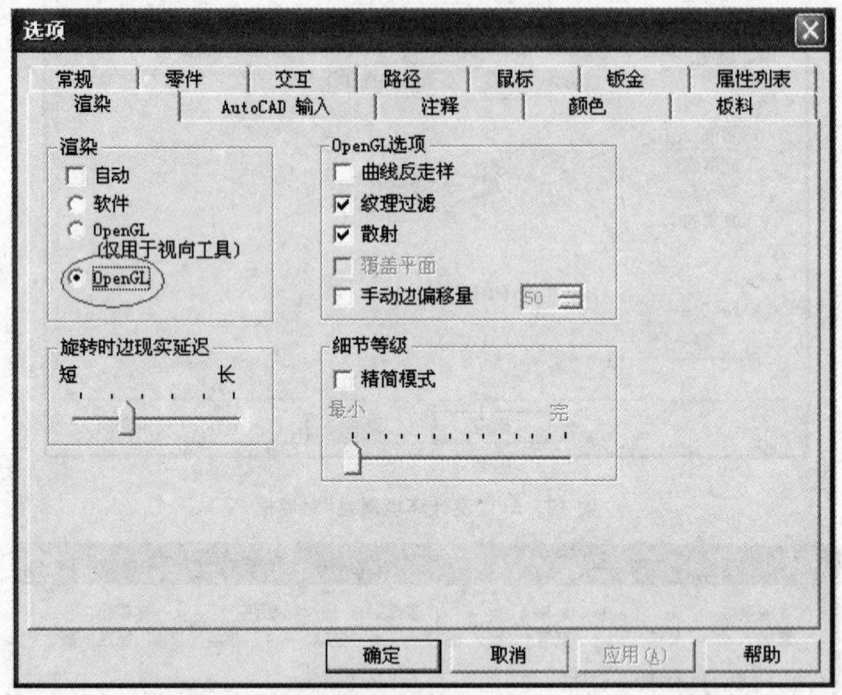

图12-7 设置OpenGL

方法三 编辑装配体时可以只显示当前零件而将其他零件隐藏。

方法四 放大当前零件也可以提高显示速度。

264 如何定制配置文件及切换？

配置文件可以记录零件或装配的存储位置，通过不同配置文件的切换可以查看零件或装配的不同位置状态。

选择"工具"|"配置"菜单项或"选择"工具栏中的"配置"工具按钮，出现"设置"对话框，如图12-8所示。

单击"创建"按钮，出现"创建设置"对话框，设置配置文件名称，选择"设置零件或装配件的存储地址"选项，如图12-9所示。

这时，"选择"工具栏中就会出现新建的配置文件，选择这个配置文件，如图12-10所示。

对零件或装配的位置的修改就会保存在这个配置文件中。图12-11所示是在Default配

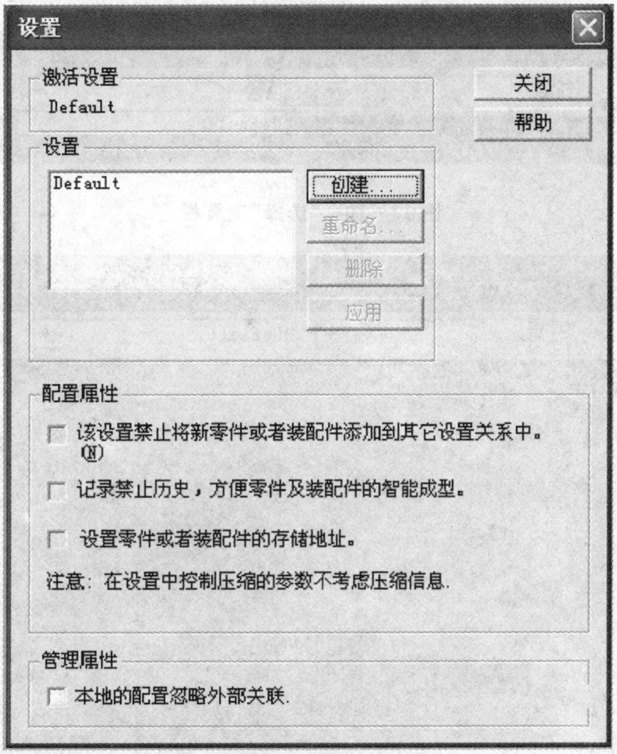

第12章 系统设置与高级选项

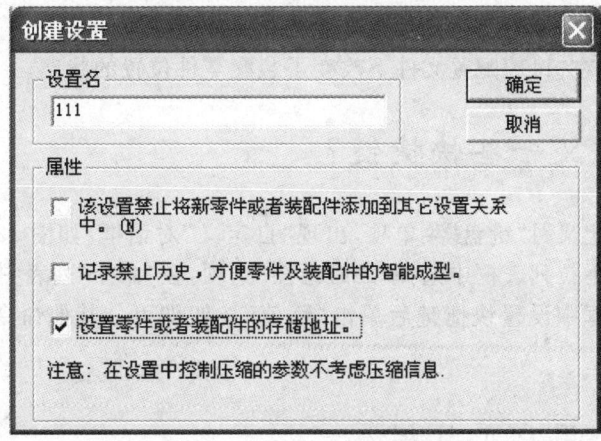

图 12-8 "设置"对话框

图 12-9 "创建设置"对话框

置文件下的装配状态。

图 12-10 "选择"工具栏

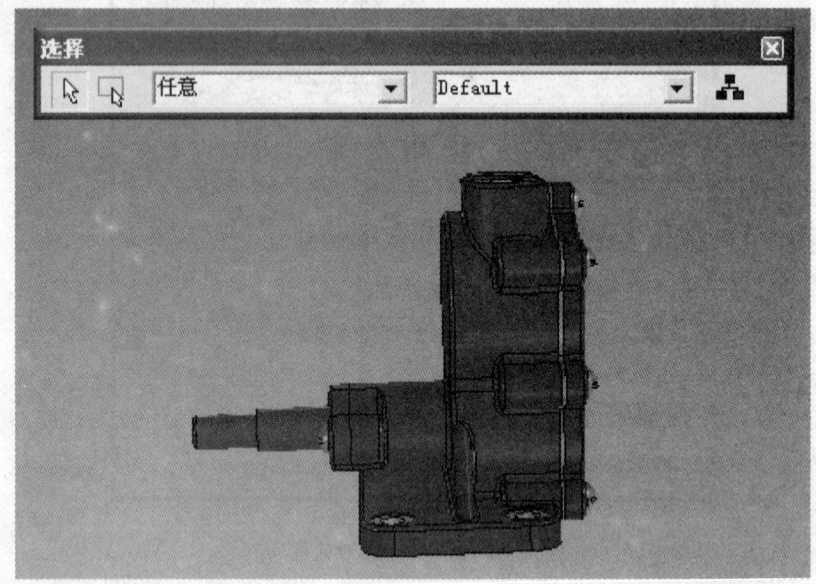

图 12-11 Default 配置文件下的状态

图 12-12 所示是在"111"配置文件下改变了装配零件位置的状态。

265 如何自定义一些快捷键?

选择"工具"|"自定义"|"键盘"菜单项,出现"自定义"对话框,如图 12-13 所示,选择"键盘"选项卡,在"类别"下拉列表框中选择"二维绘图"选项,在"命令"列表中选择"切线"选项,在"按新的快捷键"文本框中设置快捷键后单击"赋值"按钮即可。其他命令可以按照上述方法设置。

266 如何配置用户工具栏?

实体设计的风格配置文件(IRONCAD.tbc)是 C:\Documents and Settings\Administrator

第 12 章 系统设置与高级选项

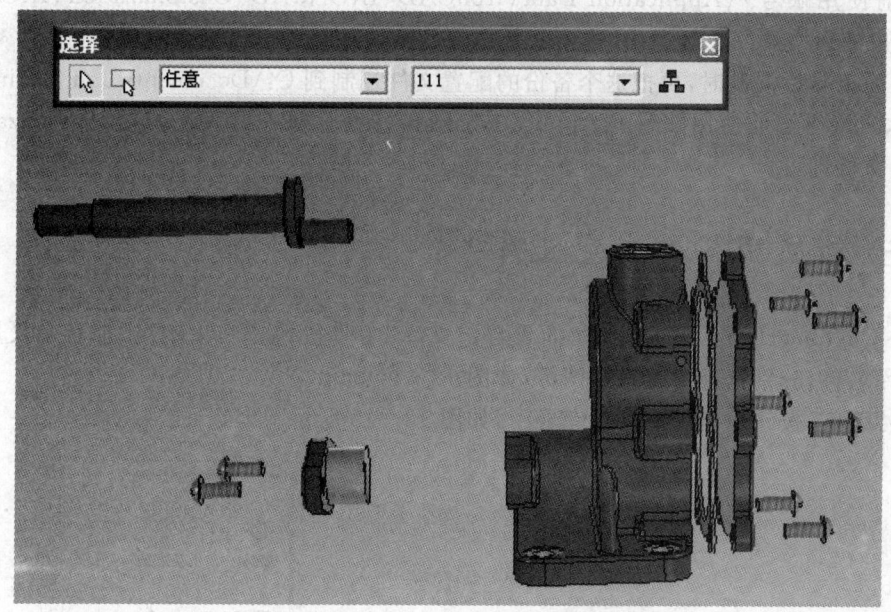

图 12-12 "111"配置文件下的状态

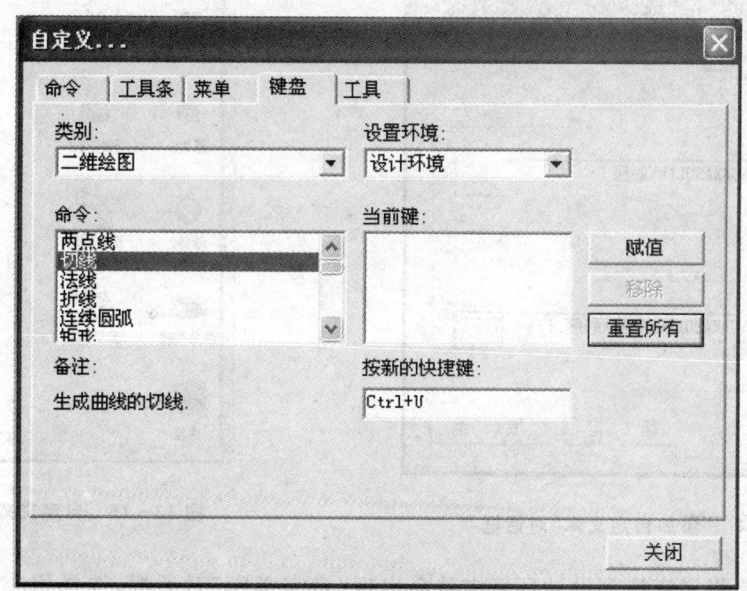

图 12-13 "自定义"对话框

(或者当前使用账号)\Application Data\IronCAD\IRONCAD\Customization\IRONCAD.tbc,当用户的风格调好之后退出,这个配置文件就默认储存了。可以做一个备份。

当界面工具栏混乱时,再把这个备份的配置文件复制到 C:\Documents and Settings\Administrator(或者当前使用账号)\Application Data\IronCAD\IRONCAD\Customization,覆盖原配置文件即可。

267 如何使用插入自定义库?

单击 CustomerLib 工具栏中的"插入自定义库"工具按钮 ,出现"添加自定义库"对话框,输入库名称,分别选择库路径和图标,如图 12-14 所示。

单击"确定"按钮后自定义库就完成了,如图 12-15 所示。

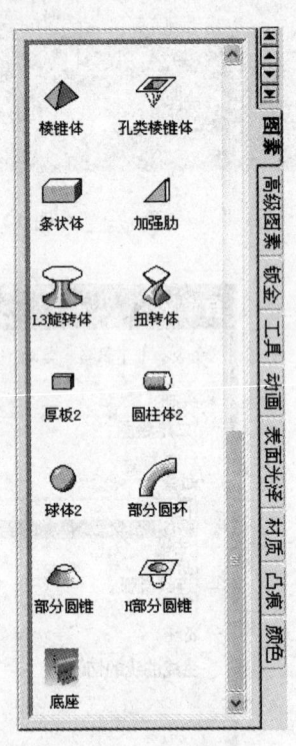

图 12-14 "添加自定义库"对话框   图 12-15 自定义库

使用时只要将底座拖到设计环境中就会出现"自定义库"对话框,选择相应的文件即可使用,如图 12-16 所示。

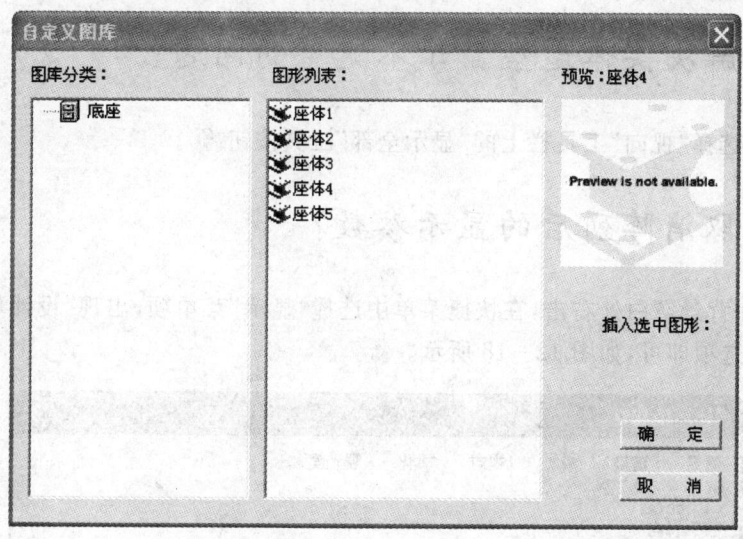

图 12-16 自定义图库

268 如何解决菜单栏不能正常显示的问题？

如果以前安装过 CACA 实体设计软件,卸载后再次安装可能会出现工具栏显示不完整或空白的现象。处理办法：首先关闭软件,然后删除实体设计在 C:\Documents and Settings\Administrator(或者当前使用账号)\Application Data\IronCAD\IRONCAD\Customization\IRONCAD.tbc 的风格配置文件(IRONCAD.tbc),重新启动软件即可。

269 怎样改变零件的旋转中心？

单击"视向"工具栏中的"指定视向点"工具按钮，如图 12-17 所示,然后指定所需的点即可。

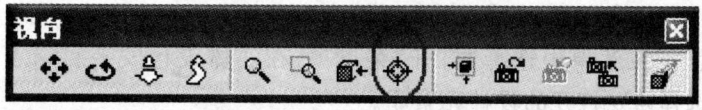

图 12-17 "视向"工具栏

270　如何解决实体造型显示不完整的问题？

按 F8 键或选择"视向"工具栏上的"显示全部"工具按钮 。

271　如何取消阵列后的显示参数？

方法一　在背景空白处右击，在快捷菜单中选择"显示"菜单项，出现"设计环境属性"对话框，不选"阵列"选项即可，如图 12-18 所示。

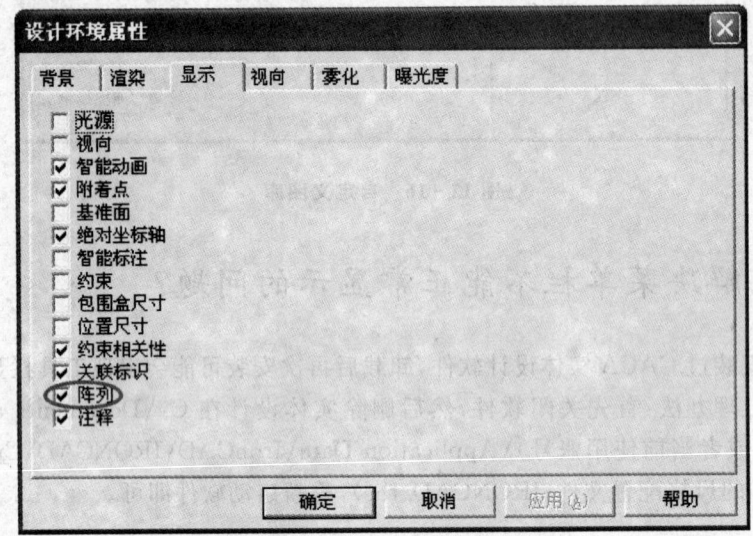

图 12-18　"设计环境属性"对话框

方法二　选择"显示"|"阵列"菜单项。

272　关闭所有的设计元素库后，怎样再打开它？

在"设计元素"下拉菜单中选择"打开"菜单项，在实体设计安装目录下选择/caxasolid/catalogs,然后再选择需要打开的设计元素库。

273　怎样区分零件和智能图素状态？

在设计环境下单击实体,图素的棱边以蓝色显示,此时为零件状态。双击实体,出现包围盒(出现手柄且棱边也黄色显示),此时为图素状态。

274 怎样在光标位置缩放视图和修改鼠标滚轮的步长?

在"工具"下拉菜单中选择"选项"|"鼠标"菜单项,在图 12-19 所示位置更改所需的设置。

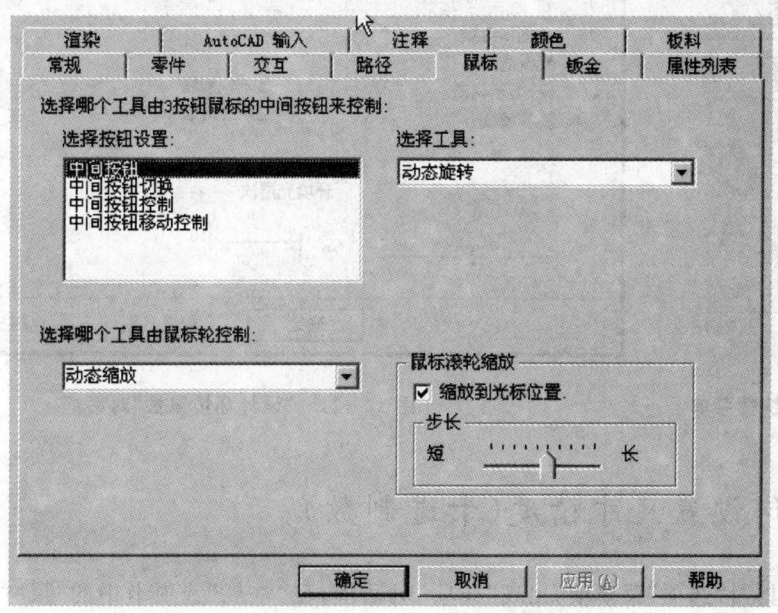

图 12-19 修改鼠标滚轮的步长

275 怎样在屏幕上同时显示零件的多个视图?

在屏幕空白处右击,在快捷菜单中选择"水平分割"或者"垂直分割"菜单项,如图 12-20 所示,然后在不同的视窗里选择所需要的视图方向。

276 如何设置不显示零件边界线?

在界面的空白处右击,在快捷菜单中选择"渲染"菜单项,在出现的"设计环境属性"对话框中取消对"显示零件边界"选项的选择即可,如图 12-21 所示。

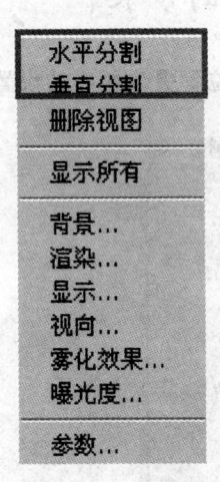

图 12-20 快捷菜单

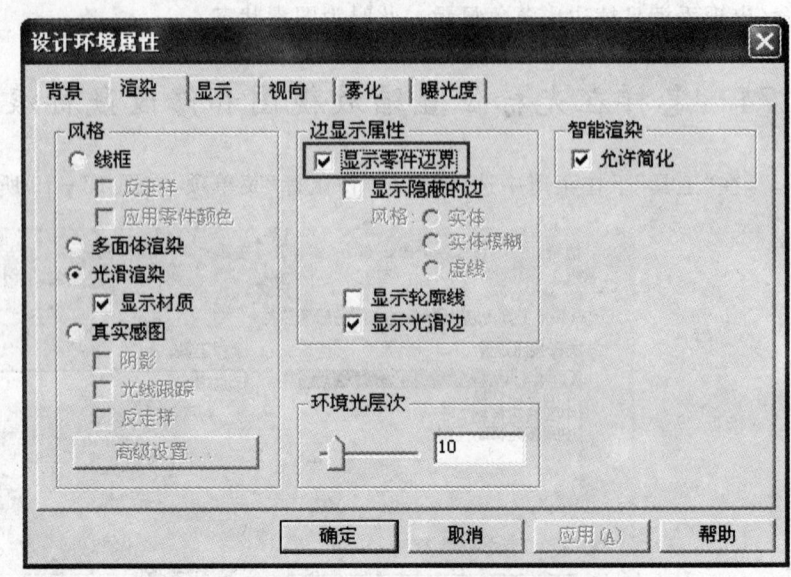

图 12-21 "设计环境属性"对话框

277 如何设置尺寸精度(十进制数)?

选择"工具"|"选项"菜单项,出现"选项"对话框,在"常规"选项卡中的"尺寸精度(十进制数)"文本框中设置即可,如图 12-22 所示。

278 如何设置对话框中显示的精度(十进制数)?

选择"工具"|"选项"菜单项,出现图 12-23 所示的"选项"对话框,在"常规"选项卡中的"对话框中显示的精度(十进制数)"文本框中设置即可。

279 如何设置鼠标拾取范围(像素)?

选择"工具"|"选项"菜单项,出现"选项"对话框,在"常规"选项卡中的"鼠标拾取范围(像素)"文本框中设置即可,如图 12-24 所示。

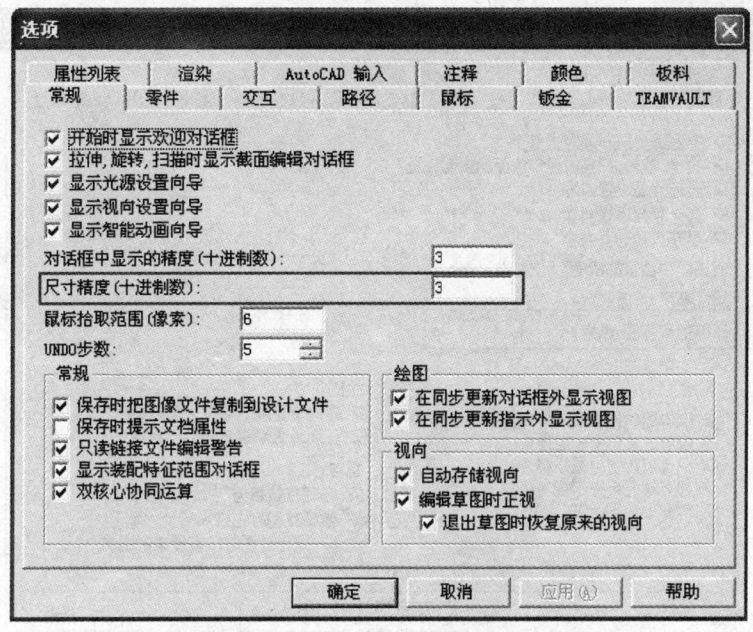

图 12-22 "选项"对话框中的"尺寸精度"

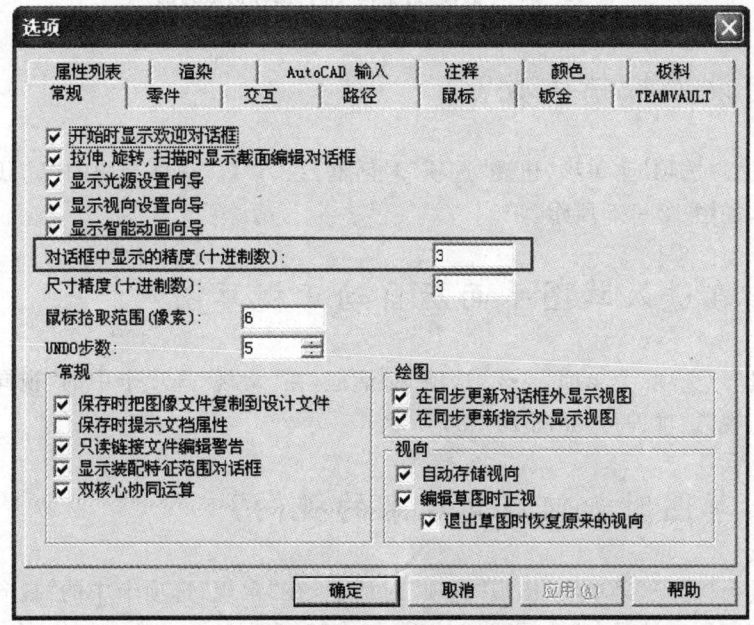

图 12-23 "选项"对话框中的"对话框中显示的精度"

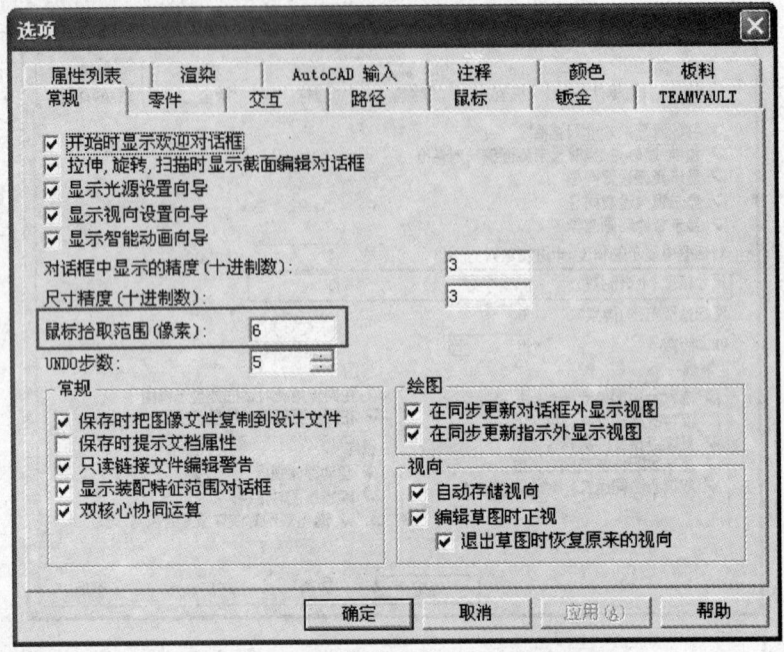

图 12-24 "选项"对话框中的"鼠标拾取范围"

280 如何设置撤销步数？

选择"工具"|"选项"菜单项，出现"选项"对话框，在"常规"选项卡中的"UNDO步数"列表框中设置即可，如图 12-25 所示。

281 如何在进入草图平面后自动正视草图？

选择"工具"|"选项"菜单项，出现"选项"对话框，在"常规"选项卡中的"视向"选项组选择"编辑草图时正视"选项即可，如图 12-26 所示。

282 退出草图时如何恢复原来的视向？

选择"工具"|"选项"菜单项，出现"选项"对话框，在"常规"选项卡中的"视向"选项组选择"退出草图时恢复原来的视向"选项即可，如图 12-27 所示。

第 12 章 系统设置与高级选项

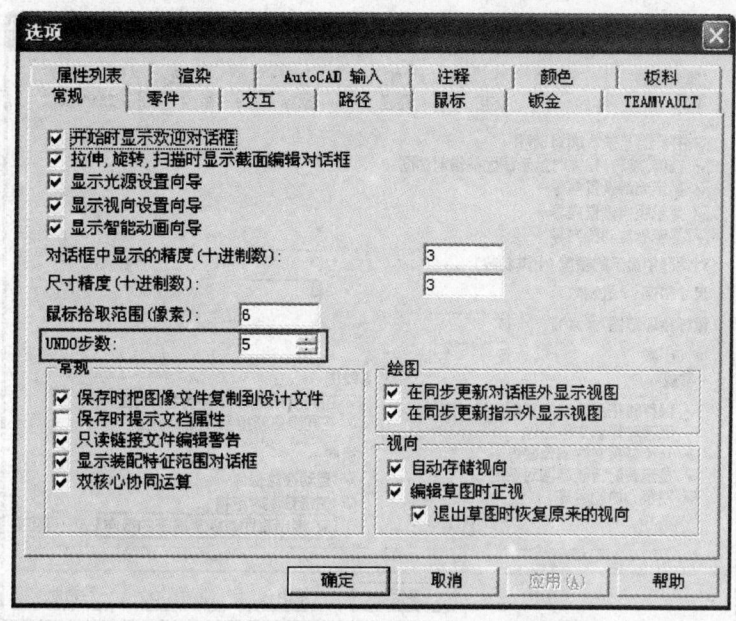

图 12-25 "选项"对话框中的"UNDO 步数"

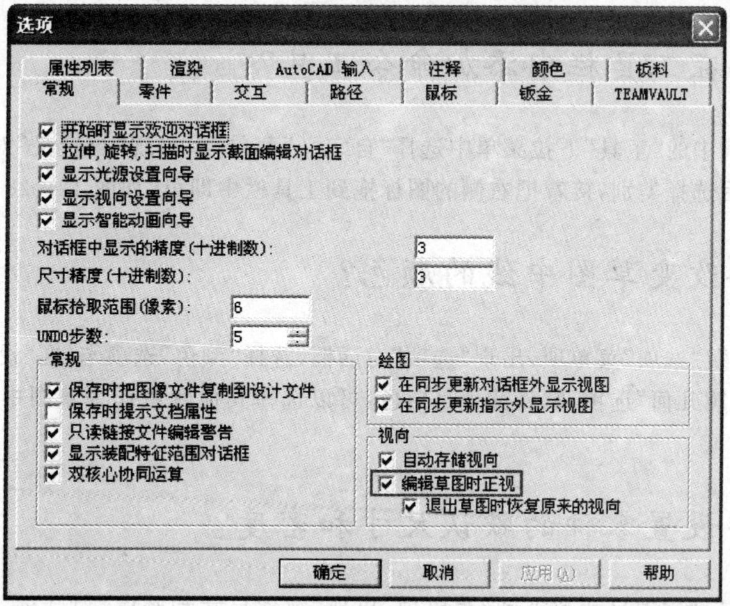

图 12-26 "选项"对话框中的"编辑草图时正视"

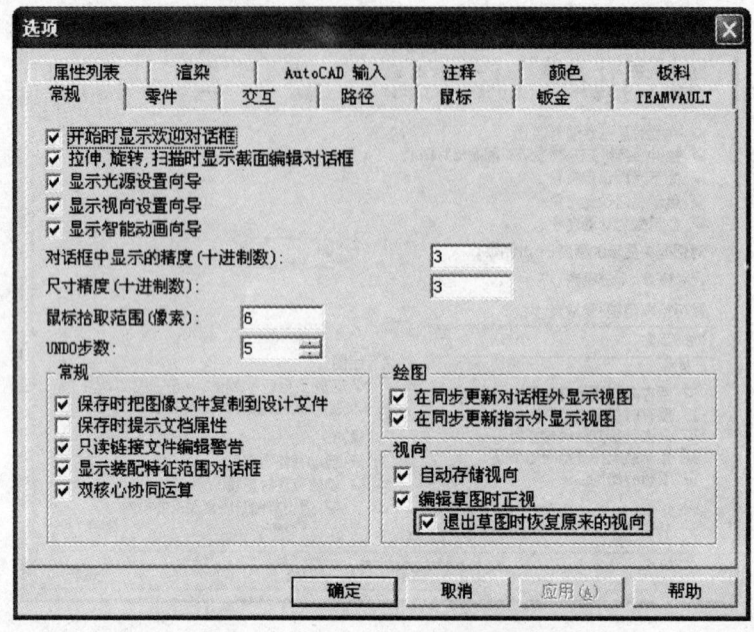

图 12-27 "选项"对话框中的"退出草图时恢复原来的视向"

283 怎样在工具栏中添加命令工具?

在设计环境中的"工具"下拉菜单中选择"自定义"菜单项,出现"自定义"对话框,选择"命令"选项卡,然后选择类别,接着把右侧的图标拖到工具栏中即可,如图 12-28 所示。

284 怎样改变草图中线的颜色?

选择"工具"|"选项"菜单项,出现"选项"对话框,选择"颜色"选项卡,在"设置颜色为"列表中选择"二维轮廓几何"选项,默认颜色是白色,可以选择其他颜色作为草图中线的颜色,如图 12-29 所示。

285 怎样设置零件的默认尺寸和密度?

选择"设置"|"缺省尺寸和密度"菜单项,出现"缺省尺寸和密度"对话框,如图 12-30 所示,设置所需的数值即可。

第 12 章　系统设置与高级选项

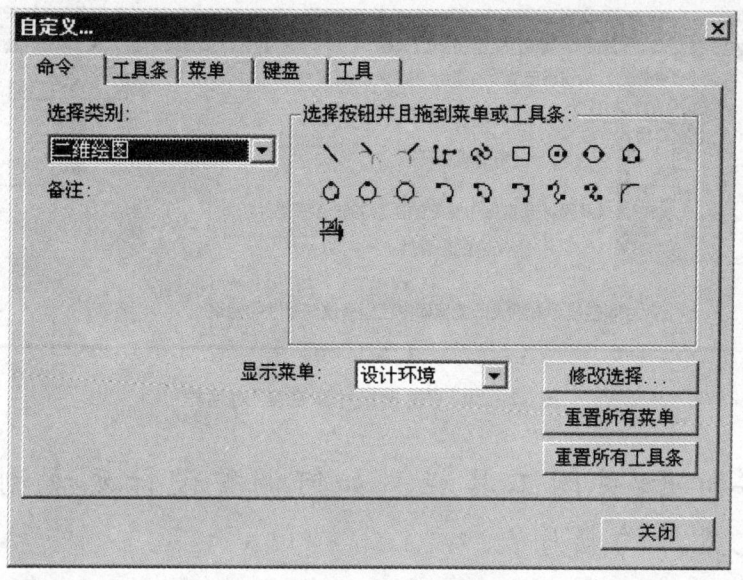

图 12-28 "自定义"对话框

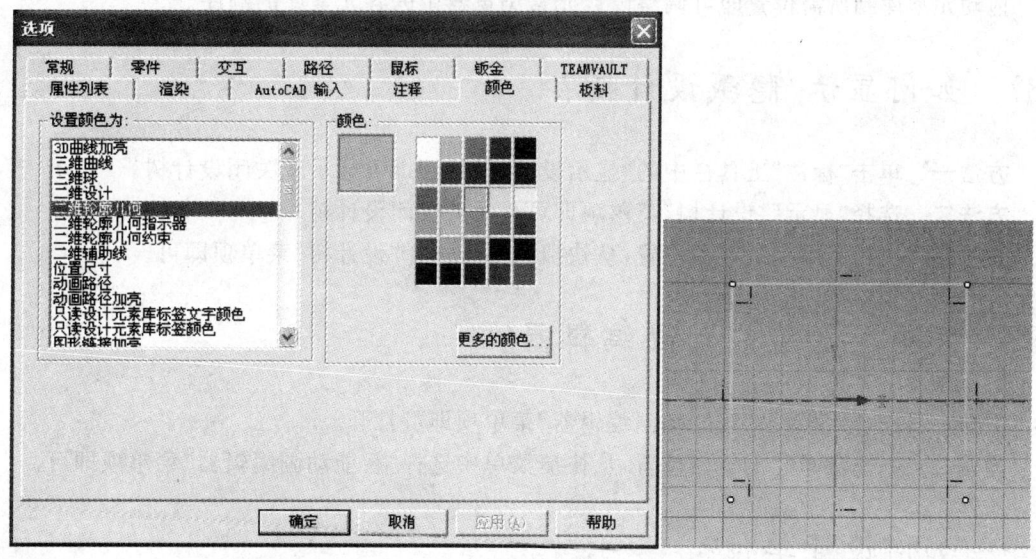

图 12-29 修改草图中线的颜色

217

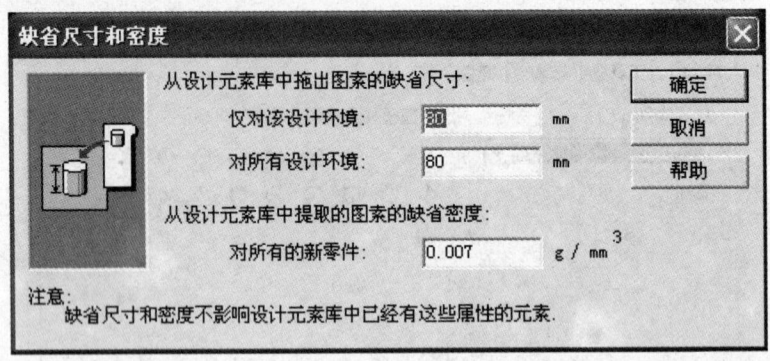

图 12-30 "缺省尺寸和密度"对话框

286 怎样打开/关闭工具栏？如何调整设计元素浏览器中的各元素库的顺序？

右击菜单栏的空白位置，从快捷菜单中选择所需工具栏即可。

拖动元素库到所需位置即可调整设计元素浏览器中的各元素库的顺序。

287 如何显示/隐藏设计树？

方法一 单击"标注"工具栏中的"显示设计树"按钮即可显示或关闭设计树。

方法二 选择"显示"|"设计树"菜单项即可显示或关闭设计树。

方法三 右击菜单栏的空白位置，从快捷菜单中选择"设计树"菜单项即可。

288 怎样打开智能动画编辑器？

方法一 选择"显示"|"智能动画编辑器"菜单项即可打开。

方法二 右击菜单栏的空白位置，从快捷菜单中选择"智能动画编辑器"菜单项即可。

289 如何设置单位？

选择"设置"|"单位"菜单项即可打开"单位"对话框，可以设置长度、角度和质量的单位，如图 12-31 所示。

290 如何设置基准面？

选择"设置"|"基准面"菜单项即可打开"基准面"对话框,如图 12-32 所示,可以设置栅格间距和基准面尺寸。

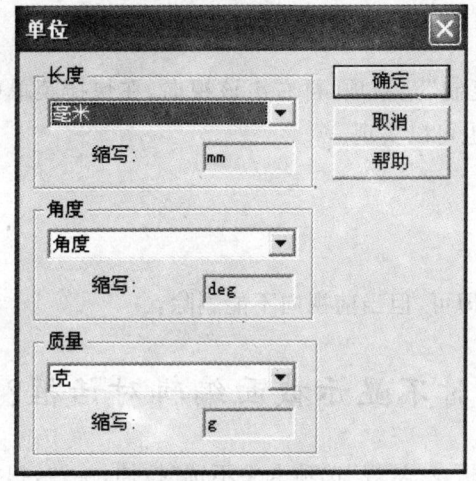

图 12-31 "单位"对话框

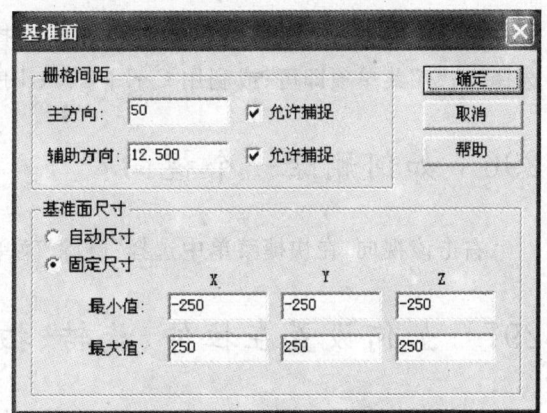

图 12-32 "基准面"对话框

291 如何查看软件版本？

选择"帮助"|"关于"菜单项,可以查看软件名称、版本、日期和用户信息等。

292 如何生成新的视向？

选择"生成"|"视向"菜单项,在设计环境中选择一点,出现"视向向导"对话框,设置相关次数即可生成新的视向。

293 如何在设计环境中移动视向？

在设计树中右击该视向,在快捷菜单中选择"视向"菜单项,以显示该视向的视角范围。在设计环境中将光标移动到红色目标点手柄位置。在光标变成手状时,单击并将目标点拖放到一个新点,然后释放即可。

294 如何以某个视向方向察看视图?

在设计树中右击该视向,在快捷菜单中选择"视向"菜单项即可。

295 如何复制一个视向?

在设计树中右击该视向,在快捷菜单中选择"复制"菜单项,再右击该视向,在快捷菜单中选择"粘贴"菜单项即可;或利用 Ctrl+C、Ctrl+V 也可以实现。

296 如何删除一个视向?

右击该视向,在快捷菜单中选择"删除"菜单项即可,但当前视向不能删除。

297 如何设置在拉伸、旋转、扫描时不显示截面编辑对话框?

选择"工具"|"选项"菜单项,出现"选项"对话框,在"常规"选项卡中不选"拉伸,旋转,扫描时显示截面编辑对话框"即可,如图 12-33 所示。

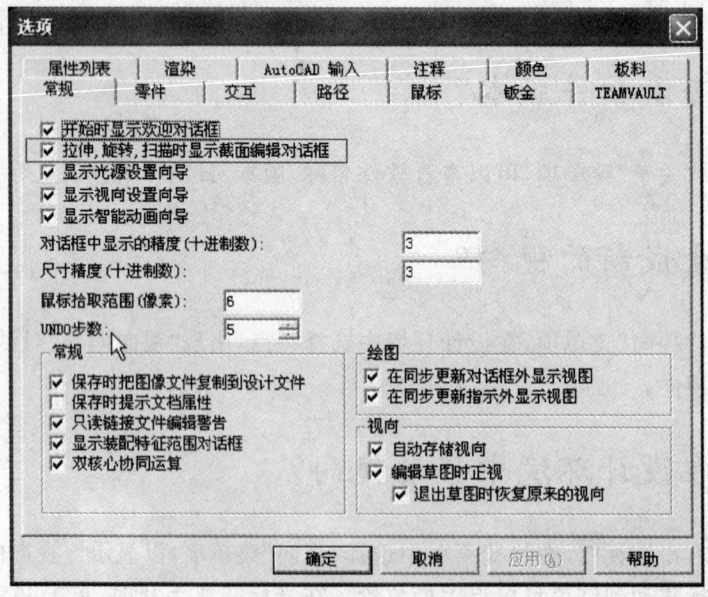

图 12-33 "选项"对话框

298　如何关闭光源设置向导？

选择"工具"|"选项"菜单项,出现"选项"对话框,在"常规"选项卡中不选择"显示光源设置向导"选项即可,如图12-34所示。

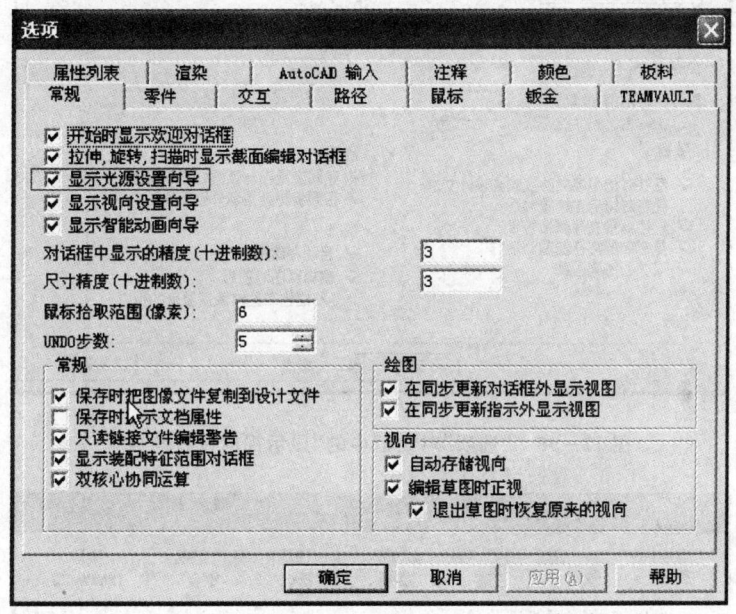

图12-34　"选项"对话框中的"显示光源设置向导"

299　如何关闭视向设置向导？

选择"工具"|"选项"菜单项,出现"选项"对话框,在"常规"选项卡中不选择"显示视向设置向导"选项即可,如图12-35所示。

300　如何关闭智能动画设置向导？

选择"工具"|"选项"菜单项,出现"选项"对话框,在"常规"选项卡中不选择"显示智能动画向导"选项即可,如图12-36所示。

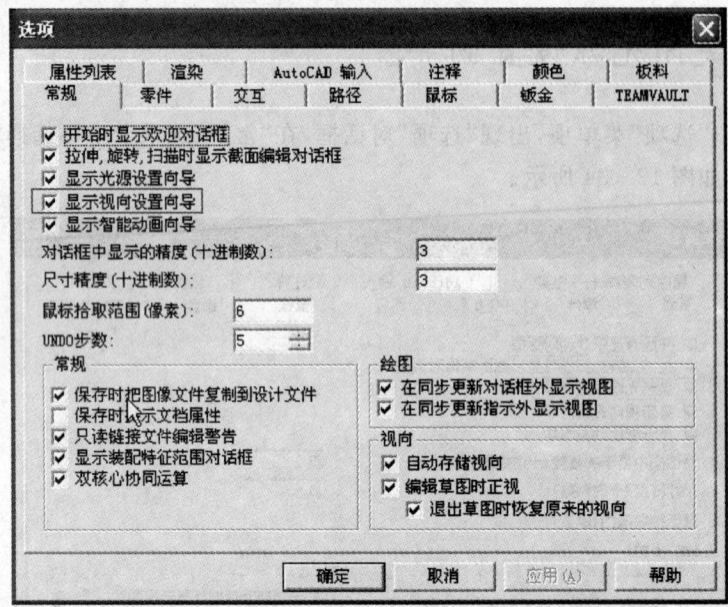

图 12-35 "选项"对话框中的"显示视向设置向导"

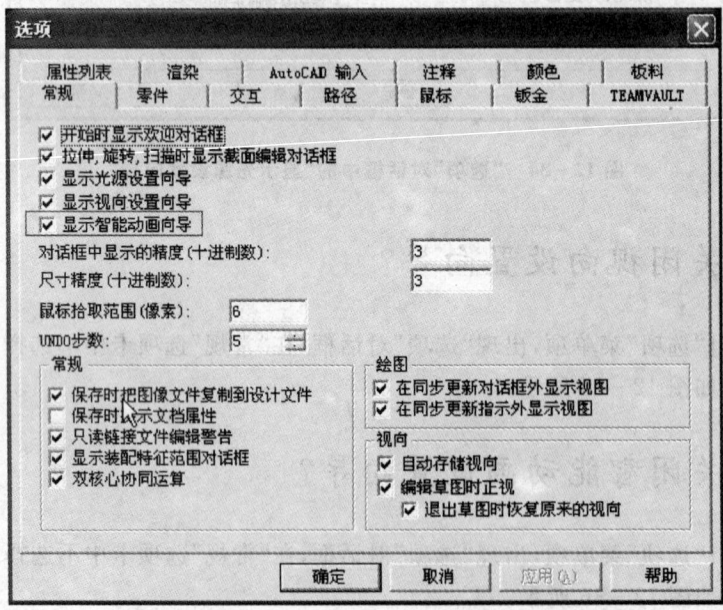

图 12-36 "选项"对话框中的"显示智能动画向导"

301 如何关闭开始时显示的欢迎对话框？

选择"工具"|"选项"菜单项,出现"选项"对话框,在"常规"选项卡中不选择"开始时显示欢迎对话框"选项即可,如图 12-37 所示。

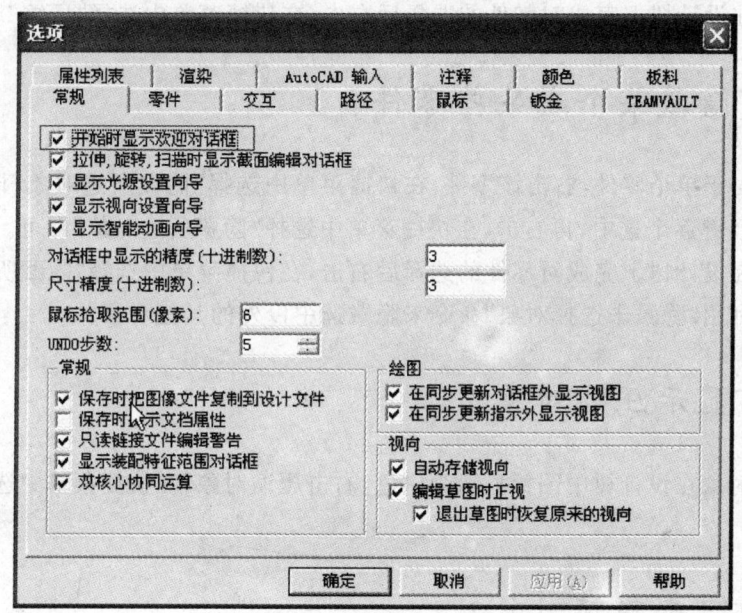

图 12-37 "选项"对话框中的"开始时显示欢迎对话框"

302 在设计环境中不显示某个零件有哪些方法？

有两种方法:压缩和隐藏。

303 在设计环境中对某零件进行压缩和隐藏有什么差别？

在设计环境中,两者似乎是一致的,都使零件不再显示。

在设计树中表现不同:压缩后零件为灰白色,图素不能展开。隐藏后零件是正常的黑色,可以展开。

编辑能力不同:压缩后相当于零件被冻结,无法编辑。隐藏后零件中的图素是可以编辑的。

304 如何压缩某个或某些零件？

方法一 对于单个零件，右击该零件，在快捷菜单中选择"压缩"即可；对于多个零件，按下 Shift 键逐个选中再右击，在快捷菜单中选择"压缩"即可。

方法二 在设计树上完成对零件的选择后右击，在快捷菜单中选择"压缩"即可。

305 如何隐藏某个或某些零件？

方法一 对于单个零件，右击该零件，在快捷菜单中选择"隐藏所选对象"即可；对于多个零件，按下 Shift 键逐个选中，再右击，在快捷菜单中选择"隐藏所选对象"即可。

方法二 在设计树上完成对零件的选择后右击，在快捷菜单中选择"隐藏所选对象"即可。

方法三 利用"隐藏未选择对象"命令来隐藏选中以外的其他对象。

306 如何显示压缩对象？

被压缩的对象在设计树中图标显示为白色，右击压缩对象，在快捷菜单中选择"压缩"即可解压对象。

307 如何显示隐藏对象？

被隐藏的对象在设计树中图标与没有隐藏的对象图标相同，右击一个对象，在快捷菜单中选择"显示所有隐藏对象"即可。

308 如何改变三维曲线的颜色？

选择"工具"|"选项"菜单项，出现"选项"对话框，再选择"颜色"选项卡，如图 12-38 所示，选择"三维曲线"选项，然后再选择所需颜色即可。

309 如何计算零件的重心、体积？

单击零件，再选择"工具"|"物性计算"菜单项，出现"物性计算"对话框，如图 12-39 所示，设置"要求的精度"、"坐标系"和"材料属性"后，再单击"计算"按钮即可。

第12章 系统设置与高级选项

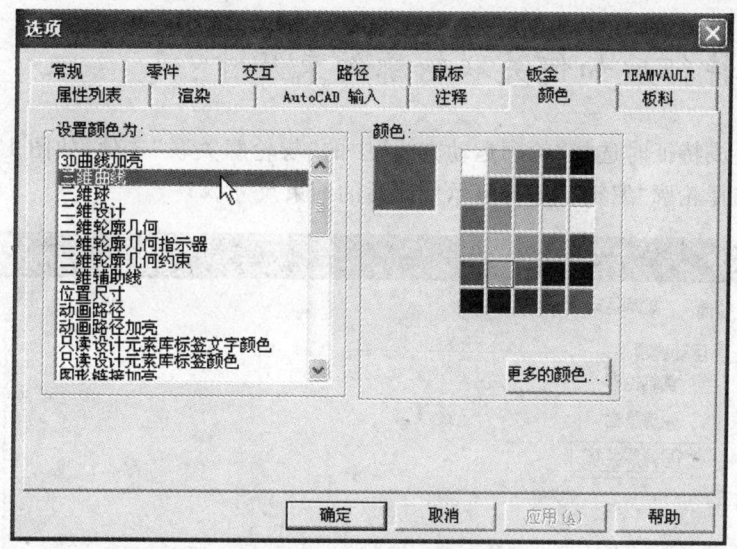

图12-38 "颜色"选项卡

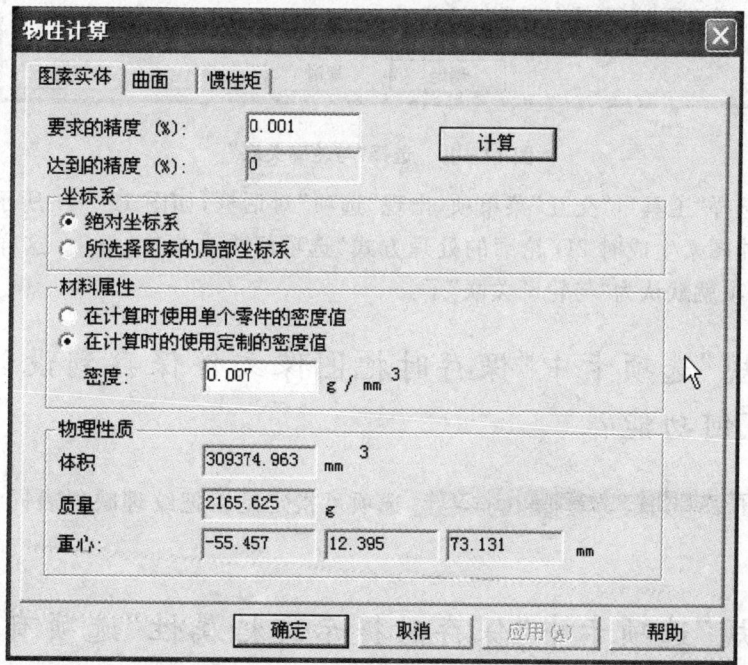

图12-39 "物性计算"对话框

310 完成特征后如何关联轮廓约束尺寸?

方法一 生成特征时选择"轮廓运动方式"中的"与轮廓关联"选项,如图 12-40 所示,在设计树上右键选择轮廓"编辑",即可显示修改后的约束尺寸。

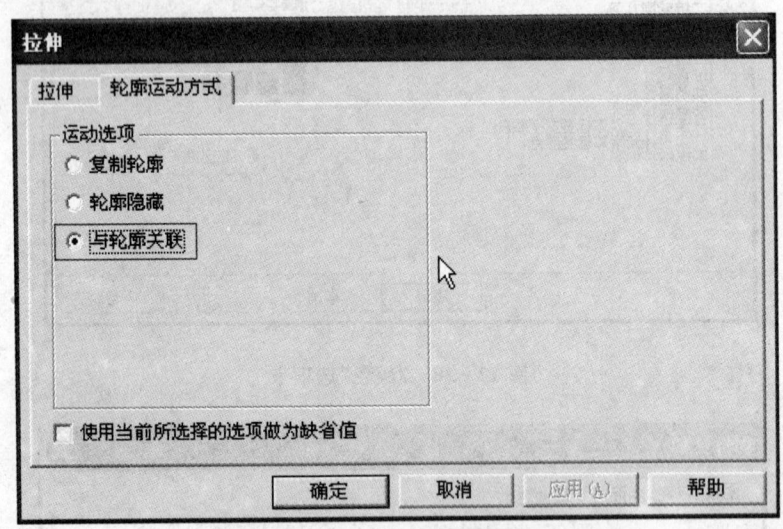

图 12-40 选择"与轮廓关联"

方法二 选择"工具"|"交互"菜单项,出现"选项"对话框,如图 12-41 所示,选择"交互"选项卡,在"智能图素生成时 2D 轮廓的处理方式"选项组中选择"关联"。这样"轮廓运动方式"中的运动选项就默认为"与轮廓关联"了。

311 "常规"选项卡中"保存时把图像文件保存到设计文件"选项有何功能?

选择 ☑ 保存时把图像文件复制到设计文件 选项可指定是否把纹理映射表同设计环境一起保存。

312 "常规"选项卡中"保存时提示文档属性"选项有何功能?

每次保存 CAXA 实体设计文件时,选择 ☑ 保存时提示文档属性 选项可显示"文档属性"对话框,以保存一般的或自定义的文件信息,如图 12-42 所示。

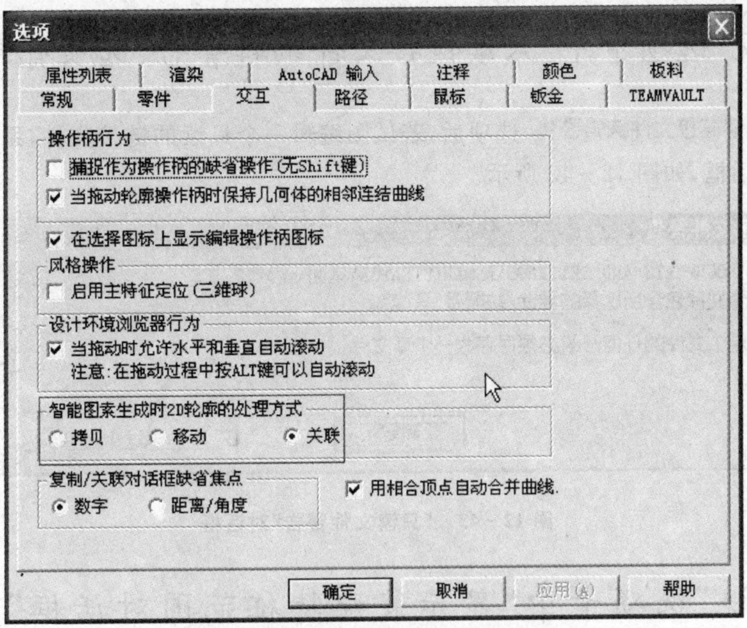

第 12 章 系统设置与高级选项

图 12-41 "选项"对话框中的"交互"选项卡

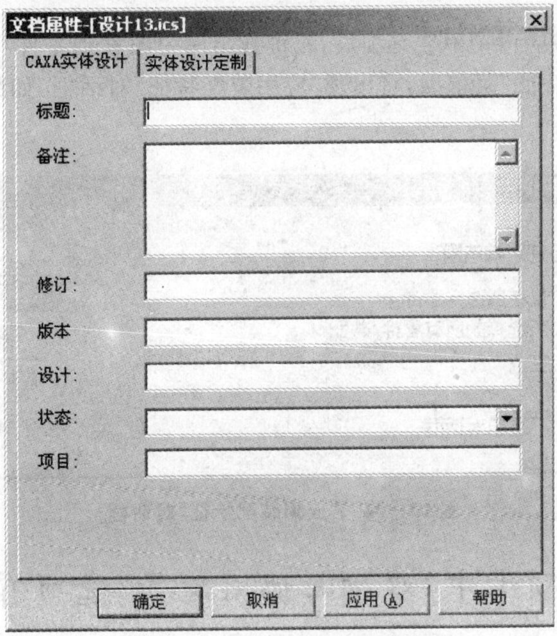

图 12-42 "文档属性"对话框

313 "常规"选项卡中"只读链接文件编辑警告"选项有何功能?

选择 ☑ 只读链接文件编辑警告 选项后,若试图编辑一个只读的链接文件,系统就会显示严格告警信息对话框,如图 12-43 所示。

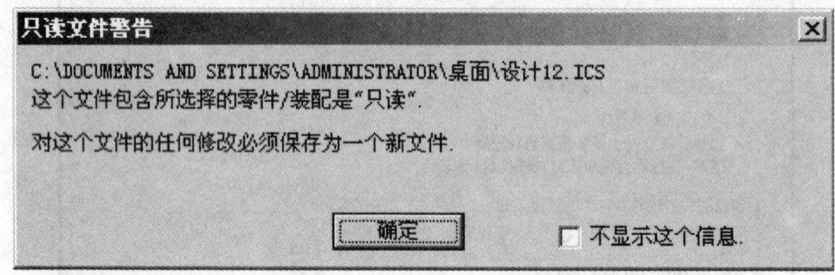

图 12-43 "只读文件警告"对话框

314 "常规"选项卡中"显示装配特征范围对话框"选项有何功能?

选择 ☑ 显示装配特征范围对话框 选项后,右键拖出库中图素到零件/装配体表面,在弹出的菜单中选择"作为装配特征"菜单项,将出现"应用装配特征"对话框,如图 12-44 所示,可选择装配特征影响的范围。

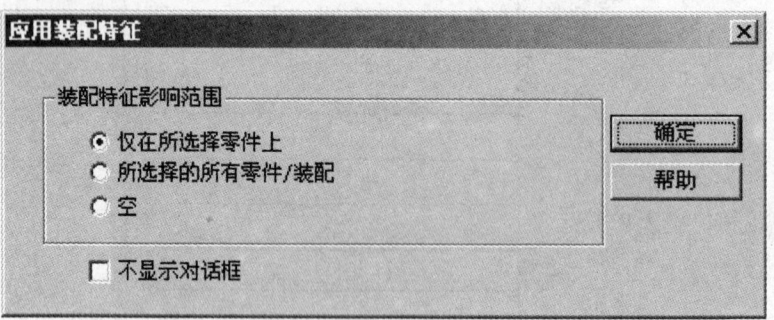

图 12-44 "应用装配特征"对话框

315 "常规"选项卡中"双核心协同运算"选项有何功能?

选择 ☑ 双核心协同运算 选项可指定 ACIS 与 Parasoid 内核相互协作。

316 "常规"选项卡中"在视图上显示更新视图对话框"选项有何功能？

由于实体设计 3D-2D 具有联动，选择 ☑ 在视图上显示更新视图对话框 选项后，若 3D 模型更改时，切换到工程图会自动出现"需要更新视图"对话框，如图 12-45 所示。

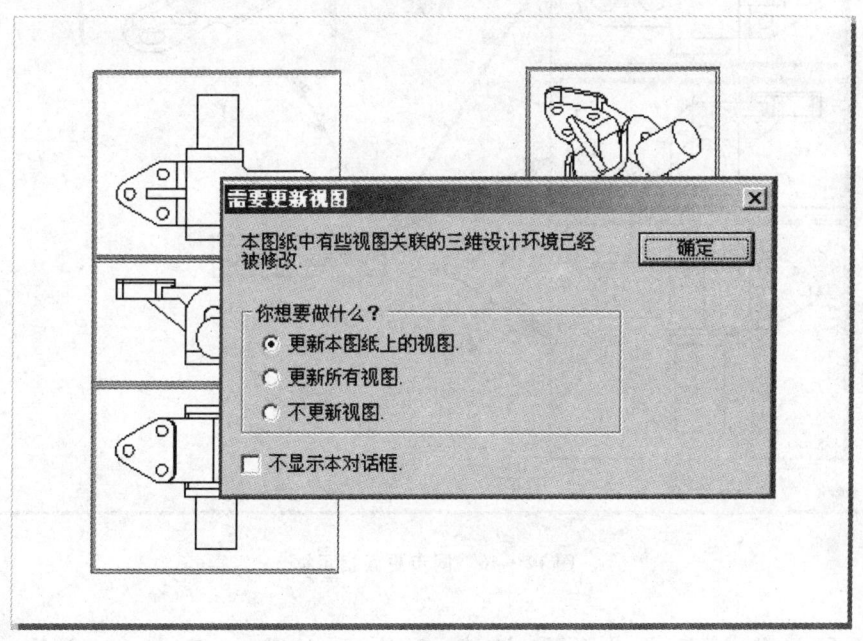

图 12-45 "需要更新视图"对话框

317 "常规"选项卡中"在视图框上显示同步更新指示框"选项有何功能？

由于实体设计 3D-2D 具有联动，选择 ☑ 在视图框上显示同步更新指示框 选项后，若 3D 模型更改时，切换到工程图会在视图框上显示出同步更新指示框，如图 12-46 所示。

318 "常规"选项卡中"自动存储视向"选项有何功能？

选择 ☑ 自动存储视向 选项将使 CAXA 实体设计自动保存当前的视向设置。用户在设计过程中，如果忘记保存事项，可通过单击工具按钮 恢复原来视向。

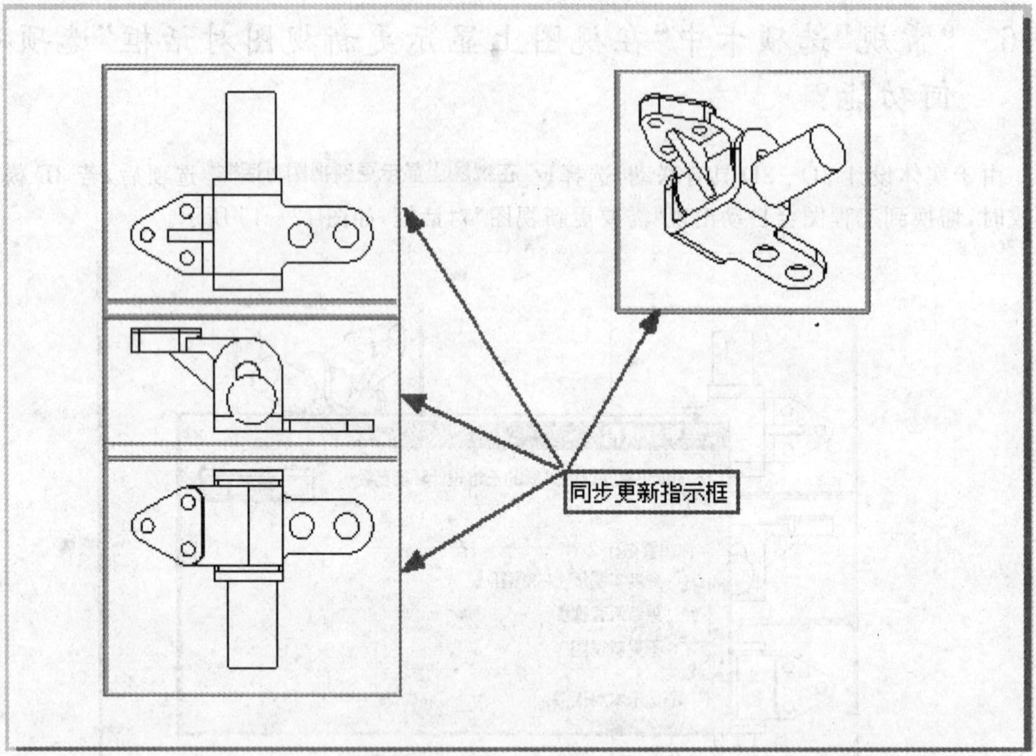

图 12-46　同步更新指示框

319　“零件”选项卡中“生成多面体零件”选项有何功能？

生成多面体零件（显示更快但智能化程度低）是轻量化零件，如图 12-47 所示。选择 当一个零件被拖放到设计环境 ☑ 生成多面体零件 选项可指定置于设计环境中的零件以多面体零件显示。这些多面体零件的显示速度比完全的“智能图素”零件的显示速度快。

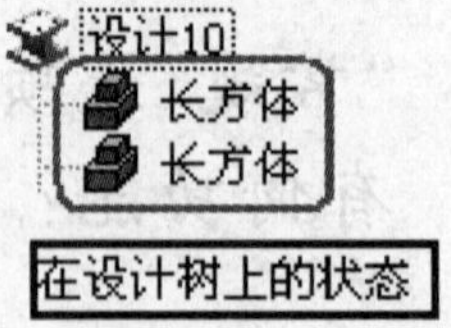

图 12-47　在设计树中的状态

320　“零件”选项卡中“零件上附加特征”选项有何功能？

选择 当智能图素被拖到一个零件上时: ☑ 零件上附加特征 选项可确定从设计元素库拖放到零件上的“智能图素”仍然附加在基件的表面上。选择此选项后，如果基件被移动，则所添加的图素随该零件一起移动。如果未选择此选项,则附加的零件不会随基件移动。

321 "零件"选项卡中"拟合表面表示(多面体)"选项有何功能?

"当保存零件时,也保存:拟合表面表示(多面体)、精确表面表示(BRep.)"中的选项确定了零件保存时被保存的信息的类型。如果其中的任何一个选项都未被选择,那么,CAXA实体设计将只保存重新生成零件所必须的信息如图12-48所示。尽管最终得到的文件很小,但打开后生成该零件的过程所占用的时间比选择两个选项之一都长。

图12-48 重新生成零件

选择"拟合表面表示(多面体)"选项可保存零件的简化形式。保存后文件要小一些,打开零件后显示要快一些,要重新生成零件的时间就要长一些。

322 "零件"选项卡中"精确表面表示(Brep)"选项有何功能?

选择"精确表面表示"选项可保存全"智能图素"形式的零件。保存后文件要大一些,显示该零件需要更长的时间。

323 "零件"选项卡中"自动重新生成零件"选项有何功能?

"当编辑零件时:自动重新生成零件、当零件取消选择后再重新生成"中的选项是对零件进行编辑后,重新生成的状态的选项。

每次更改零件后都可选择"自动重新生成零件"选项来重新生成该零件。单击设计环境背景可重新生成零件。例如,当该选项处于激活状态时,CAXA实体设计可在拖拉某个尺寸修改手柄时立即重新生成该零件,如图12-49所示。

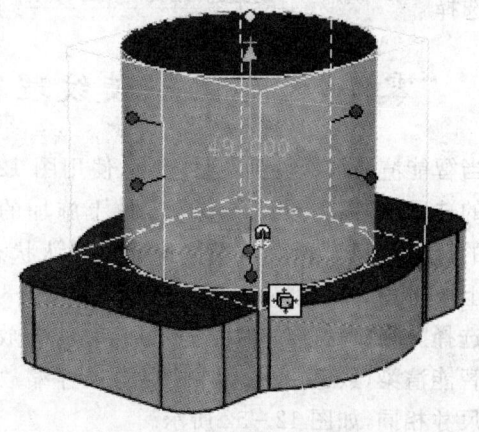

图12-49 重新生成零件

324 "零件"选项卡中"当零件取消选择后再重新生成"选项有何功能?

当零件的操作完成时,若选择"当零件取消选择后再重新生成"选项,就会重新生成该零件。单击设计环境背景可重新生成该零件,如图 12-50 所示。"当零件取消选择后再重新生成"选项可用于对零件进行一系列修改,此后若需要重新生成该零件就无需花费时间了。

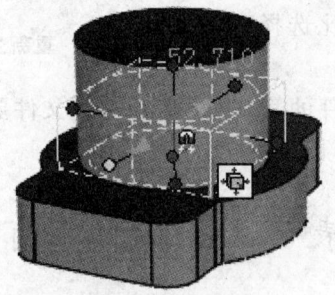

图 12-50 重新生成零件

325 "零件"选项卡中"调入另外的曲面精确表达(Brep)"选项有何功能?

选择 ☑调入另外的曲面精确表达(Brep) 选项来调入零件的精确表面描述。

326 "零件"选项卡中"使纹理符合零件"选项有何功能?

当智能渲染被拖放到零件上时,使用图 12-51 所示的选项,可以为设计环境中零件上施加的表面纹理的尺寸定义设置默认操作特征。默认状态下,零件上所采用的纹理将满尺寸显示。

选择"使纹理符合零件"选项可自动将拖放到零件的智能渲染(纹理、凸痕和贴图)的尺寸缩放到与零件尺寸相同,如图 12-52 所示。

图 12-51 "使纹理符合零件"选项

327 "零件"选项卡中"缩放纹理"选项有何功能?

选择"缩放处理"选项可指明,始终按照智能渲染(纹理、凸痕和贴图)在 CAXA 实体设计设计元素库中的原始尺寸的固定比例进行缩放,在其文本框中输入用户所需的比例值,如图 12-53 所示,按"回车"键确认。

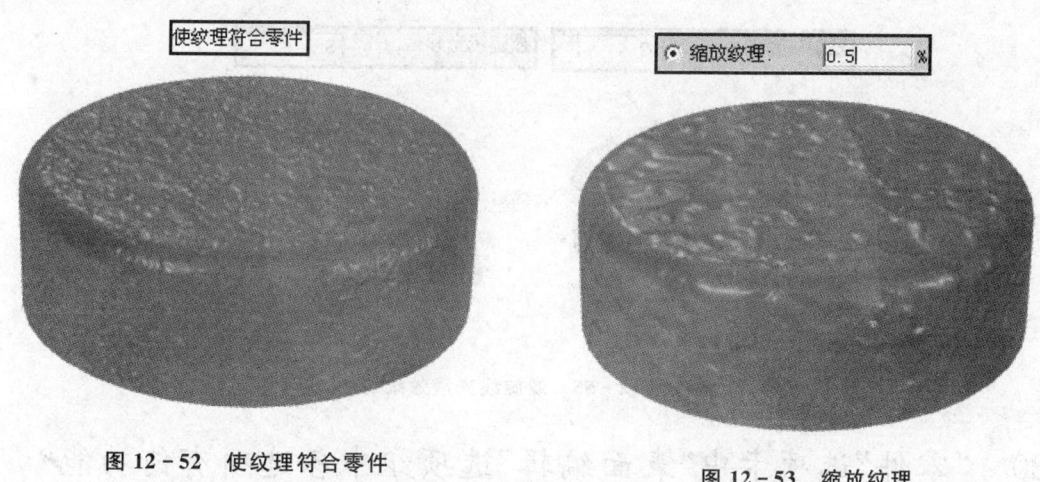

图 12-52 使纹理符合零件

图 12-53 缩放纹理

328 "零件"选项卡中"曲面光顺"选项有何功能?

在"曲面光顺"文本框中输入一个数值来规定生成曲面的表面粗糙度。若在默认值"30"的基础上增加,则可获得更光滑的表面;若减少该值,则表面粗糙度差一些,如图 12-54 所示。

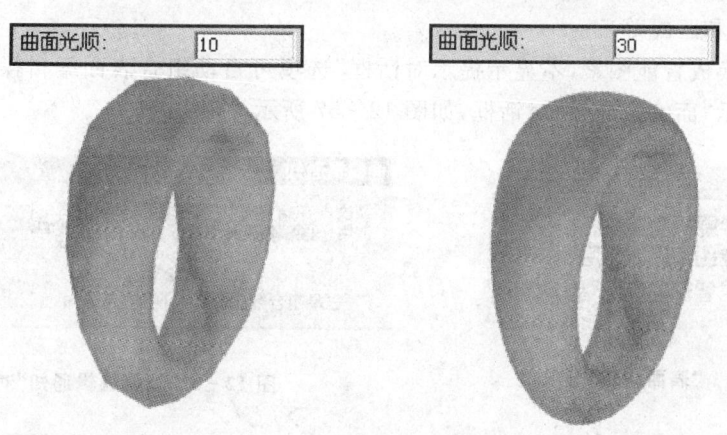

图 12-54 曲面光顺效果

329 "零件"选项卡中"螺旋线光顺"选项有何功能？

在"螺旋线光顺"文本框中输入一个数值来规定经常从设计元素库拖放到设计环境中的图素的表面粗糙度。若在默认值"10"的基础上增加，则可获得更光滑的表面；若减少该值，则表面粗糙度差一些，如图 12-55 所示。

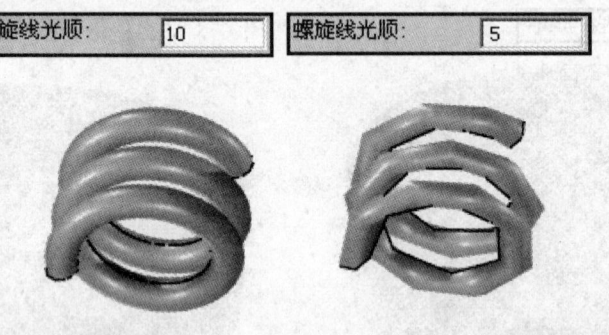

图 12-55　螺旋线光滑效果

330 "零件"选项卡中"表面编辑"选项组中各选项有何功能？

"表面编辑"选项组如图 12-56 所示，其中包含的各选项及功能如下：

选择"总在零件层次应用"选项来规定，总是在零件编辑状态采用表面编辑操作（移动、拔模斜度和匹配等）。

选择"总在智能图素层次应用"选项来规定，总是在智能图素编辑状态采用表面编辑操作（移动、拔模斜度和匹配等）。

选择"总转换成智能图素，不显示提示对话框"选项可自动组合表面编辑操作所修改的智能图素，而不显示"面编辑通知"对话框，如图 12-57 所示。

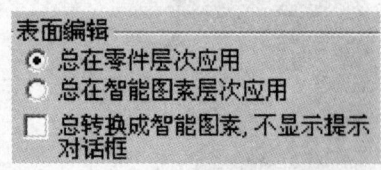

图 12-56　"表面编辑"选项组

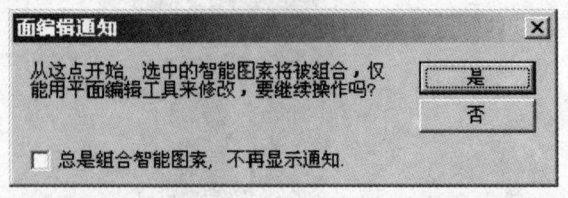

图 12-57　"面编辑通知"对话框

331 "交互"选项卡中"操作柄行为"选项组中各选项有何功能?

在如图12-58所示的"操作柄行为"选项组中可定义CAXA实体设计图素的手柄操作特征和手柄显示。利用其中的选项可定义CAXA实体设计中尺寸定义操作柄的行为。

选择"捕捉作为操作柄的缺省操作(无Shift键)"选项可激活"智能捕捉"操作柄行为,而无需先按下Shift键。捕捉作为操作柄的默认操作时,按下Shift键就可禁止"智能捕捉"手柄操作特征,如图12-59所示。

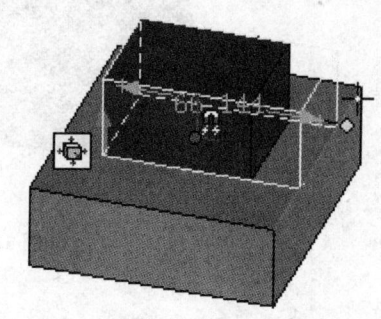

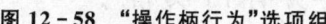

图12-58 "操作柄行为"选项组　　　　图12-59 不需按下Shift键

选择"当拖动轮廓操作柄时保持几何体的相邻连接曲线"选项可规定,轮廓操作柄的拖放操作不影响相邻连接曲线的几何形状,如图12-60所示。

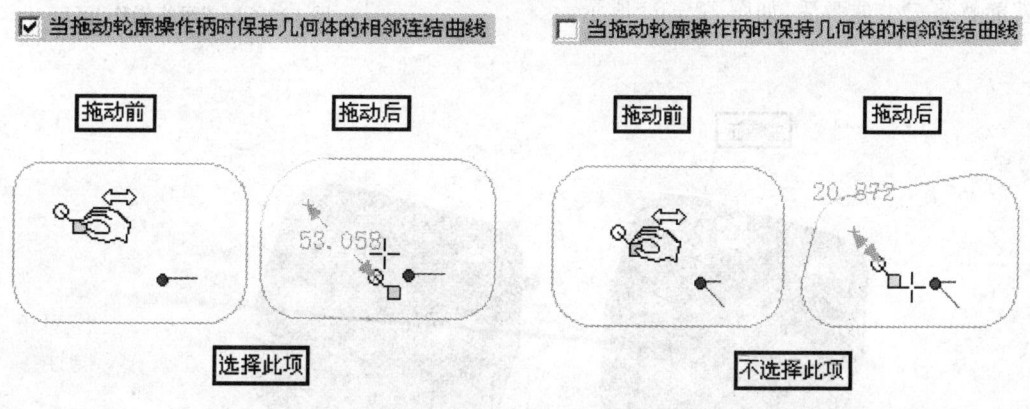

图12-60 效果

332 "交互"选项卡中"在选择图标上显示编辑操作柄图标"选项有何功能?

选择 ☑ 在选择图标上显示编辑操作柄图标 选项可显示编辑操作柄的图标,以使每一次在智能图素编辑状态下都能在操作柄类型 和 之间切换,如图 12-61 所示。

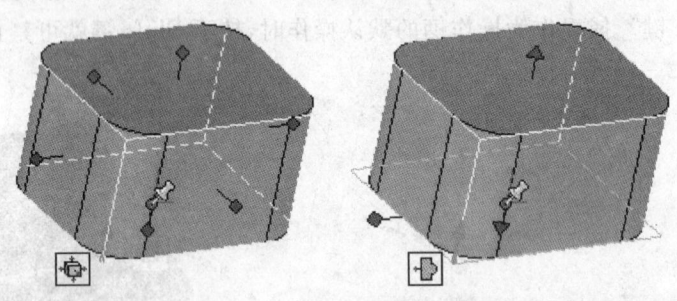

图 12-61 选择选项后的效果

333 "交互"选项卡中"风格操作"选项有何功能?

选择如图 12-62 所示的"风格操作"选项组中的选项可使主特征带动阵列而重新定位。这样在编辑完主特征后就能够将三维球激活,如图 12-63 所示。

图 12-62 "风格操作"区域

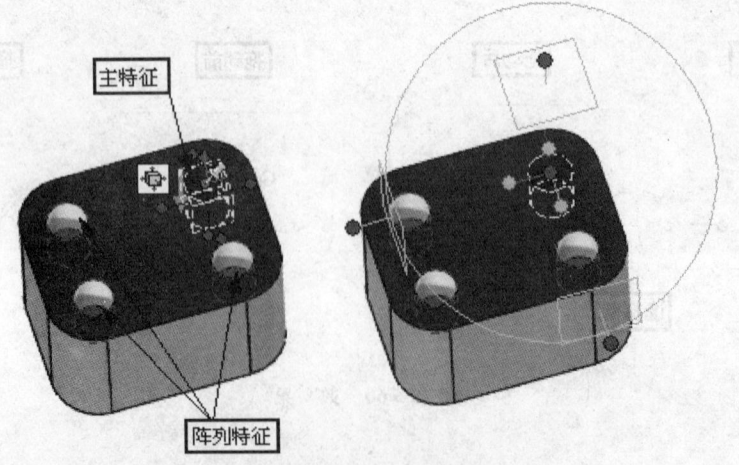

图 12-63 激活三维球

334 "交互"选项卡中"智能图素生成时 2D 轮廓的处理方式"选项有何功能?

在如图 12-64 所示的选项组中的选项是利用 2D 草图轮廓生成实体特征(智能图素)后,对 2D 草图轮廓的三种处理方式。当选定某种处理方法后,利用草图生成实体特征(智能图素)时,2D 草图轮廓将采用选定的方式进行处理,如图 12-65 所示。

图 12-64 "智能图素生成时 2D 轮廓的处理方式"选项组

"拷贝":不改变原有草图的状态,在原有草图上复制一份到生成的实体特征(智能图素)中,用于实体特征的轮廓编辑。注意:复制的草图轮廓与原有草图不带关联。其设计树如图 12-66 所示。

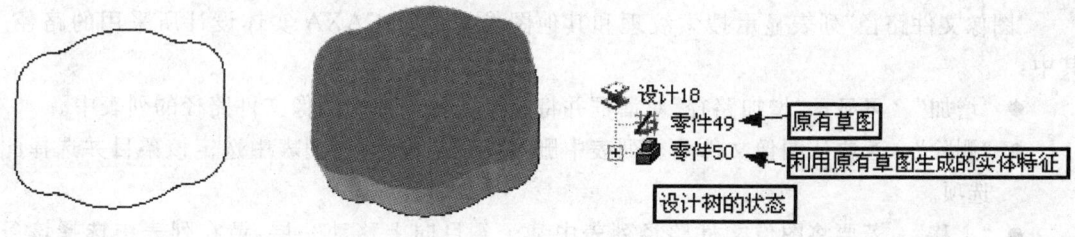

图 12-65 利用草图生成实体特征   图 12-66 "拷贝"状态下的设计树

"移动":生成实体特征(智能图素)过程中,将原有草图移动到实体特征(智能图素)中,用于实体特征的轮廓编辑。其设计树如图 12-67 所示。

"关联":比"拷贝"处理方式多了与原有草图轮廓关联的功能。当原有草图更改后,生成的实体特征也相应更改。其设计树如图 12-68 所示。

图 12-67 "移动"状态下的设计树   图 12-68 "关联"状态下的设计树

335 "路径"选项卡中"工作路径"选项有何功能？

"工作路径"：若要将某个特定路径指定为 CAXA 实体设计文件的默认存放位置，请在此文本框中输入该路径，并按"回车"键。

336 "路径"选项卡中"模板路径"选项有何功能？

"模板路径"：若要将某个特定的路径指定为 CAXA 实体设计搜索.icd 文件，并在选择"文件"菜单中的"新文件"时将其作为设计环境模板予以显示时所采用的路径，则应在此文本框中输入该路径并按"回车"键确认。

337 "路径"选项卡中"图像文件路径"选项有何功能？

"图像文件路径"列表显示搜索纹理和其他图像文件时 CAXA 实体设计所采用的路径。其中：

- "增加"　可显示"增加路径"对话框并将一个条目添加到图像文件路径的列表中。
- "删除"　若要从图像文件路径列表中删除一个条目，请在列表中选定该条目并选择此选项。
- "上移"　若要将图像文件路径列表中某个条目向上移动一层，请在列表中选择该条目，然后选择此选项。由于 CAXA 实体设计是按照路径在列表中的顺序进行搜索的，所以此选项将改变搜索顺序。
- "下移"　若要将图像文件路径列表中某个条目向下移动一层，请在列表中选择该条目，然后选择此选项。同"上移"选项一样，此选项也将改变搜索顺序。

338 "鼠标"选项卡中"选择按钮设置"选项有何功能？

"选择按钮设置"：从下述鼠标/键盘组合中选择用于访问视向工具的操作，包括中间键、中间键＋Shift、中间键＋Ctrl、中间键＋Shift＋Ctrl，如图 12-69 所示。

339 "鼠标"选项卡中"选择工具"选项有何功能？

"选择工具"：在该项的下拉列表中选择与特定的鼠标/键盘组合相关联的视向工具。选项包括："无"、"指定视向点"、"动态旋转"、"显示平移"、"动态缩放"、"前后缩放"和"指定面"，如

图 12-70 所示。

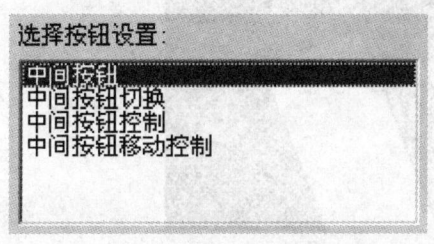

图 12-69 "选择按钮设置"选项

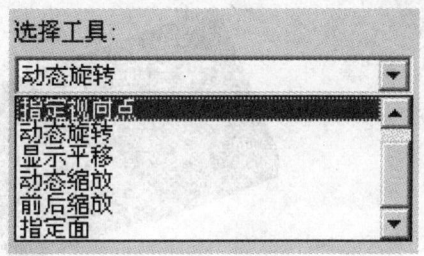

图 12-70 "选择工具"选项

340 "鼠标"选项卡中"选择哪个工具由鼠标轮控制"选项有何功能？

"选择哪个工具由鼠标轮控制"：如果鼠标有滚轮，则从该选项的下拉列表中选择与鼠标滚轮相关联的视向工具。可选择的项有："无"、"动态缩放"和"前后缩放"，如图12-71所示。

341 "鼠标"选项卡中"鼠标滚轮缩放"选项有何功能？

"鼠标滚轮缩放"：如果选择 ☑ 缩放到光标位置 选项后，用鼠标滚轮进行缩放时，可跟随光标位置进行缩放，并且能够调整缩放的步长（快慢），如图12-72所示。

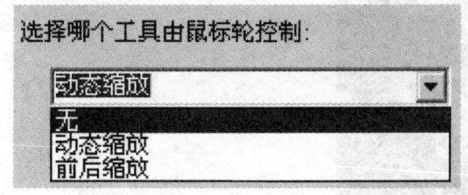

图 12-71 "选择哪个工具由鼠标轮控制"选项

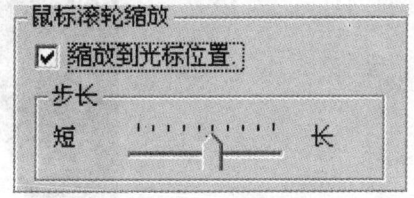

图 12-72 调整步长

342 "钣金"选项卡中"钣金切口"选项有何功能？

选择"钣金切口"中的选项可定义新钣金模型的切口类型参数。

"切口类型"：指定新钣金弯曲结构设计中将用到下述两种切口类型之一："矩形"和"圆形"，分别如图12-73和12-74所示。

图 12-73 矩形切口

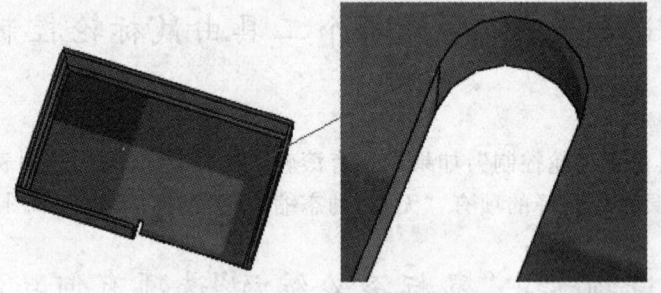

图 12-74 圆形切口

另外,"宽度/深度"用于规定新钣金切口采用的宽度/深度,如图 12-75 所示。

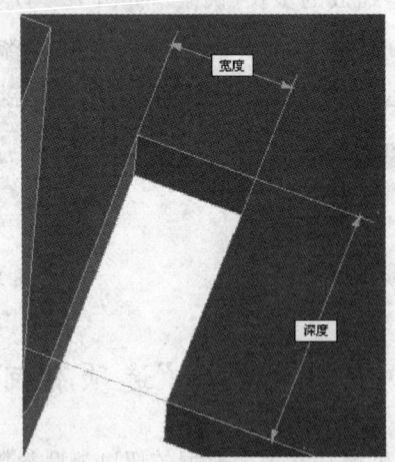

图 12-75 切口宽度和深度

343 "钣金"选项卡中"高级选项"按钮有何功能?

单击 高级选项... 按钮可打开"高级钣金选项"对话框,如图12-76所示。

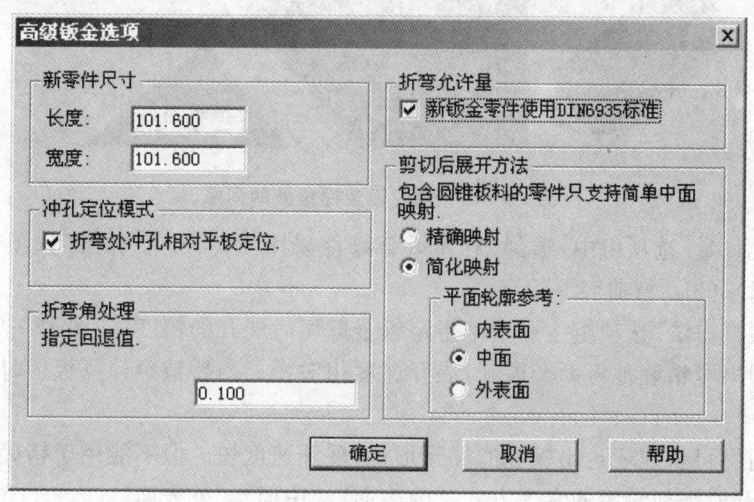

图 12-76 "高级钣金选项"对话框

"新零件尺寸"选项组可设定板料的初始尺寸,如图12-77所示。

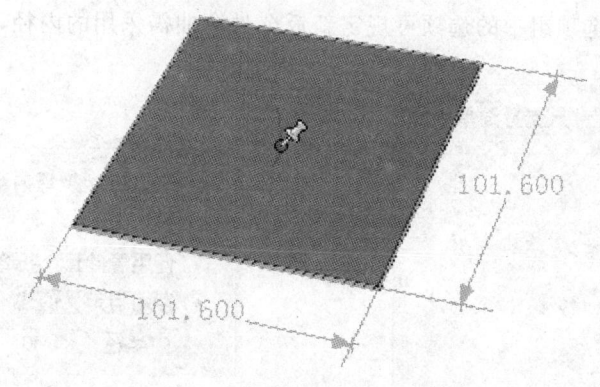

图 12-77 设置板料的初始尺寸

"冲孔定位模式"选项组,选择"折弯处冲孔相对平板定位"选项可以指定在弯曲件平面状态(未褶皱的)的基础上将冲孔特征定位在弯曲处。

"折弯处理"选项组设定钣金拐角处的间隙,一般默认为0.1,如图12-78所示。

图 12-78 设定钣金拐角处的间隙

在"折弯允许量"选项组中,选择"对新钣金零件采用 DIN 6935 标准"选项来指定对新钣金零件采用 DIN 6935 弯曲容差标准。

"剪切后展开方法"选项组主要用于指定钣金剪切后展开的精度,如图 12-79 所示。

"精确映射":可精确地将钣金展开,展开速度相对慢。当要精确计算板料时建议切换到此选项。

"简化映射":可快速表达出钣金的展开形状,展开速度快。但不能用于精确计算板料。它提供了 3 种展开时平面轮廓的参考方式:"内表面"、"中面"、"外表面"。

344 "钣金"选项卡中"折弯半径"选项有何功能?

通过"折弯半径"选项组中的选项可规定新钣金件弯曲需采用的内径,如图 12-80 所示。

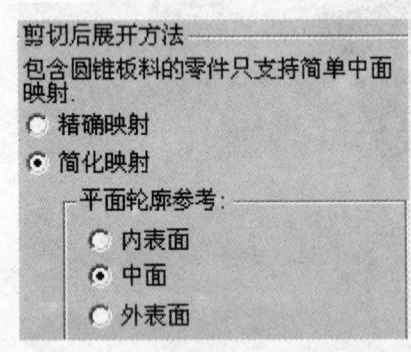

图 12-79 "剪切后展开方法"区域

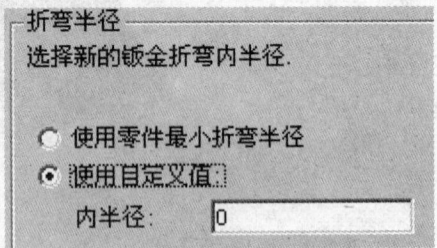

图 12-80 "折弯半径"区域

"使用零件最小折弯半径":可选用零件的额定最小折弯半径,也就是选用板材的最小折弯半径。

"使用自定义值":可规定新钣金件弯曲需要使用的自定义折弯半径,如图 12-81 所示。

345 "钣金"选项卡中"约束"选项组中各选项有何功能？

"约束"选项组如图 12-82 所示。

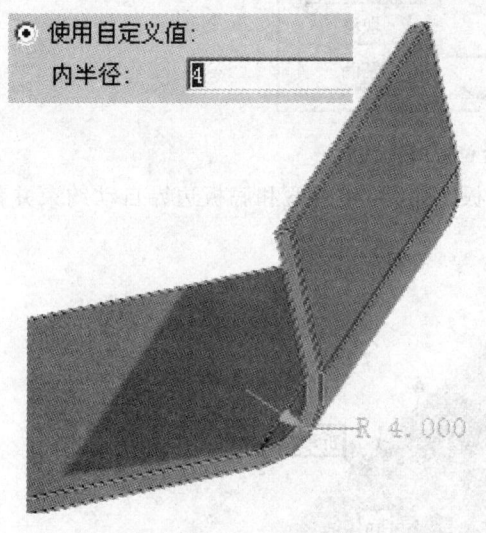

图 12-81 自定义半径

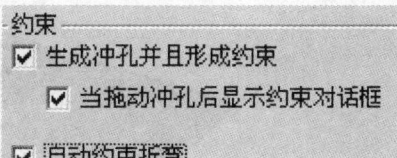

图 12-82 "约束"选项组

"生成冲孔并且生成约束"：可根据创建情况自动将约束条件添加到冲孔及成形特征，如图 12-83 所示。

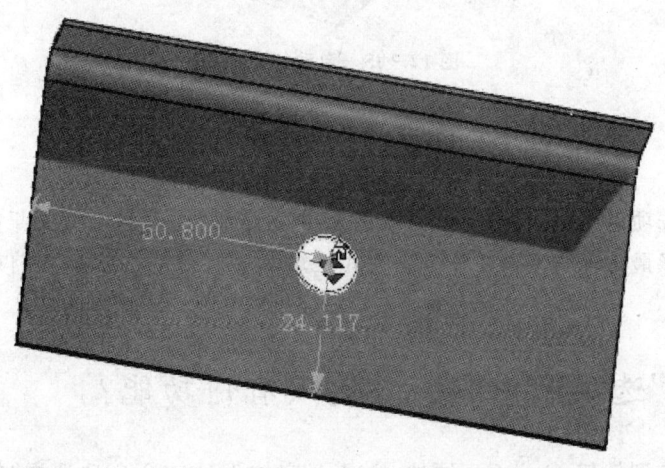

图 12-83 自动添加约束条件

"当拖动冲孔后显示约束对话框":将孔/成型图素释放到设计环境中,然后打开"编辑钣金位置"对话框,以精确定义/锁定这些图素类型的正交尺寸值,如图12-84所示。

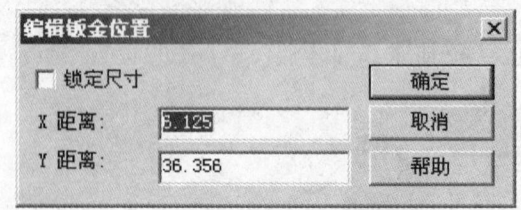

图12-84 "编辑钣金位置"对话框

"自动约束折弯":可将"自动约束条件"应用到板上折弯,使折弯和底板边界自动约束并带有关联,如图12-85所示。

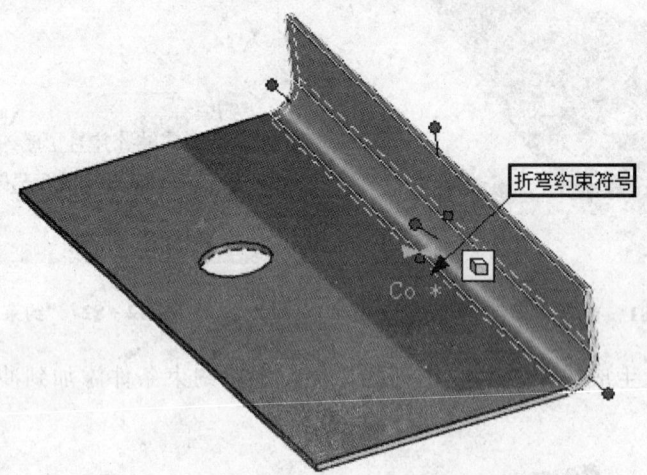

图12-85 自动约束折弯

346 "渲染"选项卡中"自动"选项有何功能?

选择"自动"选项可引导CAXA实体设计检查系统硬件,并在搜索结果的基础上从3种渲染方式中自动选择最佳的方案。3种渲染方式选项为:"软件"、"OpenGL(仅用于视向工具)"、"OpenGL"。

347 "渲染"选项卡中"软件"选项有何功能?

如果没有检查到任何OpenGL硬件,CAXA实体设计就会自动选择"软件"选项。此时,CAXA实体设计的内部渲染软件就作用于当前设计环境。

348 "渲染"选项卡中"OpenGL(仅视向工具)"选项有何功能？

"OpenGL(仅视向工具)"：如果检测到一个 OpenGL 加速器和硬件但未检测到叠加平面支持，CAXA 实体设计就会自动选择此选项。OpenGL 将仅在同"视向"工具的动态旋转期间得到支持。CAXA 实体设计的内部软件渲染器应可用于零件设计。

349 "渲染"选项卡中"OpenGL"选项有何功能？

"OpenGL"：如果检测到一个 OpenGL 加速器、硬件和叠加平面支持，CAXA 实体设计就会自动选择此选项。OpenGL 仅在动态旋转和零件设计的当前设计环境中有效。然而，如果显卡不支持叠加平面，则此模式下的零件设计速度将比"软件"或"OpenGL（仅视向工具）"模式下的速度慢。专门的 OpenGL 并不支持反射映射或云雾背景。

350 "渲染"选项卡中"旋转时边现实延迟"选项有何功能？

图 12-86 所示的"旋转时边现实延迟"拖动条可调节旋转后显示曲面及实体边界的速度。其效果如图 12-87 所示。

图 12-86 "旋转时边现实延迟"选项组

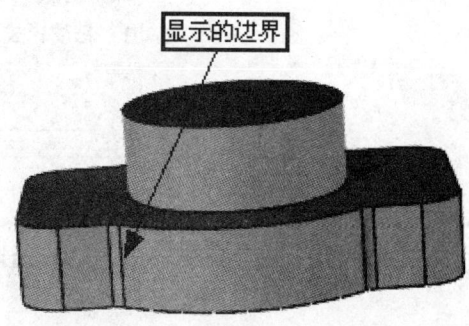

图 12-87 显示效果

351 "渲染"选项卡中"OpenGL 选项"选项组中各选项有何功能？

"OpenGL 选项"选项组如图 12-88 所示。

"曲线反走样"：许多显卡都支持此选项。它可防止全部直线和相交元素走样。

"纹理过滤"：可对纹理进行处理以得到更平滑的图像。

"散射"：在从表面移开视向时，此选项可减少闪光。

"覆盖平面"：一般仅为高端显卡所支持，而且可能需要对系统"显示"选项进行编辑。此选项可用叠加平

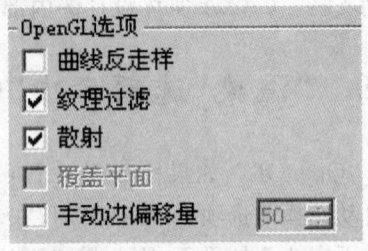

图 12-88 "OpenGL 选项"选项组

面来对零件进行行显示。这样每次选择或修改零件时，就不需要完全重画，从而得到更高的渲染速度。如果选择此选项，系统硬件支持叠加平面，且渲染模式指定为"自动"，那么 CAXA 实体设计就会自动激活 OpenGL 来专门渲染设计环境。

"手动边偏移量"：棱边偏移指已显示棱边偏移零件实际棱边的距离。默认情况下，此选项处于未激活状态，激活时用于指定相关字段中显示的、预设棱边偏移值。选择此选项可通过编辑相关字段中数值来指定一个可选择的偏移量。

352 "渲染"选项卡中"细节等级"选项组有何功能？

"细节等级"选项组如图 12-89 所示。

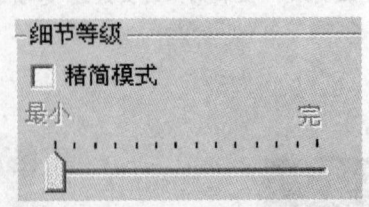

图 12-89 "细节等级"选项组

"精简模式"：处于 Parasolid 内核中，选择此选项可为大型装配提高交互性能。